数据科学与大数据技术专业系列规划教材

Data Analysis and Visualization with Python

Python 数据分析与可视化案例教程

微课版

余本国 / 编著

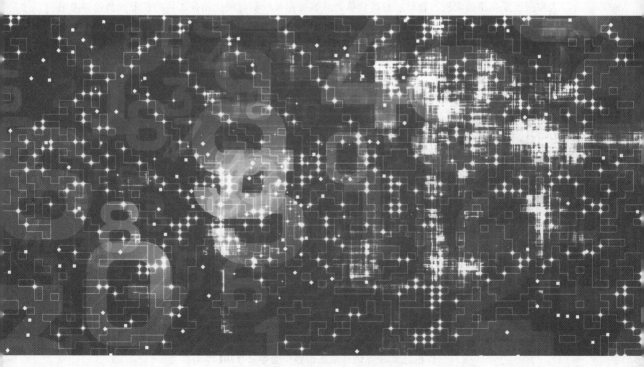

人民邮电出版社

北京

图书在版编目（CIP）数据

Python数据分析与可视化案例教程：微课版 / 余本
国编著. -- 北京：人民邮电出版社，2022.7
数据科学与大数据技术专业系列规划教材
ISBN 978-7-115-58753-4

Ⅰ. ①P… Ⅱ. ①余… Ⅲ. ①软件工具－程序设计－
高等学校－教材 Ⅳ. ①TP311.561

中国版本图书馆CIP数据核字(2022)第034650号

内 容 提 要

本书针对 Python 零基础的读者，重点讲解利用 Python 进行数据分析与可视化的基础知识，并通过大量的实战案例，使读者掌握数据处理、分析与可视化的方法。全书分为 4 个部分，共 13 章，主要内容包括：Python 语法基础、网络爬虫、NumPy、pandas、正则表达式与格式化输出、数据处理与数据分析、Matplotlib、pyecharts、Altair 动态可视化、NetworkX、航班数据分析、豆瓣网络数据分析、《红楼梦》文本数据分析等。

本书内容丰富、由浅入深，案例浅显易懂，适合作为普通高等院校数据科学与大数据技术、统计与大数据等专业相关课程的教材，也适合作为从事数据分析与可视化相关工作的从业人员的参考书。

◆ 编　著　余本国
　责任编辑　许金霞
　责任印制　王 郁 陈 犇

◆ 人民邮电出版社出版发行　　北京市丰台区成寿寺路 11 号
　邮编　100164　电子邮件　315@ptpress.com.cn
　网址　https://www.ptpress.com.cn
　山东华立印务有限公司印刷

◆ 开本：787×1092　1/16
　印张：18　　　　　　　　　2022 年 7 月第 1 版
　字数：495 千字　　　　　　2024 年 12 月山东第 6 次印刷

定价：59.80 元

读者服务热线：(010)81055256　印装质量热线：(010)81055316
反盗版热线：(010)81055315
广告经营许可证：京东市监广登字 20170147 号

对数据分析领域的从业人员来说，选择一种合适或更有利的语言进行数据分析与可视化是至关重要的。Python 是一种解释型、面向对象、动态数据类型的高级程序设计语言。它不仅简单易学，而且使用最少的代码就能实现与其他语言一样的功能，所以对零基础的读者，我强烈推荐使用 Python 语言。

Python 作为面向对象的解释型程序设计语言，具有丰富和强大的库，已经成为继 Java 和 C++之后的又一主流程序设计语言。Python 语言可以称为全能型语言，例如，使用 Python 可以进行系统运维、图形处理、数学运算、文本处理、数据库编程、网络编程、爬虫编写、机器学习等。一定有许多初学者和我学习数据分析之前一样有胆怯情绪，认为："数据分析要用到那么多的数学知识，还要用到编程语言，我能行吗？"，一提到数学估计很多人连翻开书本的勇气都没有了。另外，对计算机编程能力的要求，很多初学者认为一定要精通 Python。其实，这些想法都是误解。先来说说数学，如果仅仅是做数据分析类的项目，那初学者所需要的数学知识其实根本没有你想象的那么难，也不需要那么精深；对于编程知识更是这样，Python 语言极其简单，完全可以现学现用。只要读者能跟着这本书努力的学习，相信一定能够自如地使用 Python 进行数据处理、分析与可视化。

使用 Python 语言有针对性地收集和整理数据，并采用合适的可视化工具解释数据是一门艺术！本书旨在带领对数据分析感兴趣和拟从事数据分析与可视化的读者零基础入门，并通过大量的实战案例，让读者感受和领略使用 Python 进行数据处理、分析与可视化的魅力。

本书特色

（1）Python 零基础入门数据分析与可视化。本书从 Python 语法基础开始，基于最常用的数据处理、数据分析、数据可视化的库，全面介绍数据分析与可视化的基本知识。

（2）内容循序渐进，理论与实践相结合。本书遵循数据分析与可视化的业务流程，结合应用案例，详细讲述使用 Python 进行数据爬取、数据处理、数据分析、数据可视化的方法。

（3）典型案例分析，强化实战应用能力。本书通过航班数据分析、网络数据分析、文本数据分析的案例，进一步提高读者数据分析与可视化的能力。

（4）配备立体化资源，提供即时教学服务。作者针对本书的重点难点，以及初学者在学习过程中可能遇到的问题，录制了视频讲解，读者扫描书中二维码即可观看。同时，本书还提供教学课件、案例源代码、教学大纲等教学资源。为了即时地与读者交流，并解答读者的问题，读者可加入读者交流群（QQ 群号：164299104）与作者交流。

学习指南

本书使用的编译器为 Anaconda 2022.03 及其以上版本（Python 3.10.9 和 pandas 1.5.3）。

本书共分 4 个部分共 13 章。第 1 部分（第 1 章）是 Python 语言的基础知识，针对数据处理与分析的初学者，以够用为原则讲解 Python 语言的基本语法；第 2 部分（第 2 章～第 6 章）是数据分析的基础知识，主要介绍了 Numpy 和 pandas 库以及正则部分的基础内容。这部分内容很重要，数据处理是数据分析的重要基础；第 3 部分（第 7 章～第 10 章）是数据可视化的基础，主要介绍了几种常用的可视化工具；第 4 部分（第 11 章～第 13 章）为应用案例，是对本书所学知识的综合应用。本书所覆盖的内容仅是管中窥豹，带领读者入门，基于 Python 的数据处理、数据分析和数据可视化的库还有很多。例如，数据分析的库 pandasGUI、pandas-profiling 等，数据可视化的库 Plotly Express 等，读者掌握了本书的基础内容后，就可以快速学习其他的库，并能做到现学现用。

教学建议

授课教师可按模块化结构组织教学，根据本校生源情况酌情安排教学学时，并对部分章节的内容进行灵活取舍。本书建议学时为 48 学时～54 学时，教学学时建议如下。

教学学时建议表

章序		教学内容	48 学时	54 学时
第 1 部分 语法基础	第 1 章	Python 语法基础	3	3
第 2 部分 数据处理与分析	第 2 章	网络爬虫	4	5
	第 3 章	NumPy	4	4
	第 4 章	pandas	4	4
	第 5 章	正则表达式与格式化输出	3	3
	第 6 章	数据处理与数据分析	4	5
第 3 部分 数据可视化	第 7 章	Matplotlib	4	5
	第 8 章	pyecharts	4	4
	第 9 章	Altair 动态可视化	3	3
	第 10 章	NetworkX	3	3
第 4 部分 应用案例	第 11 章	航班数据分析	3	4
	第 12 章	豆瓣网络数据分析	4	5
	第 13 章	《红楼梦》文本数据分析	5	6

 写作分工

本书第 3 章～第 6 章由海南省人民医院仝珊编写，其他内容均由余本国编写，同时，本书的出版还受到海南医学院教材立项的支持。

余本国于海口

2022 年 2 月

目录
Contents

第 3 部分　数据可视化

第 4 部分　应用案例

第 1 部分

语法基础

据调查，十大常用的数据工具中有 8 个来自或用到了 Python。Python 广泛应用于数据科学领域，包括数据分析、机器学习、深度学习和数据可视化等。Python 是数据专业或非数据专业人士广泛使用的编程语言，几乎成了计算机普及语言。

第1章 Python 语法基础

本章主要介绍 Python 语法方面的内容，介绍 Python 的基本数据类型、流程控制以及常用函数等，力求内容简单易懂。

1.1 Anaconda

当下人工智能与大数据发展迅速，其中"炙手可热"的工具就是 Python。随着 Python 3 越来越稳定以及各种库的完善，Python 在数据分析、科学计算领域用得越来越多，除了语言本身的特点，其第三方库也比较丰富、易用。常见的数据分析库有 pandas、NumPy、SciPy 等，这些库在某些场景下已经完全取代了长期应用于工程领域的 MATLAB。

Python 语言是优雅和简洁的，尤其在数据获取、清洗、分析、可视化环节。正因为如此，其获得了无数应用开发工程师、运维工程师、数据科学家的青睐。

学习 Python 少不了使用集成开发环境（Integrated Development Environment，IDE）或者代码编辑器，这些 Python 开发工具可帮助开发者加快使用 Python 开发的速度，提高写代码的效率。

古人说："工欲善其事，必先利其器。"我们在使用 Python 编程时，也需要一个好用的"武器"来编写我们的代码。这个武器就是编辑器。Python 的编辑器有很多，Windows 自带的记事本都可以用于编写 Python 代码。

本书推荐使用 Anaconda 软件。Anaconda 软件安装完毕后，会得到两个常用的 IDE，即 Jupyter Notebook 和 Spyder。不管用哪种类型的 IDE，适合自己的才是最好的。

1.1.1 安装和简单使用 Anaconda

Anaconda 是一个开源的控制 Python 版本和包管理的软件，可用于大规模数据的处理、预测、分析和科学计算，致力于简化包的管理和部署。Anaconda 使用软件包管理系统 Conda 进行包管理。

Anaconda 是一个非常好用且省心的 Python 学习软件，它预装了很多第三方库，相比于 Python 用 pip install 命令安装库来说也较方便。Anaconda 中增加了 conda install 命令来安装第三方库，而且使用方法与 pip install 一样。下面介绍 Anaconda 软件的安装和简单的使用方法。

安装和简单使用 Anaconda

（1）进入 Anaconda 官方网站的下载页面，找到与个人计算机相匹配的版本，单击"Download"按钮，将文件安装包下载到本地，下载页面如图 1-1 所示。

（2）下载后在本地进行安装，安装完毕后会出现图 1-2 所示的界面。在界面中包含几个常用的

IDE，其中就有 Jupyter Notebook 和 Spyder。

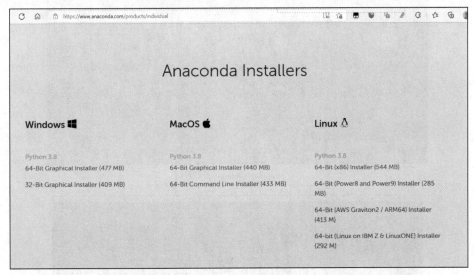

图 1-1　Anaconda 下载页面

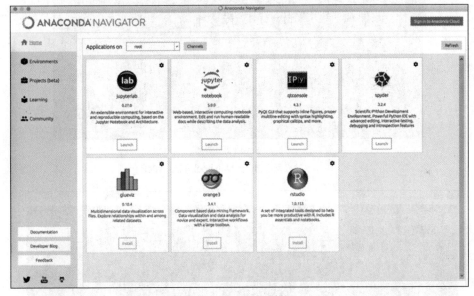

图 1-2　Anaconda 界面

（3）Anaconda 安装成功后，在图 1-2 所示的界面里找到 Spyder 或 Jupyter Notebook，单击"Launch"（启动）后，可以得到图 1-3 所示的界面。Spyder 或 Jupyter Notebook 会自动附带常用的 Python 库，如 NumPy、SciPy、pandas 等。

当然，很多的包和库都在不断地被开发和贡献出来，所以 Anaconda 不可能收集所有的包和库。当需要使用这些包和库时，可自行下载和安装。在 Windows 系统中可以打开"开始"菜单，选择 Anaconda3 目录下的 Anaconda Prompt；在 macOS 中直接打开终端，即可进行相关的操作。常用的一些操作命令如下。

（1）查找指定的库。

如查找 jieba 库：conda search jieba。结果显示如图 1-4 所示。

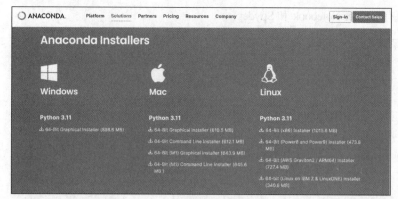

（a）Jupyter Notebook 开始界面

（b）Spyder 开始界面

图 1-3　启动 Jupyter Notebook 或 Spyder

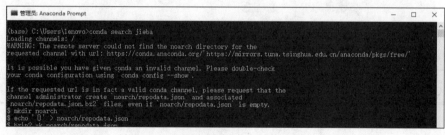

图 1-4　conda 查找结果

（2）安装指定的库。

如安装 jieba 库：在 Windows 命令提示符窗口中输入：conda install jieba 或者 pip install jieba。

（3）查看所有已安装的库。

在 Windows 命令提示符窗口中输入：conda list。

（4）创建一个名为 python35 的虚拟环境，指定 Python 版本为 3.5。

conda create --name python35 python=3.5。

（5）使用 activate 激活 python35 环境。

在 Windows 命令提示符窗口中执行：activate python35。

在 Linux 或 macOS 终端中执行：source activate python35。

（6）关闭激活的环境回到默认的环境。

在 Windows 命令提示符窗口中执行：deactivate python35。

在 Linux 或 macOS 终端中执行：source deactivate python35。

（7）删除一个已有的环境。

conda remove --name python35 --all。

（8）在指定环境中安装库。

conda install -n python35 numpy。

（9）在指定环境中删除库。

conda remove -n python35 numpy。

本书所有示例采用 Python 3.8 运行。

1.1.2　Spyder

Anaconda 软件安装完成后，会在目录下自动安装 Spyder。本书主要使用 Spyder 和 Jupyter Notebook 两种 IDE 方式。

Spyder 的操作界面如图 1-5 所示，不同的版本界面略有不同。

图 1-5 所示的 A 区域是工具栏区，B 区域是代码编辑区，C 区域是变量显示区，D 区域是结果显示区。当运行代码时，在编辑区中选中要运行的代码，再在工具栏上单击执行代码按钮（ ▶ ）或者按 F9 键（不同的版本快捷键略有差异）即可运行。

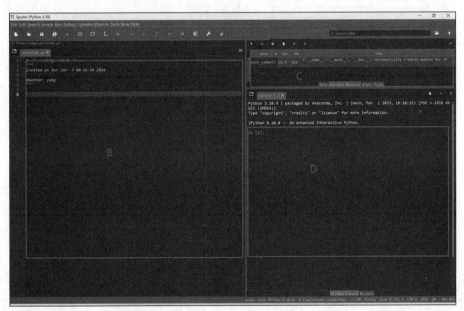

图 1-5　Spyder 的操作界面

1.1.3　Jupyter Notebook

Jupyter Notebook 不同于 Spyder，Jupyter Notebook（之前被称为 IPython Notebook）是一个交互式笔记本，支持 40 多种编程语言。它的出现是为了方便科研人员可以随时把自己的代码和运行结果生成 PDF 文件或者 HTML 文件与大家分享和交流。

启动 Jupyter Notebook 后，进入图 1-6 所示的界面，选择图中指示的"New"下拉列表中的"Python 3"选项，进入主区域（编辑区），可以看到一个空的单元格（Cell）。每个 Notebook 都由许多个单元格组成，每个单元格的功能也不尽相同，单元格前都带有"In[]"编号。Jupyter Notebook 操作界面的各功能区如图 1-7 所示。由于版本的不同，界面略有差异。

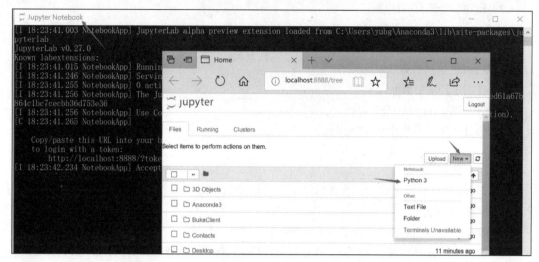

图 1-6　Jupyter Notebook 启动界面

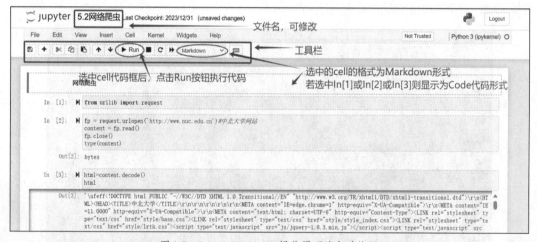

图 1-7　Jupyter Notebook 操作界面的各功能区

如图 1-7 所示，第 4 个单元格以"In[5]"标识，表示这是一个代码单元，并且从打开本页面执行到这一步，总共执行了 5 次单元格中的代码。In[5]这个代码单元可能被执行多次。在代码单元格里，可以输入并执行任何代码。例如，输入 3 行代码"a=1""b=2"，"print(a+b)"，然后按"Shift＋Enter"组合键（或者单击执行代码按钮 ▶ Run ），单元格中的代码将被运行，并显示结果，同时下方产生一个新的单元格，鼠标光标切换到这个新的单元格中。

在操作界面中，可以对文件进行重命名。单击文件名区域，即可弹出修改框修改文件名，如图 1-7 所示。

需要注意的是，在 Jupyter Notebook 中使用 Matplotlib 时，需要告诉 Jupyter Notebook 获取 Matplotlib 生成的所有图形嵌入 Jupyter Notebook 页面中。为此，需要执行如下"魔术方法"代码。

```
%matplotlib inline
```

运行这个指令可能要花一点儿时间，但在 Jupyter Notebook 中只需要执行一次。接下来通过一个图形绘制例子，看看具体的集成效果。

```
import matplotlib.pyplot as plt
import numpy as np

x = np.arange(20)
y = x**3

plt.plot(x, y)
```

运行上面的代码将绘制函数图形，运行完成后，会得到图 1-8 所示的图形。

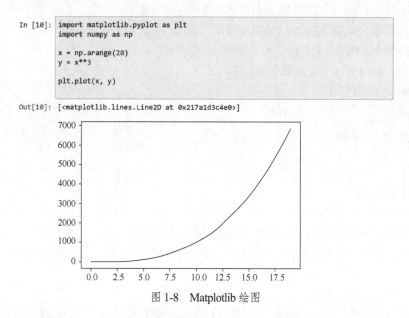

图 1-8　Matplotlib 绘图

从图 1-8 中可以看出，绘制的图形直接添加在 Jupyter Notebook 页面中，并显示在代码的下方，这就是代码%matplotlib inline 所起的作用。之后修改代码，重新执行时，图形会动态更新，这应该是每位数据科学家都想要的一个功能，即将代码和图形放在同一个文件中，便于清楚地看出每段代码的执行效果。此外，该文件可导出保存为 HTML 或者其他的格式，便于分享与交流。

关于 Jupyter Notebook 的操作方法可以在网上查找并下载相关文档进行学习。

1.2　语法规范

Python 是一种解释型、面向对象、动态数据类型的高级程序设计语言。下面，我们先讲解几个 Python 语法常识。

1. 用缩进来表示分层

在编写程序代码时，需要注意层次感，让我们能够很清晰地看出某段代码或某个代码块的功能。这跟写文章一样，要注意段落层次感，不要从头到尾只有一段。

Python 的代码块用缩进 4 个空格来表示分层，不像其他语言使用括号来表示分层。当然也可以使用一个制表符来替代 4 个空格，但不要在程序中混合使用制表符和空格来进行缩进，这会使程序在跨平台时不能正常运行。官方推荐的做法是使用 4 个空格，如下所示。

```
k = 2
lis=[1,2,3]
```

```
if k in lis:    #半角状态的冒号不能少, 注意下一行要缩进 4 个空格
    print(k)
```

一般来说, 行尾遇到 ":" 就表示下一行缩进的开始。例如, 上面的代码中第 3 行 "if k in lis:" 行尾有冒号, 下一行的 "print(k)" 就需要缩进 4 个空格。

2. 引号的使用

字符串 (String) 是由数字、字母、下画线组成的。Python 可以使用单引号 (')、双引号 (")、三引号 ('''或""")来标识字符串。字符串的开始与结束必须使用相同类型的引号, 即成对使用引号。

例如, 当我们把 3 这个数字赋值给字符型变量时, 需要用引号标识 3, 如'3'或者"3"。单引号和双引号没有本质的区别, 只有在同时出现时才能体现它们的区别。

三引号可以标识由多行组成的文本或字符串。在代码中可用于注释多行代码, 即将多行代码放在三引号之内作为注释部分来对待。关于注释后面会讲到。

下面 a、b、c、d 等 4 个变量都表示字符串。

```
a = '我是一名大三的大学生。'
b = "I'm a junior student. "
c = """我是一名
    大三的大学生"""
d = '''我是一名
    大三的大学生'''
```

3. 代码注释方法

注释用于解释、说明此行代码的功能、用途等, 注释部分不会被计算机执行。在写代码时, 要养成良好的习惯, 多给代码写注释。养成写注释的好习惯不仅能给自己带来方便, 也能便于其他读者理解该代码。记住, 注释是写给程序员看的, 不是给计算机执行的, 所以要尽可能多地对代码进行注释。

注释代码有以下两种方法。

(1) 在一行中, "#" 号后的语句不再被执行, 而表示被注释的内容, 如【例 1-1】中的第 1、7、8、9、11 行的 "#" 号后面的内容。

(2) 如果要进行大段的注释可以使用三引号 ('''或""")标识注释内容, 如【例 1-1】中的第 3~5 行被第 2 行和第 6 行的三引号包围。

【例 1-1】代码注释。为了方便说明, 我们给下面的代码加上了行号。

```
1  # -*- coding: utf-8 -*-
2  """
3  接收来自键盘的输入, 判断键盘输入的是数字, 还是字母
4  Created on Sun Apr 13 21:20:06 2019
5  @author: yubg
6  """
7  k = input("请输入: ")                    #接收键盘输入
8  if k.isdigit():                         #判断输入数据是否为数字
9      print("您输入的是: ",k)              #输出接收到的数字
10 else:
11     print("您输入的不是数字, 而是字母: ",k)   #输出接收到的字母
```

第 1 行, 使用了#注释符, 它仅仅是一个声明, 说明程序使用的是 UTF-8 编码格式。其中的-*-没有特殊作用。

第 2~6 行, 使用的是双三引号""", 表明里面的内容是注释, 用于说明这段代码要干什么、是什么时间创建的, 以及创建者的信息。

第 7~11 行, 正式的代码行, 其功能是判断来自键盘的输入。其中第 8 行和第 10 行语句后带有

冒号 ":"，则它们的下一行的开始必须缩进4个空格。

4．print()的作用

所有的计算机语言基本上都有这么一句开篇的代码：print（"Hello World！"）。

Python当然不能例外。在Jupyter Notebook下输入print（"Hello World！"）并执行，观察其效果。如果不出意外，如下所示。

```
In [1]:print("Hello World !")
```

输出结果如下。

```
    Hello World !
```

print()会在输出窗口中显示一些文本或结果，便于监控、验证和显示数据。

```
In [2]: A=input('从键盘接收输入：')
            #从键盘接收输入：我输入的是这些
In [3]: print("输出刚才的输入A：",A)
Out[3]: 输出刚才的输入A： 我输入的是这些
```

▶注意：input()函数接收来自键盘的输入，接收到的数据均为字符型数据，如输入的是数值1，其实它是引号引起来"1"，即字符型数据。若想让它变成数值型，可在外围使用int()或者float()函数包裹，即int(input())或float(input())。

5．变量的命名

变量主要的作用是存储数据。例如，一个人的年龄可以用数值来存储，他的名字可以用字符串来存储。那么一个人的姓名和年龄就可以使用变量来记录。

变量有分类，如上面说到的年龄是数值，而姓名是字符串，数值和字符串就是变量的类型。

Python定义了6个标准类型，用于存储各种类型的数据。

（1）Numbers（数值）。

（2）String（字符串）。

（3）List（列表）。

（4）Tuple（元组）。

（5）Dictionary（字典）。

（6）Set（集合）。

变量的命名规则如下。

（1）变量名的长度不受限制，但其中的字符必须是字母、数字或者下画线（_），而不能使用空格、连字符、引号或其他字符。Python 3.4以上版本的变量名中也可以包含中文，但不建议使用。

（2）变量名的第一个字符不能是数字，必须是字母或下画线，单下画线开头的变量一般有其特殊的含义。

（3）变量名区分大小写。

（4）不能将关键字用作变量名，如for、if、while、in、type等。

6．语句断行

一般来说，一条Python语句占一行，在每条语句的结尾处不需要使用 ";"。但在Python中可以使用 ";"，表示将两条简单语句写在一行。分号还有一个作用，即在一行语句的末尾使用，表示不输出本行语句的结果。如果一条语句较长，要分几行来写，可以使用 "\\" 进行换行。

例如，前面的代码我们也可以写成如下形式。

```
i = 2; lis=[1,2,3]
if i in lis:
    print(i)
```

再如，下面两个 print()输出效果是一样的。

```
print("1111111111111111111111111111111111111111111111111111111")
```

```
print("11111111111111111111111\
1111111111111111111111111111111")
```

一般来说，系统能够自动识别换行，在一对括号（包括圆括号、方括号和花括号）中间或三引号之间均可换行。例如，上面代码输出的结果，若要对其换行，则必须在圆括号内进行，换行后的第二行一般缩进 4 个空格。高版本的 Python 不一定要求换行后缩进 4 个空格，但为了代码规范，以及代码的美观，尤其是为了使代码层次感清晰，一般建议换行后的第二行要缩进一些空格。

```
print("您输入的不是数字，而是字母：",    #括号内换行
      "k")
```

输出如下。

```
您输入的不是数字，而是字母：k
```

7．标识符

标识符是开发人员在程序中自定义的一些符号和名称，如变量名、函数名等。标识符由字母、下画线和数字组成，并且开头不能是数字，具体有以下 3 点要求。

（1）必须以字母或下画线开头。

（2）其他部分是字母、下画线和数字。

（3）大小写敏感。

变量、函数等的命名规则是见名知意，即起一个有意义的名字，尽量做到看一眼就知道是什么意思（提高代码可读性）。例如，"姓名"用 name 表示，"学生"用 student 表示。

一般采用驼峰式命名法，即每一个单词的首字母采用大写字母，如 FirstName、LastName。

不过在程序员中还有一种命名法比较流行，即用下画线来连接不同的单词，如 send_buf。尽管现在 Python 3.4 以来可以用中文命名，但不建议使用。

8．Python 运算符

在进行数据处理时，常会用到数值的运算。数值运算符如表 1-1 所示。

表 1-1　数值运算符及相关函数

运算符	含义
+	加：两个操作数相加，或一元加
−	减：两个操作数相减，或得到负数
*	乘：两个操作数相乘，或返回一个被重复若干次的字符串
/	除：两个操作数相除（结果总是浮点数）
%	取模：返回除法（/）的余数
//	取整除（地板除）：返回商的整数部分
**	幂：相当于 pow()，如 x**y 表示返回 x 的 y 次方
abs(x)	返回 x 的绝对值
int(x)	返回 x 的整数值
float(x)	返回 x 的浮点数
complex(re, im)	定义复数
c.conjugate()	返回复数的共轭复数
divmod(x, y)	相当于(x//y, x%y)
pow(x, y)	返回 x 的 y 次方

【例 1-2】Python 数值运算示例。

```
In [1]:x = 5
       y = 2
```

```
In [2]:x / y
Out[2]:2.5

In [3]:x % y
Out[3]:1

In [4]:x // y
Out[4]:2

In [5]:int(3 / 2)
Out[5]:1

In [6]:divmod(x,y)
Out[6]:(2, 1)

In [7]:pow(y,x) #2的5次方
Out[7]:32
```

比较运算符如表 1-2 所示。

表 1-2　比较运算符

运算符	含义	示例
>	大于：如果左操作数大于右操作数，则为 True	x>y
<	小于：如果左操作数小于右操作数，则为 True	x<y
==	等于：如果两个操作数相等，则为 True	x==y
!=	不等于：如果两个操作数不相等，则为 True	x!=y
>=	大于等于：如果左操作数大于或等于右操作数，则为 True	x>=y
<=	小于等于：如果左操作数小于或等于右操作数，则为 True	x<=y

赋值运算符如表 1-3 所示。

表 1-3　赋值运算符

运算符	含义	示例
=	把 2 赋值给 x	x=2
+=	把 x 加 2 再赋值给 x，即 x=x+2	x+=2
−=	把 x 减 2 再赋值给 x，即 x=x−2	x−=2
*=	把 x 乘 2 再赋值给 x，即 x=x*2	x*=2
/=	把 x 除 2 再赋值给 x，即 x=x/2	x/=2
%=	把 x 除以 2 取模（取余数）再赋值给 x，即 x=x%2	x%=2
//=	把 x 除以 2 的商取整再赋值给 x，即 x=x//2	x//=2
**=	把 x 的 2 次方赋值给 x，即 x=x**2	x**=2

位运算符如表 1-4 所示。

表 1-4　位运算符

运算符	含义	示例
&	按位与（AND）：参与运算的两个操作数的相应位都为 1，则该位的结果为 1，否则为 0	x&y
|	按位或（OR）：参与运算的两个操作数的相应位有一个为 1，则该位的结果为 1，否则为 0	x|y
~	按位翻转/取反（NOT）：对操作数的每个二进制位取反，即把 1 变为 0，把 0 变为 1	~x
^	按位异或（XOR）：当两个操作数对应的二进制位相异时，结果为 1	x^y
>>	按位右移：操作数的各个二进制位全部右移若干位	x>>2
<<	按位左移：操作数的各个二进制位全部左移若干位，高位丢弃，低位不补 0	x<<2

逻辑运算符如表 1-5 所示。

表1-5 逻辑运算符

运算符	含义	示例
and	逻辑与：如果 x 为 False，返回 False，否则返回 y 的计算值	x and y
or	逻辑或：如果 x 非 0，返回 x 的值，否则返回 y 的计算值	x or y
not	逻辑非：如果 x 为 False，返回 True；如果 x 为 True，返回 False	not x

成员运算符如表 1-6 所示。

表1-6 成员运算符

运算符	含义	示例
in	如果在指定序列中找到值或变量，返回 True，否则返回 False	2 in x
not in	如果在指定序列中没有找到值或变量，返回 True，否则返回 False	2 not in x

身份运算符如表 1-7 所示。身份运算符用于检查两个值（或变量）是否位于存储器的同一位置。

表1-7 身份运算符

运算符	含义	示例
Is	如果操作数相同，则为 True（引用同一个对象）	x is True
is not	如果操作数不相同，则为 True（引用不同的对象）	x is not True

9. 如何在字符串中嵌入一个单引号

嵌入单引号有两种方法。

（1）在单引号前加反斜线（\），如\'。

（2）在双引号中可以直接嵌入，即' 和 " 在使用上没有本质差别，但同时使用时有区别。

【例1-3】嵌入单引号示例。

```
In [1]:s1 = 'I\'m a boy. '       #可以使用转义符\显示其后的原始符号
In [2]:print(s1)
Out[2]:I'm a boy.

In [3]:s2="I'm a boy. " #也可以使用双引号标识，此处用双引号是为了区分单引号
In [4]:print(s2)
Out[4]:I'm a boy.
```

第一种用法也叫转义符，另外还有\n, \t 的用法。

1.3 程序结构

1996 年，计算机科学家 Corrado Böhm 和 Giuseppe Jacopini 证明了：任何简单或复杂的算法都可以由顺序结构、判断结构和循环结构这 3 种基本结构组合而成。

1.3.1 顺序结构

采用顺序结构的程序将直接按行顺序执行代码，直到程序结束。

如我们接收两个变量 a 和 b 的值，并将 a 除以 b 的值赋给 c1，再将 a、b 的值交换，再次计算 a 除以 b 的值并将其赋给 c2，并将 c1 和 c2 的值输出在一行，中间用分号隔开。

分析上面的要求：

（1）接收 a 和 b 两个变量的值；

（2）将 a 和 b 的值转换为数值型；

（3）将 a 除以 b 的值赋给 c1；

（4）将 a、b 的值互换；

（5）将 a 除以 b 的值赋值给 c2；

（6）将 c1 和 c2 的值输出在一行，中间用分号隔开。

以上就是一个按顺序执行代码的例子，具体的实现代码如下。

```
a = input("please input a:")
b = input("please input b:")

a = int(a)
b = int(b)

c1 = a / b

a, b = b , a

c2 = a / b

print('c1=',c1,';','c2=',c2)
```

执行代码并输入 1 和 2。

```
please input a:1

please input b:2
c1= 0.5 ; c2= 2.0
```

注意，在 Python 语言里，交换两个变量的值异常简单，直接使用等号交换即可，即 a,b = b,a。

1.3.2　判断结构

判断结构的运行流程是，先执行条件代码，判断它的结果是真还是假，如果为真则执行对应代码，否则不执行对应代码，或者执行其他的代码。常使用 if…else 或者 if…elif …else 结构，格式如下。

if 判断结构

```
if 条件:
    代码块 1
else:
    代码块 2
```

以上结构首先分析"条件"是否为真，若为真则执行"代码块 1"，否则执行"代码块 2"。这属于二分法。若有多个分类，则可使用如下结构。

```
if 条件1:
    代码块 1
elif 条件2:
    代码块 2
elif 条件3:
    代码块 3
else:
    代码块 4
```

例如，我们要接收一个从键盘输入的数，将它归类为优、良、中、及格或差，其中 90 分及以上为优，大于等于 80 分小于 90 分为良，大于等于 70 分小于 80 分为中，大于等于 60 分小于 70 分为及格，低于 60 分的为差。

```
s = int(input('请输入分数：'))      #接收键盘输入并将其转化为整数
if s >= 90:
    print("优")
```

```
    elif s>= 80:
        print("良")
    elif s>= 70:
        print("中")
    elif s>= 60:
        print("及格")
    else:
        print("差")
```

输出结果如下。

```
请输入分数: 84
良
```

1.3.3 循环结构

for 循环

循环结构分为 for 循环和 while 循环两类。

1. for 循环

for 循环的结构如下：

```
for i in field:
    代码块
```

for i in field 表示枚举 field 中的所有元素 i，并循环处理其下的"代码块"。即每从 field 中取一个元素，都执行一次"代码块"，直到 field 中所有的元素都被取完为止。

假如想分别输出字符串 abc 中的每一个字母，可执行如下代码。

```
for i in 'abc':
    print(i)
```

输出结果如下。

```
a
b
c
```

for 常用于遍历列表，基本结构如下。

```
for i in [2,3,4]:
    print(i,end=',')
```

输出结果如下。

```
2,3,4,
```

上面的代码的意思是将列表[2,3,4]中的每一个元素输出（列表我们在 1.5.3 小节再讲解）。在 print()中加上"end=','"表示将输出结果显示在一行中，元素之间用,分隔。

for 循环经常和 range()内置函数配合使用。

```
>>> for i in range(3):
        print(i)
```

输出结果如下。

```
0
1
2
```

for 循环可以用来生成列表。如用 range(3)来生成列表[0,1,2]，然后使用 for 循环来计算列表中的每个元素的平方并将结果放入新的列表中。

```
>>> [x**2 for x in range(3)]
```

输出结果如下。

```
[0, 1, 4]
```

for 循环与 if 同用表示按条件来生成列表，如生成偶数的平方 100 以内构成的列表。

```
>>> [x**2 for x in range(10) if x%2==0]
```

输出结果如下。

```
[0, 4, 16, 36, 64]
```

2. while 循环

while 循环

while 循环区别于 for 循环，它需要对循环条件进行判断，满足则执行下面的代码块，否则不执行其下的代码块，即在某循环条件下循环执行某段程序，以重复处理相同的任务，直到不满足循环条件时终止。而 for 循环是对指定的序列内的所有元素进行遍历。

while 循环基本形式如下。

```
while 条件:
    代码块
```

它的循环条件可以是任何表达式，任何非零或非空（null）的值均为 True。当为假（False）时，循环结束。也就是说"条件"只要不是零或 False，就会执行"代码块"，执行完后，再又回来判断"条件"，只要满足"条件"为真（非零或 Flase）就会一直循环，直到"条件"为假（零或 Flase），则停止循环。

```
i=0
while i<5:
    print('This is '+str(i))   #将 i 转化为字符型才能用"+"连接
  i+=1                          #相当于 i=i+1
```

运行以上代码输出结果为：

```
This is 0
This is 1
This is 2
This is 3
This is 4
This is 5
```

while 循环还有两个重要的命令，即 continue 和 break，它们用于跳过循环。continue 用于跳过本轮循环继续下一轮循环，而 break 则用于完全退出 while 循环。此外，循环条件还可以是常量，表示循环必定成立。

```
# continue 和 break 的用法
#1.将小于 10 的偶数输出
i = 1
while i < 10:
    i += 1
    if i%2 > 0:   # 非偶数时跳过输出
        continue
    print(i)   # 输出偶数 2、4、6、8、10

#2.输出小于等于 10 的正整数
j = 1
while 1:     # 循环条件为 1 必定成立
    print(j)
    j += 1      #等价于 j=j+1
    if j > 10:  # 当 j 大于 10 时退出循环
        break
```

输出结果为：

```
2
4
6
8
10
```

```
1
2
3
4
5
6
7
8
9
10
```

在使用 continue 编写循环语句时，要避免误入死循环，如：

```
i=1
while i<10:
if i%2 == 0:
    continue
print(i)
i+=1
```

本例欲输出小于 10 的奇数，但进入了死循环。因为当 i=2 时被整除，于是进入 continue，后面的 print(i)和 i+=1 都不再执行，此时的 i 依然等于 2，所以继续进入 i=2 的循环，如此循环往复，只有强行终止才能退出。上面的代码稍做修改即可运行：

```
i=1
while i<10:
if i%2 == 0:
 i+=1
 continue
print(i)
i+=1
```

输出结果如下。

```
1
3
5
7
9
```

所以执行 while 语句时，一定注意设置终止的条件，否则会进入"死循环"。

1.4 异常值处理

在 Python 中，程序在正常执行过程中可能会出现一些异常情况，如语法错误、除 0 异常、未定义的变量取值等，我们希望程序能够帮我们监控和捕捉到相应的异常情况。Python 为我们提供了用于异常值处理的 try 语句，其完整的形式为 try...except...else...finally。

try 异常值处理

Python 中 try...except...else...finally 语句的完整格式如下。

```
try:
    Normal execution block
except A:
    Exception A handle
except B:
    Exception B handle
except:
    Other exception handle
else: #可选。若有，则必有 except x 或 except 存在，仅在 try 后无异常时执行
    if no exception, get here
finally:      #此语句块可选，若有，则是必须执行的语句块，务必放在最后。
    print("finally")
```

正常执行的程序放在 try 下的 Normal execution block 语句块中执行，在执行过程中如果发生了异常，则中断当前在 Normal execution block 中执行的程序，跳转到对应的异常处理块 except x（A 或 B）中执行。Python 从第一处 except x 开始查找，如果找到了对应的异常类型，则进入其提供的异常处理语句块类型中进行处理；如果没有，则从第二处 except x 开始查找；如果都没有找到，则直接进入 except 语句块进行处理。except 语句块是可选项，如果没有提供，该异常将会被提交给 Python 进行默认处理，处理方式是终止程序并输出提示信息。所以 except 可以有 except A、except B、except C 等多种错误形式，当然也可以只有默认的 except 形式。

如果在 Normal execution block 语句块程序时，没有发生任何异常，则在执行完 Normal execution block 后，程序会进入 else 语句块中（若存在）执行。

无论发生异常与否，若有 finally 语句块，则 finally 下的语句块必须执行。

1．try…except

这是最简单的异常处理结构，其结构如下。

```
try:
    处理代码块
except Exception as e:
    处理代码发生异常，在这里进行异常处理
```

例如，我们先来看一下输入 1/0 会出现什么情况。

```
[In 1]:1/0
Traceback (most recent call last):
  File "<ipython-input-11-05c9758a9c21>", line 1, in <module>
    1/0
ZeroDivisionError: division by zero
```

程序会报错。下面继续触发除以 0 的异常，然后捕获错误并处理。

```
[In 2]:try:
            print(1 / 0)
       except Exception as e:
            print('代码出现除 0 异常，在这里进行处理! 错误是: ',e)
       print("我还在运行")
```

测试及运行结果如下。

```
代码出现除 0 异常，在这里进行处理!
我还在运行
```

"except Exception as e:" 用于捕获错误，并输出错误信息。程序捕获错误后，并没有"死掉"或者终止，而是继续执行后面的代码。

2．try…except…finally

这种异常处理结构通常用于无论程序是否发生异常，都必须执行相应操作的情况。例如，关闭数据库资源、关闭打开的文件资源等，但需要执行的代码必须放在 finally 语句块中。

```
try:
    print(1 / 0)
except Exception as e:
    print("除 0 异常")
finally:
    print("必须执行")
print("~~~~~~~~~~~~~~~~~")

try:
    print("这里没有异常")
except Exception as e:
    print("这句话不会输出")
```

```
finally:
    print("这里是必须执行的")
```

测试及运行结果如下。

除 0 异常
必须执行
~~~~~~~~~~~~~~~~~~~~~~~~~

这里没有异常
这里是必须执行的

3．try…except…else

该异常处理结构运行的过程是执行 try 语句块，若 try 语句块发生异常，则进入 except 语句块；若未发生异常，则进入 else 语句块。

```
try:
    print("正常代码！")
except Exception as e:
    print("将不会输出这句话")
else:
    print("这句话将被输出")
print("~~~~~~~~~~~~~~~~~~~~~~~")
try:
    print(1 / 0)
except Exception as e:
    print("进入异常处理")
else:
    print("不会输出")
```

测试及运行结果如下。

正常代码！
这句话将被输出
~~~~~~~~~~~~~~~~~~~~~~

进入异常处理

其实，try 下的代码块执行完后，程序运行也是二选一。发生异常时，进入 except 语句块；若未发生异常，则进入 else 语句块。

4．try…except…else…finally

try…except…else…finally 是 try…except…else 的升级版，它在 try…except…else 的基础上增加了必须执行的 finally 语句块，示例代码如下。

```
try:
    print("没有异常！")
except Exception as e:
    print("不会输出！")
else:
    print("进入else")
finally:
    print("必须输出！")

print("~~~~~~~~~~~~~~~~~~~~~~")

try:
    print(1 / 0)
except Exception as e:
    print("引发异常！")
else:
    print("不会进入else")
```

```
finally:
        print("必须输出! ")
```

测试及运行结果如下。

```
没有异常!
进入else
必须输出!
~~~~~~~~~~~~~~~~~~~~~~~~~~~~
引发异常!
必须输出!
```

注意事项如下。

（1）在上面所示的完整语句中，try、except、else、finally、except x 出现的顺序必须是 try→except x→except→else→finally，而 except x 必须在 except 之前，即所有的 except 必须在 else 和 finally 之前，else 必须在 finally 之前，否则会出现语法错误。

（2）在上面所展示的完整语句中，else 和 finally 都是可选的，而不是必需的。finally（如果存在）必须在整个语句的最后。

（3）在上面的完整语句中，else 语句的使用必须以存在 except x 或者 except 语句为前提，如果没有 except 语句，使用 else 语句会发生语法错误。

1.5 数据类型

Python 中的数据类型有数值型、字符串、列表、元组、字典、集合等。

1.5.1 数值型

我们常用的数值型有整型（int）和浮点型（float）。

如数字 1、23、-12 等属于整型，0.12、2.3、-1.05 属于浮点型。

数据的类型可以使用函数 type() 进行检测。

```
In [1]: a = -1

In [2]: type(a)
Out[2]: int

In [3]: b = 1.05

In [4]: type(b)
Out[4]: float
```

1.5.2 字符串

字符串（string）是字符的序列。字符串需用一对单引号（''）或一对双引号（""）或一对三引号（'''或"""）引起来。

字符串是 Python 中常用的数据类型。举例如下。

字符串的索引

```
a = 'Hello World!'
b = "hello_2"
```

但有时候字符串中含有一些特殊的符号，如"\""""等，我们需要借用转义符才能使其依原样显示。

例如输出"转义符使用符号\"这句话。

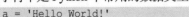

```
In [1]: print("转义符使用符号\")
```

```
      File "<ipython-input-7-6668988fe352>", line 1
    print("转义符使用符号\")
                        ^
SyntaxError: EOL while scanning string literal
```

运行结果显示错误。

再如输出"What's your name?"。

```
In [2]: print('What's your name?')
      File "<ipython-input-8-7736cf26ef3d>", line 1
    print('What's your name?')
                ^
SyntaxError: invalid syntax
```

运行结果也显示错误。出现错误的原因是使用了特殊符号。在"转义符使用符号\"中"\"是特殊符号——转义符，其有特殊的"使命"，即让那些特殊符号正确地显示出来。在'What's your name?'中主要是因为使用了 3 个单引号，计算机无法判断第一个单引号该与后面两个单引号中的哪一个匹配，修改时可以将外层的单引号改成双引号，正确的代码如下。

```
In [3]:
    print("转义符使用符号\")
    print('What\'s your name?')
```

输出结果如下。

```
转义符使用符号\
What's your name?
```

转义符有很多作用，常用的转义字符如表 1-8 所示。

表 1-8　转义字符

转义字符	描述
\（在行尾时）	续行符
\\	反斜线
\'	单引号
\"	双引号
\a	响铃符
\b	退格符
\e	转义符
\000	空
\n	换行符
\v	纵向制表符
\t	横向制表符
\r	回车符
\f	换页符

　　如果想按原样输出字符串，即不使用转义符来处理字符串，则称该字符串为自然字符串。自然字符串可以通过给字符串加上前缀 r 或 R 来标识。例如，a=r"Newlines are indicated by \n!"，请读者自行运行 a 变量，比较 a 变量加 r 和不加 r 的显示结果。

　　如果不想让反斜线发生转义，可以在字符串前添加一个 r，表示按原始字符输出。

　　如输出一个路径，代码如下。

```
In [4]: print('C:\some\name')       #此行中的"\n"被计算机识别成了换行符
```

输出结果如下，字符串中的"\n"被识别成了换行符，输出结果分行显示了。

```
C:\some
```

正确的代码是在字符串前添加一个 r。

```
In [5]: print(r'C:\some\name')
```

输出结果如下。

```
C:\some\name
```

字符串一旦被创建就不能再修改，它是一个整体。我们可以根据字符串的索引读出或者取出字符串中的一部分。

Python 中的字符串有两种索引方式：第一种是从左往右，从 0 开始依次增大；第二种是从右往左，从-1 开始依次减小。字符串 Python 的各字符索引如图 1-9 所示。

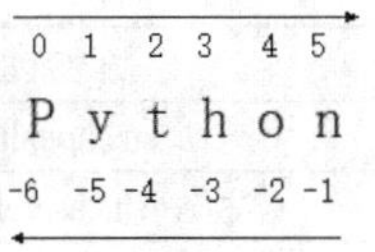

```
 0  1  2  3  4  5
 P  y  t  h  o  n
-6 -5 -4 -3 -2 -1
```

图 1-9　各字符索引

字符串 Python 中的"y"的索引是 1 或者-5。在 Python 语言中，索引是从 0 或-1 开始的，而不是从 1 开始的。

例如，我们要提取变量 s='Python'中的"y"，可以使用切片的方式。切片（也叫分片）是从给定的字符串中分离出部分内容，在 Python 中用半角冒号分隔两个索引来表示，形式如下。

```
变量名[start : stop]
```

截取的范围是左闭右开，即不包含 stop。

```
In [1]: s = "Python"
In [2]: s[1:2]     #取索引1~2但不含2的字符，即提取索引为1的字符
Out[2]: 'y'

In [3]: s[1:]  #冒号后的索引可以省略，表示取从索引1开始后面的全部字符
Out[3]: 'ython'

In [4]: s[:2]  #冒号前的索引可省略，表示取索引0~2但不含2的字符
Out[4]: 'Py'

In [5]: s[:]     #相当于等于s
Out[5]: 'Python'
```

字符串也可以运算，可以通过"+"运算符将字符串连接在一起，或者用"*"运算符重复输出字符串。

```
In [6]: print('str'+'ing', 'my'*3)
        string mymymy
```

常见的字符串运算符如表 1-9 所示。

表 1-9　字符串运算符

运算符	描述	实例（a="Hello",b="Python"）
+	字符串连接	a＋b 输出结果：HelloPython
*	重复输出字符串	a*2 输出结果：HelloHello
[]	通过索引获取字符串中字符	a[1]输出结果：e
[:]	截取字符串中的一部分，遵循左闭右开原则，如 str[0,2]是不包含第 3 个字符的	a[1:4]输出结果：ell
in	成员运算符：如果字符串中包含给定的字符返回 True	'H' in a 输出结果：True
not in	成员运算符：如果字符串中不包含给定的字符返回 True	'M' not in a 输出结果：True
r/R	原始字符串（自然字符串）：所有的字符串都直接按照字面的意思来使用，没有转义	print(r'\n') print(R'\n')
%	格式字符串（也是取模运算符）	print('请输出%s' %a)输出结果：请输出 Hello

字符串是有长度的，如'Python'有 6 个字符，即字符串长度为 6，可以使用 len()函数计算字符串的长度，代码如下：

```
>>>len(s)
    6
```

有时字符串还需要进行一些加工和处理，如首字母大写、除去字符串前后空格等，这些操作可以用字符串函数进行处理，字符串函数及其作用如表 1-10 所示。

表 1-10　字符串函数及其作用

函数名	作用
str.capitalize()	首字母大写
str.casefold()	将字符串 str 中的大写字符转换为小写
str.lower()	类似 str.casefold()，只能转换英文字母
str.upper()	将字符串 str 中的小写转换为大写
str.count(sub[, start[, end]])	返回字符串 str 的子字符串 sub 出现的次数
str.encode(encoding="utf-8", errors="strict")	返回字符串 str 经过编码后的字节码，errors 指定了遇到编码错误时的处理方法
str.find(sub[, start[, end]])	返回字符串 str 的子字符串 sub 第一次出现的位置
str.format(*args, **kwargs)	格式化字符串，*args 指可以传递多少参数，**kwargs 允许使用没有事先定义的参数名
str.join(iterable)	用 str 连接可迭代对象 iterable 并返回连接后的结果
str.strip([chars])	去除 str 字符串两边的 chars 字符（默认去除换行符、横向制表符、空），返回操作后的字符串
str.lstrip([chars])	同 strip()，去除字符串最左边的 chars 字符
str.rstrip([chars])	同 strip()，去除字符串最右边的 chars 字符
str.replace(old, new[,　count]	将字符串 str 的子字符串 old 替换成新字符串 new 并返回操作后的字符串，[,count]表示参数可以省略
str.split(sep=None, maxsplit=-1)	将字符串 str 按 sep 分隔符分割 maxsplit 次，并返回分割后的字符串列表

字符串函数操作示例如下。

```
In [1]:s="Hello World !"
       c=s.capitalize()  #首字母大写
c                   #不用 print()也可直接输出变量的值
Out[1]: 'Hello world !'

In [2]: id(s),id(c)       #id()函数用于查询变量的存储地址
Out[2]:
       (1575498635568, 1575498635632)

In [3]: s.casefold()
Out[3]: 'hello world !'

In [4]: s.lower()
Out[4]: 'hello world !'

In [5]: s.upper()
Out[5]: 'HELLO WORLD !'

In [6]:s="111222asasas78asas"
       s.count("as")

Out[6]: 5

In [7]: s.encode(encoding="gbk")
Out[7]: b'111222asasas78asas'
```

```
In [8]: s.find("as")
Out[8]: 6

In [9]:s="This is {0} and {1} is good ! {word1} are {word2}"
       s
Out[9]: 'This is {0} and {1} is good ! {word1} are {word2}'

In [10]:it=["Join","the","str","!"]
        it
Out[10]: ['Join', 'the', 'str', '!']

In [11]: " ".join(it)
Out[11]: 'Join the str !'

In [12]: '\n\t aaa \n\t aaa \n\t'.strip()
Out[12]: 'aaa \n\t aaa'

In [13]: '\n\t aaa \n\t aaa \n\t'.rstrip()
Out[13]: '\n\t aaa \n\t aaa'

In [14]: '\n\t aaa \n\t aaa \n\t'.lstrip()
Out[14]: 'aaa \n\t aaa \n\t'

In [15]: 'xx 你好'.replace('xx','小明')
Out[15]: '小明你好'

In [16]: '1,2,3,4,5,6,7'.split(',')
Out[16]: ['1', '2', '3', '4', '5', '6', '7']
```

字符串格式化如下。

```
In [17]: x1 = 'Yubg'
         x2 = 40
         print('He said his name is %s.'%x1)   #%s 表示占位处应为字符型
         print('He said he was %d.'%x2)         #%d 表示占位整型
         print(f'He said his name is {x1}.')   #f 也可以改为 F

He said his name is Yubg.
He said he was 40.
He said his name is Yubg.
```

此外的%格式化输出的作用就是占位符，控制此处输出的内容和类型。

1.5.3 列表

列表（List）是程序中常见的类型。Python 列表的功能相当强大，可以作为栈
（先进后出表）、队列（先进先出表）等使用。

表示列表只需要在方括号[]中添加列表的项（元素），以半角逗号隔开每个元
素即可。例如：

列表

```
s=[1,2,3,4,5]
```

获取列表中的元素可使用 list[index]形式。列表中的每一个元素都是有顺序号的，顺序号从 0 开
始。例如，对于上面的列表 s，可以用下面的方式取值。

```
In [1]: s=[1,2,3,4,5]
        s[0]      #提取第一个元素 1
Out[1]: 1

In [2]: s[2]      #提取第三个元素 3
Out[2]: 3
```

```
In [3]: s[-1]        #倒序取值，同字符串方法
Out[3]: 5

In [4]: s[-2]
Out[4]: 4

In [5]: s[1:3]       #取子列表
Out[5]: [2, 3]

In [6]: s[1:]
Out[6]: [2, 3, 4, 5]

In [7]: s[:-2]
Out[7]: [1, 2, 3]
```

列表常用的函数及其作用如表 1-11 所示。

表 1-11　列表常用的函数及其作用

函数名	作用
list.append(x)	将元素 x 追加到列表尾部，在 list 的末尾追加一个元素 x
list.extend(L)	将列表 L 中的所有元素追加到列表尾部形成新列表，即 list 和 L 合并成一个新列表
list.insert(i , x)	在列表中索引为 i 的位置插入 x 元素
list.remove(x)	将列表中第一个 x 元素移除，若不存在 x 元素将引发错误
list.pop(i)	删除索引为 i 的元素，并显示删除的元素，若不指定 i，则默认删除最后一个元素
list.clear()	清空列表
list.index(x)	返回第一个 x 元素的索引，若不存在 x，则报错
list.count(x)	统计列表中 x 元素的个数
list.reverse()	将列表中的元素反向排列
list.sort()	将列表中的元素从小到大排序，若需从大到小排序，则使用 list.sort(reverse=True)
list.copy()	返回列表的副本

列表函数操作示例如下。

```
In [1]: s = [1, 3, 2, 4, 6, 1, 2, 3]
        s
Out[1]: [1, 3, 2, 4, 6, 1, 2, 3]

In [2]: s.append(0)    #在末尾追加元素
        s
Out[2]: [1, 3, 2, 4, 6, 1, 2, 3, 0]

In [3]: s.extend([1, 2, 3, 4])#合并列表，相当于 s+[1,2,3,4]
        s
Out[3]: [1, 3, 2, 4, 6, 1, 2, 3, 0, 1, 2, 3, 4]

In [4]: s.insert(0, 100)#在指定的位置插入元素
        s
Out[4]: [100, 1, 3, 2, 4, 6, 1, 2, 3, 0, 1, 2, 3, 4]

In [5]: s.remove(100)    #移除元素，当有多个元素需删除时，每次删除的元素都是索引号较小的
        s
Out[5]: [1, 3, 2, 4, 6, 1, 2, 3, 0, 1, 2, 3, 4]

In [6]: print(s.pop(0))   #删除指定索引上的元素

        1
```

```
In [7]: s
Out[7]: [3, 2, 4, 6, 1, 2, 3, 0, 1, 2, 3, 4]

In [8]: s.pop()  #默认删除最后一个元素
Out[8]: 4

In [9]: s
Out[9]: [3, 2, 4, 6, 1, 2, 3, 0, 1, 2, 3]

In [10]: s.index(3) #找出第一个等于3的元素的索引
Out[10]: 0

In [11]: s.count(1)  #统计元素等于1的个数
Out[11]: 2

In [12]: s
Out[12]: [3, 2, 4, 6, 1, 2, 3, 0, 1, 2, 3]

In [13]: s.reverse()   #将列表中的元素反向排列
         s
Out[13]: [3, 2, 1, 0, 3, 2, 1, 6, 4, 2, 3]

In [14]: s.sort()    #排序
         s
Out[14]: [0, 1, 1, 2, 2, 2, 3, 3, 3, 4, 6]

In [15]: s.sort(reverse=True)#从大到小排序
         s
Out[15]: [6, 4, 3, 3, 3, 2, 2, 2, 1, 1, 0]

In [16]: k = s.copy()  #复制，k和s的存储地址不同
         k
Out[16]: [6, 4, 3, 3, 3, 2, 2, 2, 1, 1, 0]

In [17]: k.clear()  #清除k不会影响s
         k
Out[17]: []

In [18]: s
Out[18]: [6, 4, 3, 3, 3, 2, 2, 2, 1, 1, 0]

In [19]: m=s   #赋值，m和s的存储地址相同，可以用id(m)和id(s)查看结果是否相同
         m
Out[19]: [6, 4, 3, 3, 3, 2, 2, 2, 1, 1, 0]

In [20]: m.clear() #清除m会影响s
         m
Out[20]: []

In [21]: s
Out[21]: []
```

1.5.4 元组

元组（Tuple）跟列表很像，只不过元组使用的是圆括号标识，并且元组中的元素一旦确定就不可更改。下面的两种方式都可以定义一个元组。

```
In [1]: t=(1,2,3)
        t
```

元组

Python语法基础 第1章

```
Out[1]: (1, 2, 3)

In [2]: y=1,2,3
        y
Out[2]: (1, 2, 3)
```

元组与列表的取值方式相同，这里不赘述。元组常用的函数如下。

tuple.count(x)：统计 x 元素在元组中出现的次数。

tuple.index(x)：查找第一个 x 元素的索引。

元组函数操作示例如下。

```
In [9]: t=1,1,1,1,2,2,3,1,1,1
        t
Out[9]: (1, 1, 1, 1, 2, 2, 3, 1, 1, 1)

In [10]: t.count(1)
Out[10]: 7

In [11]: t.index(2)    #查找 t 中第一个值为 2 的元素的索引
Out[11]: 4
```

元组也是不可更改的类型，其切片和 str、list 相同。计算其长度也是用 len()。当把 list 转化为 tuple 时，可用函数 tuple(L)，反过来用函数 list(t)可把元组 t 转化为列表。

1.5.5　字典

字典（Dictionary）是一种二维数据（键值对）记录方式。比如我们存储朋友的联系方式，需要存储朋友的姓名和手机号或者姓名和 E-mail。字典在存储这些信息时，也是按照姓名和手机号对应的方式存储，即用键（key）和值（value）表示，中间用冒号（:）分隔，并用{}标识，每一个这样的键值对我们称它为字典的一个元素或项，元素之间用半角逗号分开。

字典 字典形式：{key:value}。

可以使用如下方式定义一个字典。

```
In [1]: d={1:10,2:20,"a":12,5:"hello"}
        d
Out[1]: {1: 10, 2: 20, 'a': 12, 5: 'hello'}

In [2]: d1=dict(a=1,b=2,c=3)
        d1
Out[2]: {'a': 1, 'b': 2, 'c': 3}

In [3]: d2=dict([['a',12],[5,'a4'],['hel','rt']])#将用二维列表创建字典
        d2
Out[3]: {'a': 12, 5: 'a4', 'hel': 'rt'}
```

其中，字典中每一项以半角逗号隔开，每一项包含 key 与 value，key 与 value 之间用冒号隔开，但字典里的元素（键值对）是无序的。另外字典的键名必须是不可更改的类型，且无重复。如列表类型是不可以做键的，字典取值的方式如下。

```
In [4]: d={1:10,2:20,"a":12,5:"hello"} #定义一个字典
        d
Out[4]: {1: 10, 2: 20, 'a': 12, 5: 'hello'}

In [5]: d[1]   #取 key 为 1 的值
Out[5]: 10

In [6]: d['a']   #取 key 为'a'的值
```

```
Out[6]: 12

In [7]: d.get(1)  #取 key 为 1 的值，若不存在，则返回默认值 None
Out[7]: 10

In [8]: d.get('a')
Out[8]:12

In [9]:d.get('b',"不存在")
Out[9]:'不存在'
```
字典函数操作示例如下。
```
In [10]: d={1:10,2:20,"a":12,5:"hello"}
         d
Out[10]: {1: 10, 2: 20, 'a': 12, 5: 'hello'}

In [11]: dc=d.copy()      #复制字典
         dc
Out[11]: {1: 10, 2: 20, 'a': 12, 5: 'hello'}

In [12]: dc.clear()#字典的清除
         dc
Out[12]: {}

In [13]: d.items()        #获取字典的项列表，输出为键和值构成的二元元组的列表
Out[13]: dict_items([(1, 10), (2, 20), ('a', 12), (5, 'hello')])

In [14]: d.keys()         #获取字典的所有 key 构成的列表
Out[14]: dict_keys([1, 2, 'a', 5])

In [15]: d.values()       #获取字典的 value 列表
Out[15]: dict_values([10, 20, 12, 'hello'])

In [16]: d.pop(1)         #删除并抛出 key=1 的项
Out[16]: 10

In [17]: d
Out[17]: {2: 20, 'a': 12, 5: 'hello'}

In [18]: d_0 = {'c': 10, '1': 'yubg'}
         d.update(d_0)        #合并两个字典，也可以使用 dict(d,**d_0)
         d
Out[18]: {2: 20, 'a': 12, 5: 'hello', 'c': 10, '1': 'yubg'}
```
合并字典还可以使用 dict(list(d.items())+list(d_0.items()))。

1.5.6　集合

集合（Set）的表现形式跟字典很像，都用花括号{}表示。集合是大多数程序
语言都有的类型，它不能保存重复的数据，即它具有过滤重复数据的功能。

集合

```
In [1]: s={1,2,3,4,1,2,3}
        s
Out[1]: {1, 2, 3, 4}
```
对于一个列表或者元组来说，可以用 set()函数去重。
```
In [2]: L=[1,1,1,2,2,2,3,3,3,4,4,5,6,2]
        T=1,1,1,2,2,2,3,3,3,4,4,5,6,2
        L
Out[2]: [1, 1, 1, 2, 2, 2, 3, 3, 3, 4, 4, 5, 6, 2]
```

```
In [3]: T
Out[3]: (1, 1, 1, 2, 2, 2, 3, 3, 3, 4, 4, 5, 6, 2)

In [4]: SL=set(L)
        SL
Out[4]: {1, 2, 3, 4, 5, 6}

In [5]: ST=set(T)
        ST
Out[5]: {1, 2, 3, 4, 5, 6}
```

▶注意：集合和字典中的元素是无序的，因此不能用 s[i] 这样的切片方式去获取其中的元素。

set()函数操作示例如下。

```
In [6]: s1=set("abcdefg")
        s2=set("defghijkl")
        s1
Out[6]: {'a', 'b', 'c', 'd', 'e', 'f', 'g'}

In [7]: s2
Out[7]: {'d', 'e', 'f', 'g', 'h', 'i', 'j', 'k', 'l'}

In [8]: s1-s2      #取 s1 中不包含 s2 的部分
Out[8]: {'a', 'b', 'c'}

In [9]: s2-s1
Out[9]: {'h', 'i', 'j', 'k', 'l'}

In [10]: s1|s2     #取 s1 与 s2 的并集
Out[10]: {'a', 'b', 'c', 'd', 'e', 'f', 'g', 'h', 'i', 'j', 'k', 'l'}

In [11]: s1&s2     #取 s1 与 s2 的交集
Out[11]: {'d', 'e', 'f', 'g'}

In [12]: s1^s2     #取 s1 与 s2 的并集但不包括交集部分
Out[12]: {'a', 'b', 'c', 'h', 'i', 'j', 'k', 'l'}

In [13]: 'a' in s1      #判断'a'是否在 s1 中
Out[13]: True

In [14]: 'a' in s2
Out[14]: False
```

集合操作符、函数示例及其意义如表 1-12 所示。

表 1-12　集合操作符、函数示例及其意义

操作符或函数示例	意义
x in S	如果 S 中包含 x 元素，则返回 True，否则返回 False
x not in S	如果 S 中不包含 x 元素，则返回 True，否则返回 False
len(S)	返回 S 的长度，即 S 中所含有元素的个数

列表、元组、字典、集合等数据类型的运算示例如下。

```
In [15]: L=[i for i in range(1,11)]
         S=set(L)
         T=tuple(L)
         D=dict(zip(L,L))
         L
Out[15]: [1, 2, 3, 4, 5, 6, 7, 8, 9, 10]
```

```
In [16]: S
Out[16]: {1, 2, 3, 4, 5, 6, 7, 8, 9, 10}

In [17]: T
Out[17]: (1, 2, 3, 4, 5, 6, 7, 8, 9, 10)

In [18]: D
Out[18]: {1: 1, 2: 2, 3: 3, 4: 4, 5: 5, 6: 6, 7: 7, 8: 8, 9: 9, 10: 10}

In [19]: 3 in L,3 in S,3 in T,3 in D
Out[19]: (True, True, True, True)

In [20]: 3 not in L,3 not in S,3 not in T,3 not in D
Out[20]: (False, False, False, False)

In [21]: L+L
Out[21]: [1, 2, 3, 4, 5, 6, 7, 8, 9, 10, 1, 2, 3, 4, 5, 6, 7, 8, 9, 10]

In [22]: S+S # 集合不能连接
        Traceback (most recent call last):
            File "<pyshell#11>", line 1, in <module>
              S+S
TypeError: unsupported operand type(s) for +: 'set' and 'set'

In [23]: T + T
Out[23]: (1, 2, 3, 4, 5, 6, 7, 8, 9, 10, 1, 2, 3, 4, 5, 6, 7, 8, 9, 10)

In [24]: D + D # 字典不能连接
        Traceback (most recent call last):
            File "<pyshell#13>", line 1, in <module>
              D + D
TypeError: unsupported operand type(s) for +: 'dict' and 'dict'

In [25]: L * 3
Out[25]: [1, 2, 3, 4, 5, 6, 7, 8, 9, 10, 1, 2, 3, 4, 5, 6, 7, 8, 9, 10, 1, 2, 3, 4, 5,
6, 7, 8, 9, 10]

In [26]: S * 3 # 集合不能用*运算符
        Traceback (most recent call last):
            File "<pyshell#15>", line 1, in <module>
              S * 3
TypeError: unsupported operand type(s) for *: 'set' and 'int'

In [27]: T * 3
Out[27]: (1, 2, 3, 4, 5, 6, 7, 8, 9, 10, 1, 2, 3, 4, 5, 6, 7, 8, 9, 10, 1, 2, 3, 4, 5,
6, 7, 8, 9, 10)

In [28]: D * 3 # 字典不能用*运算符
        Traceback (most recent call last):
            File "<pyshell#17>", line 1, in <module>
              D * 3
TypeError: unsupported operand type(s) for *: 'dict' and 'int'

In [29]: len(L),len(S),len(T),len(D)
Out[29]: (10, 10, 10, 10)
```

对列表、元组、集合这 3 种数据类型来说，有相同的操作函数可以使用，如下所示。

```
In [30]: L=[1,2,3,4,5]
        T=1,2,3,4,5
        S={1,2,3,4,5}
        len(L),len(T),len(S)        #求长度
```

```
Out[30]: (5, 5, 5)

In [31]: min(L),min(T),min(S)      #求最小值
Out[31]: (1, 1, 1)

In [32]: max(L),max(T),max(S)      #求最大值
Out[32]: (5, 5, 5)

In [33]: sum(L),sum(T),sum(S)      #求和
Out[33]: (15, 15, 15)
```

字典类型常用的操作如下。

```
In [34]: d={1:2,3:4,'a':'2sd','er':34}
         d
Out[34]: {1: 2, 3: 4, 'a': '2sd', 'er': 34}

In [35]: for i in d:                    #迭代
            print(i,d[i])
Out[35]:
         1 2
         3 4
         a 2sd
         er 34
```

1.6 函数

函数是一种程序结构，大多数程序语言都允许使用者定义并使用函数。在之前的学习中我们已经使用过 Python 自带的一些函数，如 print()、input()、range()等。数学上我们这样定义函数：$f(x,y)=x^2+y^2$。但在 Python 中，定义函数时需要通过 def 关键字来声明。

1.6.1 自定义函数

自定义函数有固定的格式，它是通过关键字 def 来声明的，其结构如下。

函数

```
def 函数名(参数):
    函数体
    return 返回值
```

例如，对于数学函数 $f(x,y)=x^2+y^2$，Python 语言定义如下。

```
def f(x, y):
    z = x**2 + y**2
    return z
```

函数定义完毕，下面计算 $f(2,3)$。

```
res = f(2, 3)
print(res)
```

运行结果如下。

```
13
```

在函数中，一般还有一个函数文档，放在函数的 def 声明行和函数体之间。文档主要描述函数的功能及需要的参数等，便于函数的使用者使用 help()函数对函数进行查询。也就是说，我们用 help()函数查到的帮助文档都是放在函数文档中的。函数文档使用三引号标识，位于函数头和函数体之间，其结构如下。

```
def 函数名(参数):
    """
    函数文档
```

```
          """
          函数体
          return 返回值
```
举例如下。

```
In [1]:
        def f(x, y):
            """
            本函数主要用于计算 z = x**2 + y**2 的值
            函数需要接收两个参数: x 和 y
            x、y 均为数值型
            """
            z = x**2 + y**2
            return z

In [2]: help(f)
Out[2]:
        Help on function f in module __main__:

        f(x, y)
            本函数主要用于计算 z = x**2 + y**2 的值
            函数需要接收两个参数: x 和 y
            x、y 均为数值型

In [3]: f(2,3)
Out[3]: 13
```

▶注意：对初学者而言，dir()和 help()这两个函数是很有用的。使用 dir()函数可以查看指定
模块中所包含的所有成员或者指定对象类型所支持的操作，而 help()函数则可返回
指定模块或函数的帮助文档。例如，列表和元组是否都有 pop()和 sort()函数呢？用
help()函数查一下就清楚了，该函数还会列出它们具体的用法。查询 print()函数的使
用方法如下。

```
In [4]: help(print)
        Help on built-in function print in module builtins:

        print(...)
            print(value, ..., sep=' ', end='\n', file=sys.stdout, flush=False)

            Prints the values to a stream, or to sys.stdout by default.
            Optional keyword arguments:
            file: a file-like object (stream); defaults to the current sys.stdout.
             sep: string inserted between values, default a space.
             end: string appended after the last value, default a newline.
            flush: whether to forcibly flush the stream.
```
想知道某函数具有哪些参数和属性时，使用 dir()函数；想知道其具体的使用方法时，使用 help()
函数。

1.6.2　匿名函数 lambda

Python 中允许用 lambda 函数定义一个匿名函数，匿名函数多用于调用一次就不再被调用的函数，
属于"一次性"函数。

lambda 函数又称为匿名函数，或者行内函数。其表达式的语法格式为：

```
lambda para:expr
```
para 为参数，多个参数可以使用逗号（,）隔开，冒号（:）后的 expr 为表达式。

```
#求两数之和，定义函数 f(x,y)=x+y
f = lambda x, y: x + y
print(f(2, 3))

#求两数的平方和: g(x,y)= x**2 + y**2
g = lambda x, y: x**2 + y**2      #定义函数
print(g(3,4))           # 也可直接使用 print((lambda x, y: x**2 + y**2)(3, 4))
```
测试及运行结果如下。
```
5
25
```

1.6.3　函数 map()、filter()、reduce()

map()和 filter()函数是内置函数，reduce()函数在 Python 2 中是内置函数，从 Python 3 开始移到了 functools 模块中，使用时需要导入 functools 模块。

1．遍历函数 map()

遍历列表，即对序列中每个元素进行同样的操作，最终获取新的序列。
```
map(f, S)
```
将函数 f()作用在序列 S 上。

代码如下。
```
In [1]: li=[11, 22, 33]
        new_list = map(lambda a: a + 100, li)
        list(new_list)
Out[1]:
        [111, 122, 133]

In [2]: li = [11, 22, 33]
        sl = [1, 2, 3]
        new_list = map(lambda a, b: a + b, li, sl)
        list(new_list)
Out[2]:
        [12, 24, 36]
```

2．筛选函数 filter()

对序列中的元素进行筛选，最终获取符合条件的元素。
```
filter(f, S)
```
将条件函数 f()作用在序列 S 上，筛选出符合条件函数的元素。

代码如下。
```
In [3]: li = [11, 22, 33]
        new_list = filter(lambda x: x > 22, li)
        list(new_list)
Out[3]:
        [33]
```

3．累计函数 reduce()

对序列内的所有元素进行累计操作。
```
reduce(f(x,y), S)
```
将序列 S 中第一个元素和第二个元素用二元函数 f(x,y)作用后的结果，与第三个元素继续用 f(x,y)作用，再将所得结果与第四个元素继续用 f(x,y)作用，直到最后。

代码如下。
```
In [4]: from functools import reduce  #从 functools 模块导入 reduce()函数
        li = [11, 22, 33, 44]
        reduce(lambda arg1, arg2: arg1 + arg2, li)
Out[4]:
        110
```

reduce()函数有 3 个参数。

第一个参数是含有两个参数的函数，即第一个参数是函数且必须含有两个参数，如 f(x,y)。

第二个参数是作用域，表示要循环的序列，如 S。

第三个参数是初始值，可选。

上例计算过程如下。

第一步：第一个元素和第二个元素相加，lambda 11, 22，结果为 33。

第二步：把结果和第三个元素相加，lambda 33, 33，结果为 66。

第三步：把结果和第四个元素相加，lambda 66, 44，结果为 110。

reduce()函数还可以接收第三个可选参数，作为计算的初始值。例如，把初始值设为 100。

```
In [5]: reduce(lambda arg1, arg2: arg1 + arg2, li, 100)
Out[5]: 210
```

计算过程如下。

第一步：初始值和第一个元素相加，100+11，结果为 111。

第二步：把结果和第二个元素相加，111+22，结果为 133。

第三步：把结果和第三个元素相加，133+33，结果为 166。

第四步：把结果和第四个元素相加，166+44，结果为 210。

1.6.4 函数 eval()

eval()函数将字符串当成有效的表达式来求值并返回计算结果，也就是实现列表、字典、元组与字符串之间的转化。代码如下。

```
In [1]: #字符串转换成列表
        a = "[[1,2], [3,4], [5,6], [7,8], [9,0]]"
        print(type(a))
        b = eval(a)
        print(b)
Out[1]:
        <class 'str'>
        [[1, 2], [3, 4], [5, 6], [7, 8], [9, 0]]

In [2]: a = "17"    #这里的 a 是字符型 17
        b = eval(a)     #将 a 转化为数值型 17，赋给 b
        print(b)
Out[2]:17

In [3]: type(b)
Out[3]: int
```

1.6.5 函数 range()

range()函数用于生成序列，多与 for 循环搭配使用。其使用格式如下：

```
range(start, stop [,step])
```

函数 range()

range()函数中的 3 个参数与切片中的参数一致，差异是 range()参数间使用逗号隔开。start 表示计数起始值，为 0 时可省略；stop 表示计数结束值，但不包括 stop 本身；step 表示步长，默认为 1，不可以为 0。其生成一个左闭右开的整数范围。

对于 range()函数，有以下几个注意点：

（1）它的参数表示的是左闭右开的区间；

（2）它接收的参数必须是整数；

（3）它生成的是一个容器，要使用它必须使用相应数据类型来调用，如生成列表则使用 list 调用，生成元组则使用 tuple 调用。range()函数在 Python 2.7 中直接生成列表，到了 Python 3.x 中生成容器，按需调用。

```
In [1]:a = range(5)          #start 参数为 0 时可省略，步长默认为 1 也可省略
        list(a)
Out[1]: [0, 1, 2, 3, 4]

In [2]: b = range(3,11)
         list(b)
Out[2]: [3, 4, 5, 6, 7, 8, 9, 10]

In [3]: c = range(1,13,2)      #设置步长为 2，即隔一个数产生一个元素
      list(c)
Out[3]: [1, 3, 5, 7, 9, 11]
```

1.7 实战体验：超市小票打印功能

超市小票打印
的实现

下面的案例将实现超市小票打印功能，主要实现以下功能：
（1）开机有提示语；
（2）可输入商品名称或编码；
（3）可输入商品金额；
（4）输入 y 或者 Y 则继续，否则退出；
（5）打印记录详细。
实现代码如下：

```
#案例: 实现超市小票打印功能
lst = []   # 存储商品金额
print("Sales Reporting")
while True:
    name = input("Name: ")
    sales = input("Sales: ")
    sales = float(sales)  # 将字符串转为浮点型
    choice = input("Continue? [y/n] ")
    lst.append([name, sales]) # 加入列表末端
    if choice == "n":
        break
print("------------------------------")
for data in lst:
    print("{:15s}{:.1f}".format(data[0], data[1]))
print("------------------------------")
```

上面的代码若输入的金额不是数字时，会出现报错。为了避免出现这种情况，需要对上面的代码进行改进，添加 try 语句。

完整代码如下。

```
"""
接收输入的 name（srting）和 sales（float）
允许 sales 输入错误（容错机制）
每输入一次就询问一次是否继续
输入 y 或者 Y 则继续，否则输出输入的数据
输出结果如下：
————————————
yubg    12.0
chen    32.0
```

```
yutj        90.0
"""
def add_sale_list():
    """
    接收两个变量：商品名称（prod_name）、商品的金额（sales）
    sales 必须是 float
    允许输入错误的金额，捕获错误并处理
    """
    prod_name = input("请输入商品名称: ")
    try:
        sales = float(input("请输入金额: "))
    except Exception as e:
        print("请输入金额! ")
        sales = float(input("请输入金额: "))
    tup = (prod_name,sales)
    return tup

lis = []
while 1:
    lis0 = add_sale_list()
    lis.append(lis0)
    choice = input("继续输入? [Y/y]")
    if choice == ("n" or "N"):
        break

print('账单明细: ')
print("--------------")
for i in lis:
    print("{:15s}{:.2f}".format(i[0],i[1]))
print("--------------")
```

输出结果如下：

请输入商品名称：香蕉

请输入金额：6.0

继续输入? [Y/y]y

请输入商品名称：苹果

请输入金额：5

继续输入? [Y/y]

请输入商品名称：车厘子

请输入金额：34.2

继续输入? [Y/y]n
账单明细:

香蕉   6.00
苹果   5.00
车厘子   34.20

第 2 部分

数据处理与分析

数据处理与分析绕不开的两个库是 NumPy（Numerical Python）和 pandas。

Numpy 是 Python 中科学计算的基础软件包。它可以提供多维数组对象、多种派生对象（如掩码数组、矩阵）以及用于快速操作数组的函数和 API（Application Program Interface，应用程序接口），它包括数学、逻辑、数组形状变换、排序、选择、I/O（Input/Output，输入输出）、离散傅里叶变换、基本线性代数、基本统计运算、随机模拟等运算。NumPy 包的核心是 ndarray 对象。

pandas 是一个能快速、灵活地表达数据结构的 Python 包，pandas 的两个主要数据结构 Series（一维）和 DataFrame（二维），能处理金融、统计等社会科学以及许多工程领域中的绝大多数典型用例。所以在实际应用中，pandas 也是使用比较多的一个库，尤其在数据清洗方面。

第2章 网络爬虫

网络爬虫是一种按照一定的规则自动地抓取万维网信息的程序或者脚本，它还有一些不常用的名字，如蚂蚁、自动索引、模拟程序或者蠕虫等。

网络爬虫的流程为获取网页源码、从源码中提取相关的信息和存储数据。

2.1 urllib 库与 Requests 库

urllib 是 Python 自带的库，其中的 urlopen()可以用来抓取简单的静态页面，其格式如下。

urllib.request.urlopen(url,data=None,[timeout,]*,cafile=None,capath=None,cadefault=False,context= None)
其中主要参数如下：

- url：需要打开的网址。
- data：POST 提交的数据。
- timeout：设置访问网站超时的时间。

```
In [1]: from urllib import request
   ...: def getHtml(url):
   ...:     """
   ...:     下载网页上的内容
   ...:     """
   ...:     page_content = request.urlopen(url)
   ...:     html = page_content.read()
   ...:     return html

In [2]: url = 'http://www.baidu.com'
   ...: getHtml(url)
Out[2]: b'<!DOCTYPE html><!--STATUS OK-->\n\n\n       <html><head><meta http-equiv=
"Content-Type"  content="text/html;charset=utf-8"><meta  http-equiv="X-UA-  Compatible"
content="IE=edge,chrome=1"><meta content="always" name="referrer"><meta name="theme-color"
content="#2932e1"><meta  name="description"  content="\xe5\x85\xa8\xe7  x90\x83\xe9\xa2\
x86\xe5\x85\x88\xe7\x9a\x84\xe4\xb8\xad\xe6\x96\x87\xe6\x90\x9c\xe7\xb4\xa2\xe5\xbc\x95\x
e6\x93\x8e\xe3\x80\x81\xe8\x87\xb4\xe5\x8a\x9b\xe4\xba\x8e\xe8\xae\xa9\xe7\xbd
```

上述代码直接用 urllib.request 模块的 urlopen()函数获取页面，page_content 的数据类型为 bytes，其前加了 b 为前缀，不便于阅读，需要解码器转换成字符串类型，显示网页上的文字。网页转换时需要用 decode('utf8')解码。

```
In [3]: from urllib import request
   ...: def getHtml(url):
   ...:     page_content = request.urlopen(url)
   ...:     html = page_content.read()
   ...:     html = html.decode('utf8')
```

```
    ...:     return html
    ...:
    ...: url = 'http://www.baidu.com'
    ...: getHtml(url)
Out[3]: '<!DOCTYPE html><!--STATUS OK-->\n\n\n    <html><head><meta http-equiv= "Content-
Type" content="text/html;charset=utf-8"><meta  http-equiv="X-UA-Compatible"  content="IE=
edge,chrome=1"><meta  content="always"  name="referrer"><meta  name="theme-color"  content=
"#2932e1"><meta name="description" content="全球领先的中文搜索引擎、致力于让网民更便捷地获取信息，找
到所求。百度超过千亿的中文网页数据库，可以瞬间找到相关的搜索结果。"><link rel="shortcut icon"
href="/favicon.ico" type="image/x-icon" /><link rel="search" type="application/ opensear
chdescription+xml" href="/content-search.xml" title="百度搜索" />
    ......
```

解码后在输出部分没有了 b 前缀，表示输出为字符串类型。urlopen()函数返回对象后可进行的
操作如下。

read()、readline()、readlines()、fileno()、close()函数：对 HTTPResponse 类型数据进行操作。

info()函数：返回 HTTPMessage 对象，表示远程服务器返回的头信息。

getcode()函数：返回 HTTP 状态码。如果是 HTTP 请求，返回 200 表示请求成功，返回 404 表
示未找到资源。

geturl()函数：返回请求的 URL（Uniform Resoure Locator，统一资源定位符）。

urlopen()函数的 data 参数默认为 None，当 data 参数不为空时，urlopen()函数提交方式为 POST。

在 Python 中使用 Requests 库实现 HTTP 请求，是 Python 爬虫开发的常用方法。使用 Requests
库实现 HTTP 请求非常简单，操作更加人性化。

Requests 库是第三方模块，需要额外进行安装。安装方式与 NumPy 安装方式类似，直接在
Anaconda Prompt 下执行 conda install requests 或者 pip install requests 即可。

```
In [4]: import requests
    ...: r = requests.get("http://www.baidu.com")
    ...: print(r.status_code)
    ...: print(r.headers)
        200
        {'Cache-Control': 'private, no-cache, no-store, proxy-revalidate,
        no-transform', 'Connection': 'Keep-Alive', 'Content-Encoding': 'gzip',
        'Content-Type': 'text/html', 'Date': 'Wed, 06 Mar 2019 07:56:11 GMT',
        'Last-Modified': 'Mon, 23 Jan 2017 13:27:32 GMT', 'Pragma': 'no-cache',
        'Server': 'bfe/1.0.8.18', 'Set-Cookie': 'BDORZ=27315; max-age=86400;
        domain=.baidu.com; path=/', 'Transfer-Encoding': 'chunked'}

In [5]: r.content
Out[5]: b'<!DOCTYPE html>\r\n<!--STATUS OK--><html> <head><meta
        http-equiv=content-type content=text/html;charset=utf-8><meta
        http-equiv=X-UA-Compatible content=IE=Edge><meta content=always
        name=referrer><link rel=stylesheet type=text/css
    ......
```

通过 urllib 和 requests 可以将两页内容全部获取并保存。

2.2 Beautiful Soup 库

2.1 节介绍的 urllib 和 Requests 已经实现了网页内容的抓取，但抓取的内容很凌乱，不利于提取
想要的内容。为了解决这一问题，便有了 Beautiful Soup 库。

Beautiful Soup 是一个可以从 HTML 或 XML 文件中提取数据的 Python 库，主要的功能是从网
页抓取数据。Beautiful Soup 提供一些简单的、Python 式的函数，用来实现导航、搜索、修改分析树

等功能。它是一个"工具箱"，通过解析文档为用户提供需要抓取的数据。它很简单，只用少量代码就可以写出一个完整的应用程序。Beautiful Soup 库自动将输入文档用 Unicode 编码，将输出文档用 UTF-8 编码，因此不需要考虑编码方式。

使用 Beautiful Soup 库前要安装该库：pip install beautifulsoup4。

创建 Beautiful Soup 库的对象，需从 bs4 库中导入：from bs4 import BeautifulSoup。

```
In [1]: import urllib
   ...: html = urllib.request.urlopen(r'http://www.baidu.com')
   ...: html
Out[1]: <http.client.HTTPResponse at 0x253e5b3d748>

In [2]: from bs4 import BeautifulSoup
   ...: soup = BeautifulSoup(html, 'html.parser')
   ...: soup
Out[2]:
<!DOCTYPE html>

<!--STATUS OK-->
<html>
<head>
<meta content="text/html;charset=utf-8" http-equiv="content-type"/>
<meta content="IE=Edge" http-equiv="X-UA-Compatible"/>
<meta content="always" name="referrer"/>
<meta content="#2932e1" name="theme-color"/>
<link href="/favicon.ico" rel="shortcut icon" type="image/x-icon"/>
<link href="/content-search.xml" rel="search" title="百度搜索" type="application/
opensearchdescription+xml"/>
<link href="//www.baidu.com/img/baidu_85beaf5496f291521eb75ba38eacbd87.svg" mask=""
rel="icon" sizes="any"/>
<link href="//s1.bdstatic.com" rel="dns-prefetch">
<link href="//t1.baidu.com" rel="dns-prefetch"/>
<link href="//t2.baidu.com" rel="dns-prefetch"/>
<link href="//t3.baidu.com" rel="dns-prefetch"/>
<link href="//t10.baidu.com" rel="dns-prefetch"/>
<link href="//t11.baidu.com" rel="dns-prefetch"/>
<link href="//t12.baidu.com" rel="dns-prefetch"/>
<link href="//b1.bdstatic.com" rel="dns-prefetch"/>
<title>百度一下，你就知道</title>
<style id="css_index" index="index" type="text/css">html,body{height:100%}
html{overflow-y:auto}
......
<div class="s_tab" id="s_tab">
<div class="s_tab_inner">
<b>网页</b>
<a href="//www.baidu.com/s?rtt=1&amp;bsst=1&amp;cl=2&amp;tn=news&amp;word=" onmousedown=
"return c({'fm':'tab','tab':'news'})" sync="true" wdfield="word">资讯</a>
<a href="http://tieba.baidu.com/f?kw=&amp;fr=wwwt" onmousedown="return c({'fm':
'tab','tab':'tieba'})" wdfield="kw">贴吧</a>
<a href="http://zhidao.baidu.com/q?ct=17&amp;pn=0&amp;tn=ikaslist&amp;rn= 10&amp;word=
&amp;fr=wwwt" onmousedown="return c({'fm':'tab','tab':'zhidao'})" wdfield="word">知道</a>
 ......
```

有时为了代码的层次感更清晰，也可以使用 print(soup.prettify())显示网页源码。

在使用 CSS（Cascading Style Sheets，串联样式表）时，标签名不需要加任何修饰，类名前加下角点（.），ID 前加#。在这里我们也可以利用类似的方法来查找元素，采用的方法是 soup.select()，返回数据的类型是列表。

（1）通过标签名查找。

```
In [6]: print(soup.select('title'))
        [<title>百度一下，你就知道</title>]


In [7]: print(soup.select('b'))
        [<b>网页</b>, <b>百度</b>]
```

（2）通过类名查找——类名前加"."。

```
In [13]: print(soup.select('.c-tips-container'))
         [<div class="c-tips-container" id="c-tips-container"></div>]
```

（3）通过 ID 名查找——ID 前加"#"。

```
In [16]: print(soup.select('#c-tips-container'))
         [<div class="c-tips-container" id="c-tips-container"></div>]
```

（4）组合查找。

组合查找时，与标签名与类名、ID 单独查找时方法一样，组合时只需用空格隔开。例如，查找 div 标签中，ID 等于 s_qrcode_nologin 的内容，二者需要用空格隔开。

```
In [19]: print(soup.select('div #s_qrcode_nologin'))
[<div class="qrcode-nologin" id="s_qrcode_nologin"><div class="qrcode-layer icon-
mask-wrapper"><img class="icon" src="http://ss.bdimg.com/static/superman/img/qrcode/
qrcode@2x-daf987ad02.png"><img class="icon-hover" src="http://ss.bdimg.com/static/superman/
img/qrcode/qrcode-hover@2x-f9b106a848.png"/> </img></div><div class="tooltip qrcode-tooltip">
<div class="text"><div class="login-text"> <i class="c-icon login-icon"></i>百度 App 扫码登录
</div><div class= "login-info">有事搜一搜 没事看一看</div></div><div id="qrcode-login-wrapper">
</div></div> </div>]
```

通过子标签查找，标签之间加">"。

```
In [24]: print(soup.select("div > img"))
         [<img class="index-logo-src" height="129" hidefocus="true"
         src="//www.baidu.com/img/dong1_dd071b75788996a161c3964d450fcd8c.gif"
         usemap="#mp" width="270"/>, <img class="index-logo-srcnew" height="129"
         hidefocus="true" src="//www.baidu.com/img/dong1_dd071b75788996a161c3964
         d450fcd8c.gif" usemap="#mp" width="270"/>]
```

（5）通过属性查找。

查找时还可以加入属性，属性需要用方括号标识，注意属性和标签属于同一结点，所以中间不能加空格，否则会无法匹配。

```
In [25]: print(soup.select('a[href="http://www.baidu.com/more/"]'))
[<a    class="s-bri    c-font-normal    c-color-t"    href="http://www.baidu.com/more/"
name="tj_briicon"  target="_blank"> 更 多 </a>, <a class="c-color-gray2  c-font-normal"
href="http://www.baidu.com/more/" name="tj_more" target="_blank">查看全部百度产品 &gt;</a>, <a
class="s-tab-item    s-tab-more"    href="http://www.baidu.com/more/"    onmousedown="return
c({'fm':'tab','tab':'more'})">更多</a>]
```

同样，属性也可以与上述其他查找方式组合，不在同一结点的用空格隔开，同一结点的不用空格。

```
In [26]: print(soup.select('div a[href="http://www.baidu.com/more/"]'))
[<a    class="s-bri    c-font-normal    c-color-t"    href="http://www.baidu.com/more/"
name="tj_briicon"  target="_blank"> 更 多 </a>,  <a class="c-color-gray2  c-font-normal"
href="http://www.baidu.com/more/" name="tj_more" target="_blank">查看全部百度产品 &gt;</a>, <a
class="s-tab-item    s-tab-more"    href="http://www.baidu.com/more/"    onmousedown="return
c({'fm':'tab','tab':'more'})">更多</a>]
```

（6）通过 findAll() 和 find_all() 函数查找。

findAll(name=None, attrs={}, recursive=True, text=None, limit=None, **kwargs)

findAll() 返回一个列表，其中重要的参数是 name 和 keywords。

使用参数 name 匹配标签的名字，就能获得相应的结果集。有以下几种方法可以匹配标签的名字，最简单的方法是仅仅给定一个标签的 name 值。参数 keywords 可指定参数属性。

① 搜索网页源码中所有 b 标签：soup.findAll('b')。

② findAll()可以接收正则表达式，下面的代码表示寻找所有以 b 开头的标签。

```
import re
tagsStartingWithB = soup.findAll(re.compile('^b'))
```

③ findAll()可以接收列表或字典，用于查找所有的 title 和 p 标签。方法 1 和方法 2 输出结果一样，但方法 2 更快一些。

方法 1：

```
soup.findAll(['title', 'p'])
```

方法 2：

```
soup.findAll({'title' : True, 'p' : True})
```

输出如下。

```
[<title>百度一下，你就知道</title>,
  <p class="lh"><a class="text-color" href="//www.baidu.com/cache/setindex/index.html"
target="_blank">设为首页</a></p>,
  <p class="lh"><a class="text-color" href="//home.baidu.com" target="_blank">关于百度
</a></p>,
  <p class="lh"><a class="text-color" href="http://ir.baidu.com" target="_blank">About
Baidu</a></p>,
  <p class="lh"><a class="text-color" href="https://isite.baidu.com/site/e.baidu.com/
d38e8023-2131-4904-adf7-a8d1108f51ef?refer=888" target="_blank">百度营销</a></p>,
  <p class="lh"><a class="text-color" href="//www.baidu.com/duty" target="_blank">使用
百度前必读</a></p>,
  <p class="lh"><a class="text-color" href="//help.baidu.com/newadd?prod_id= 1&amp;
category=4" target="_blank">意见反馈</a></p>,
  <p class="lh"><a class="text-color" href="//help.baidu.com" target="_blank">帮助中心
</a></p>,
  <p class="lh"><a class="text-color" href="http://www.beian.gov.cn/portal/register
SystemInfo?recordcode=11000002000001" target="_blank">京公网安备 11000002000001 号</a></p>,
  <p class="lh"><a class="text-color" href="https://beian.miit.gov.cn" target="_blank">
京 ICP 证 030173 号</a></p>,
  <p class="lh"><span class="text-color">©2021 Baidu </span></p>,
  <p class="lh"><span class="text-color">(京)-经营性-2017-0020</span></p>]
```

④ findAll()可以接收 True 值，以匹配每个标签的名字，也就是匹配每个标签。虽然这看起来不是很有用，但是当限定属性（Attribute）的值时，使用这种方法就比较有用了。

```
allTags = soup.findAll(True)
```

⑤ 可以使用标签的属性搜索标签。

```
pid=soup.findAll('a',target='_blank')    #通过标签的 id 属性搜索标签
```

或者

```
pid=soup.findAll('a',{'target':'_blank'}) #通过字典的形式搜索标签内容，返回列表
```

输出均为：

```
[<a class="mnav c-font-normal c-color-t" href="http://news.baidu.com" target="_blank">
新闻</a>,
  <a class="mnav c-font-normal c-color-t" href="https://www.hao123.com" target="_
blank">hao123</a>,
  …]
```

也可以用如下方法，提取所有 a 标签中的属性 href。

```
In [37]: for link in soup.find_all('a'): #soup.find_all('a')返回的是列表
    ...:        print(link.get('href'))

https://passport.baidu.com/v2/?login&tpl=mn&u=http%3A%2F%2Fwww.baidu.com%2F&sms=5
http://news.baidu.com
```

```
https://www.hao123.com
http://map.baidu.com
http://v.baidu.com
http://tieba.baidu.com
http://xueshu.baidu.com
https://passport.baidu.com/v2/?login&tpl=mn&u=http%3A%2F%2Fwww.baidu.com%2F&sms=5
http://www.baidu.com/gaoji/preferences.html
http://www.baidu.com/more/
......
```

▶注意：find()函数也可查找，但 find 函数输出第一个可匹配对象，即 find[0]。

2.3 Scrapy 框架爬虫

Scrapy 是用 Python 开发的一个快速、高层次的屏幕抓取和 Web 抓取框架，用于抓取 Web 站点并从页面中提取结构化的数据。Scrapy 用途广泛，可以用于数据挖掘、监测和自动化测试。

Scrapy 依赖 Twisted、lxml、pywin32 等包，在安装这些包之前还需要安装 Microsoft Visual C++ 10.0，在网上下载并安装该软件即可，有的 windows 10 系统已经提前安装。安装包的顺序是 pywin32、Twisted、lxml，最后安装 Scrapy。

打开 Anaconda3 目录中的 Anaconda Prompt，先安装 pywin32 包，输入如下命令：

```
conda install pywin32
```

运行结果如图 2-1 所示。

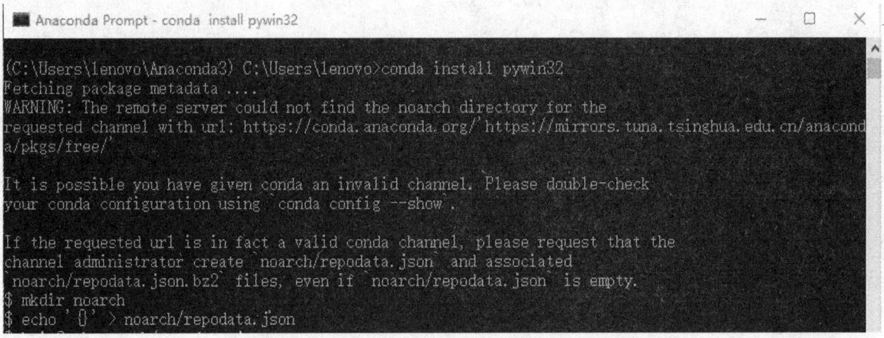

图 2-1　安装 pywin32

运行过程中需要输入 y，才可完成安装，如图 2-2 所示。

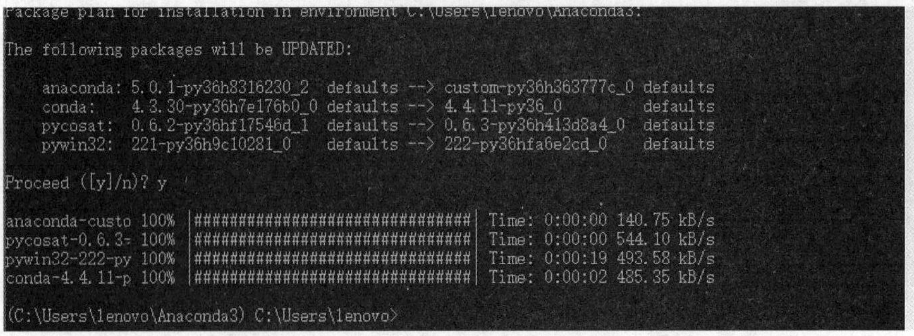

图 2-2　输入 y 完成安装

在安装 Twisted、lxml 以及 Scrapy 时，同样会更新一些包，输入 y 即可继续。

注：以上安装顺序不能错，否则可能会出现"莫名其妙"的错误。

安装完成后，下面开始编写代码。为了初始化方便，新建如下文件：（初始化.py）

```python
import os
pname = input('项目名：')
os.system("scrapy startproject " + pname)
os.chdir(pname)
wname = input('爬虫名：')
sit = input('网址：')
os.system('scrapy genspider ' + wname + ' ' + sit)
runc = """
from scrapy.crawler import CrawlerProcess
from scrapy.utils.project import get_project_settings

from %s.spiders.%s import %s

# 获取 settings.py 模块的设置
settings = get_project_settings()
process = CrawlerProcess(settings=settings)

# 可以添加多个 spider
# process.crawl(Spider1)
# process.crawl(Spider2)
process.crawl(%s)

# 启动爬虫，直到爬取完成
process.start()
""" % (pname, wname, wname[0].upper() + wname[1:] + 'Spider', wname[0].upper() + wname[1:]
+ 'Spider')
with open('main.py', 'w', encoding = 'utf-8') as f:
    f.write(runc)
input('end')
```

运行上述文件初始化代码模板：

```
项目名：douban
爬虫名：top250
网址：movie.douban.com/top250
```

执行完毕即可生成如图 2-3 所示的项目结构，其中各文件的描述如表 2-1 所示。

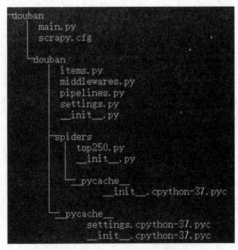

图 2-3　生成的 douban 项目结构

表 2-1 各文件的描述

文件夹	文件	描述
douban	main.py	程序运行总入口
douban	scrapy.cfg	项目的配置文件
douban/douban	__init__.py	初始化
douban/douban	items.py	抓取内容描述
douban/douban	middlewares.py	中间件
douban/douban	pipelines.py	管道文件，用于数据的清洗与存储
douban/douban	settings.py	配置文件
douban/douban/spiders	__init__.py	初始文件
douban/douban/spiders	top250.py	爬虫文件

进入项目目录找到 items.py 并进行修改，确定需要爬取的项目。

```python
from scrapy import Item, Field
class DoubanItem(Item):
    name = Field()
    score = Field()
    words = Field()
```

Item 定义了我们要提取的内容（定义的数据结构）所要创建的变量，例如提取的内容为电影名、分值和描述，就创建 3 个变量。

进入项目目录修改爬虫文件 top250.py:

```python
import scrapy
from ..items import DoubanItem# items 在 top250.py 的上一级目录
from bs4 import BeautifulSoup
import re
class Top250Spider(scrapy.Spider):
    name = 'top250'
    allowed_domains = ['movie.douban.com']
    start_urls = ['https://movie.douban.com/top250/']
    def parse(self, response):
        soup = BeautifulSoup(response.body.decode('utf-8', 'ignore'), 'lxml')
        ol = soup.find('ol', attrs={'class': 'grid_view'})
        for li in ol.findAll('li'):
            tep = []
            titles = []
            for span in li.findAll('span'):
                if span.has_attr('class'):
                    if span.attrs['class'][0] == 'title':
                        titles.append(span.string.strip().replace(',', ', '))
                    elif span.attrs['class'][0] == 'rating_num':
                        tep.append(span.string.strip().replace(',', ', '))
                    elif span.attrs['class'][0] == 'inq':
                        tep.append(span.string.strip().replace(',', ', '))
            tep.insert(0, titles[0])
            while len(tep) < 3:
                tep.append("-")
            tep = tep[:3]
            item = DoubanItem()
            item['name'] = tep[0]
            item['fen'] = tep[1]
            item['words'] = tep[2]
            yield item
        a = soup.find('a', text=re.compile("^后页"))
        if a:
            yield scrapy.Request("https://movie.douban.com/top250" + a.attrs['href'],
callback=self.parse)
```

在 top250.py 中我们做了什么？首先指定了爬虫名称 name="top250"，允许爬取的域名范围 allowed_domains = ['movie.douban.com']，爬取起点 start_urls = ['https://movie.douban.com/top250/']。紧接着在 parse()函数中将源码解码生成 soup 对象，然后解析出的数据 item 通过生成器 yield 返回。最后解析接下来需要爬取的 URL，通过 Request 对象的生成器 yield 将 URL 添加到爬取队列。这段代码的作用主要是确定了我们需要获取的内容。

修改管道文件 pipelines.py：

```
import csv
class DoubanPipeline(object):
    def __init__(self):
        self.fp = open('TOP250.csv','w', encoding = 'utf-8-sig')
        self.wrt = csv.DictWriter(self.fp, ['name','fen','words'])
        self.wrt.writeheader()
    def __del__(self):
        self.fp.close()
    def process_item(self, item, spider):
        self.wrt.writerow(item)
        return item
```

管道可以处理提取的数据，如存储数据。我们先将爬取的数据存入 TOP250.csv 文件中。然后修改配置文件 settings.py。这里需要修改 3 项内容，第一项是不遵循机器人协议，即将 ROBOTSTXT_OBEY 设为 False，第二个是修改请求头 USER-AGENT，第三项是打开一个管道。

```
BOT_NAME = 'douban'
SPIDER_MODULES = ['douban.spiders']#Scrapy 搜索 spider 的模块列表，默认['XXX.spiders']
NEWSPIDER_MODULE = 'douban.spiders'#创建新的 spider 模块，默认'XXX.spiders'
#豆瓣必须加这个
USER_AGENT = 'Mozilla/5.0 (Windows NT 6.1; WOW64) AppleWebKit/537.36 (KHTML, like Gecko) Chrome/55.0.2883.87 Safari/537.36'
ROBOTSTXT_OBEY = False
ITEM_PIPELINES = {
    'douban.pipelines.DoubanPipeline': 300,
}
```

代码说明如下。

BOT_NAME：项目名。

USER_AGENT：默认是被注释的。它非常重要，如果不写很容易被判断为计算机，通常设置为 Mozilla/5.0 即可。

ROBOTSTXT_OBEY：是否遵循机器人协议，默认为 True，需要改为 False，否则很多内容爬不了。

CONCURRENT_REQUESTS：最大并发数，很好理解，表示允许同时开启多少个爬虫线程。

DOWNLOAD_DELAY：下载延迟时间，单位是 s，用于控制爬虫爬取的频率。可以根据你的项目调整，不要太快也不要太慢，默认是 3s，即爬一个停 3s，设置为 1s"性价比"较高。如果要爬取的文件较多，调整为零点几秒也可以。

COOKIES_ENABLED:是否保存COOKIES,默认关闭,开启后可以记录爬取过程中的COOKIE,非常好用的一个参数。

DEFAULT_REQUEST_HEADERS：默认请求头，上述代码中的 USER_AGENT 就放在这个请求头中，发挥反爬虫的作用。

ITEM_PIPELINES：项目管道，300 表示优先级，数字越小表示爬取的优先级越高。

现在可以运行主程序 main.py 了，运行界面如图 2-4 所示。

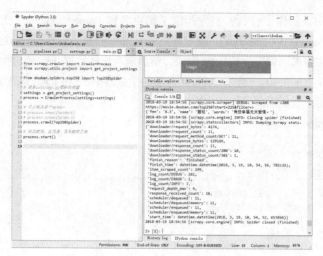

图 2-4　运行 main.py

运行后在 Anaconda 当前运行目录下会生成图 2-5 所示文件。

名称	修改日期	类型	大小
TOP250	2018/3/19 18:54	Microsoft Excel ...	9 KB
scrapy.cfg	2018/3/19 18:21	CFG 文件	1 KB
main	2018/3/19 18:53	PY 文件	1 KB
douban	2018/3/19 18:21	文件夹	

图 2-5　douban 文件夹

TOP250.csv 就是我们需要的数据文件，打开文件后，其中的内容如图 2-6 所示。

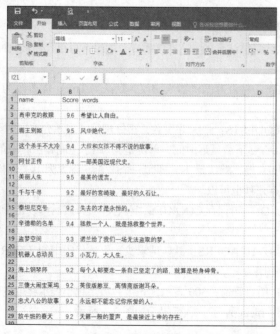

图 2-6　CSV 文件内容

2.4 实战体验：爬取豆瓣小说数据

爬取豆瓣小说数据。爬取的目标数据为小说名称、价格和评分。

根据爬取的数据，我们将在第 12 章解决以下问题：

（1）计算出爬取的所有小说的平均评分；

（2）计算爬取的所有小说的均价。

本实践主要是为了获取数据。打开豆瓣小说页面，如图 2-7 所示。用 urllib 和 Beautiful Soap 库获取网页内容。

图 2-7　豆瓣小说页面

页面以综合排序列表的形式列出了小说的相关数据，如小说的名称、作者、出版社、出版时间、价格、评分、评价人数和摘要等信息。本节主要爬取小说名称、价格、评分等信息，具体如图 2-8 所示。

图 2-8　需要爬取的信息

再来看看要爬取的小说总数。把网页拉到底部，可以看到小说页面总数为 379 页（截图时的数量），如图 2-9 所示。通常每页列出的小说数为 20，也就是说 379 页的小说数量在 7580 部左右。

在爬取页面信息时，不仅要爬取第 1 页中的 20 部小说的信息，还要爬取其余所有页中小说的信息，所以在代码中爬取信息时还要处理翻页。首先查看第 1 页和第 2 页的网址，做一下对比。

https://book.douban.com/tag/小说?start=0&type=T

https://book.douban.com/tag/小说?start=20&type=T

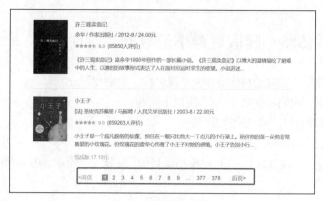

图 2-9　小说页面总数

网址中仅有一个"start="的数据不同，我们继续查看其他网页的网址，如第 3 页、第 4 页。

https://book.douban.com/tag/小说?start=40&type=T

https://book.douban.com/tag/小说?start=60&type=T

从中可以发现，start 数据是小说数据的序列。第 1 页是第 0～19 条（注意，Python 的序列是从 0 开始的，即第 0 条）。第 2 页刚好延续第 1 页的序列，每页 20 条，从第 20 条开始。依此类推，第 3 页从第 40 条开始，第 4 页从第 60 条开始。

据此，可在翻页时对网址进行处理，每翻一页 start 增加 20，即对网址中的 start 数据使用占位符 %d，再对占位符进行赋值，代码如下。

```
for i in range(0,7660,20):      #在 0～7660 中每隔 20 取一个值，即步长为 20
    url = 'https://book.douban.com/tag/%E5%B0%8F%E8%AF%B4'+ \
        '?start=%d&type=T'%i#复制首页的网址，将 start=0 中的 0 替换为%d 即可
```

下面我们来看如何爬取每个页面需要提取的数据。

为了方便爬取想要的页面数据，我们可以按"F12"键调取网页源码查阅。网页源码如图 2-10 所示。当我们把鼠标指针定位到"元素"选项卡中的相应代码上，左侧的某些数据会高亮显示。也就是说，高亮显示的数据所对应的代码就是定位的代码行或者代码段，如图 2-10 左侧高亮区域对应代码是 A 区域的 b 行。

图 2-10 右下角 B 区域中的代码以"<li class="开头，表示的是每部小说的相关信息列表。

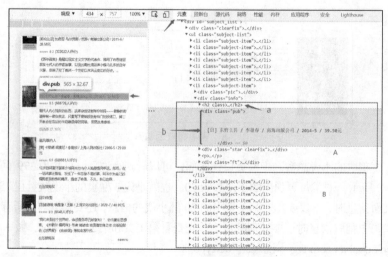

图 2-10　查阅网页源

我们先来研究提取小说《解忧杂货店》的部分代码。

单击 A 区域的 a 行，可以看到小说的名称：title="解忧杂货店"。因此，我们可以从这个页面中提取小说《解忧杂货店》的名称。

同样，再单击打开 A 区域的 b 行代码，可以看到作者、出版社、出版年份以及定价格数据，如图 2-11 所示。

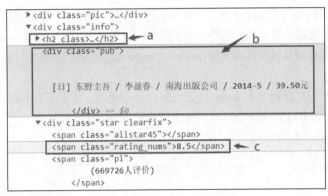

图 2-11　提取小说数据

同样，评分数据可以从 A 区域的 c 行代码中获取。

1．爬取网页数据

具体的翻页和爬取网页数据的代码如下。

```
In [1]: # coding=utf-8
   ...: ############################
   ...: #爬取豆瓣小说数据并处理
   ...: #Created on 2019-3-3 13:44
   ...: #@author: yubg
   ...: ############################
   ...: import requests
   ...: from bs4 import BeautifulSoup        #导入 Beautiful Soup
   ...: data_all =[]

In [2]: header={'User-Agent':'Mozilla/5.0(Windows NT 6.1; Win64; x64) AppleWebKit/
537.36(KHTML, like Gecko)Chrome/79.0.3945.88 Safari/537.36'}
        for i in range(0,7660,20):
   ...:          url   = 'https://book.douban.com/tag/%E5%B0%8F%E8%AF%B4'+'?start=
%d&type=T'%i
   ...:     douban_data = requests.get(url,headers=header)
   ...:     soup = BeautifulSoup(douban_data.text,'lxml')
   ...:     titles = soup.select('h2 a[title]')
   ...:     #爬取 h2 标签下 a 标签的 title 内容，即小说名称
   ...:     prices = soup.select('div.pub')       #爬取小说价格
   ...:     scores = soup.select('div span.rating_nums')#爬取小说评分
   ...:     for title,price,score in zip(titles,prices,scores):
   ...:         data = {'title':title.get_text().strip().split()[0],
   ...:                 'price':price.get_text().strip().split('/')[-1],
   ...:                 'score' :score.get_text()}
   ...:
   ...:         # print(data)
   ...:     data_all.append(data)

In [3]: print(len(data_all),'\n',data_all[1:5])
383
```

```
{'title': '怪诞故事集', 'price': ' 45.00元', 'score': '8.1'},
{'title': '长夜难明', 'price': ' 42.00元', 'score': '8.5'},
{'title': '基督山伯爵', 'price': ' 43.90元', 'score': '9.0'},
{'title': '山茶文具店', 'price': ' 49.80', 'score': '8.3'}]
```

从 data_all 的前 5 个数据可以看出，data_all 是一个列表，其中的每一个元素都是一个字典，每个字典包含一部小说的数据，包括小说名称、价格和评分。

在上面这段代码里新增了 header 变量，目的是防止在爬取数据时被网站阻止，即"反爬虫"。所以我们在爬取数据时需要将用户行为伪装成正常浏览豆瓣网页，赋给变量 header 的值即浏览器的一些参数。这个伪装成浏览器参数的变量 header 在 requests.get()中作为参数传递给 headers。

2. 保存数据

将已经爬取的数据保存到 c:\Users\yubg\db_data.txt 中备用。如果爬取不到数据（爬取不到数据的原因比较多，可能是因为网页改版，也可能是因为爬取频率较高被封号），请到本书提供的数据资源中下载 db_data.txt，以备后用。

```
In [4]: with open(r'c:\Users\yubg\db_data.txt','w',encoding='utf-8') as f:
   ...:     f.write(str(data_all))
```

第3章 NumPy

Python 用列表（List）保存一组值，可以当作数组使用，由于列表的元素可以是任何对象，因此列表中所保存的是对象的指针。如保存一个简单的列表[1,2,3]，需要有 3 个指针和 3 个整数对象。对于数值运算来说，这种结构显然比较浪费内存和 CPU（Central Processing Unit，中央处理器）计算时间。

此外，Python 还提供了一个 array 对象。array 对象和列表不同，它直接保存数值。但是它不支持多维运算，也没有各种运算函数，因此也不适合用于数值运算。

NumPy 库的诞生弥补了这些不足，NumPy 库提供了两种基本的对象：ndarray（N-dimensional Array）和 ufunc（Universal Function）。ndarray（下文统一称之为数组）是存储单一数据类型的多维数组，而 ufunc 则是能够对数组进行处理的函数。

Numpy 库是科学计算的基础软件包。它可以提供多维数组对象、矩阵及用于快速操作数组的函数和 API，尤其广播机制对不同维度的数组之间的运算。Numpy 库的核心是 ndarray 对象，该对象不仅能方便地存取数组，而且拥有丰富的数组计算函数。

NumPy 库是 Python 中的一个线性代数库。对很多数据科学或机器学习的 Python 库而言，它都是一个非常重要的库，SciPy、Matplotlib、scikit-learn 等都在一定程度上依赖 NumPy 库。

NumPy 库的安装比较简单，安装了 Anaconda 后，基本的 NumPy、pandas 和 Matplotlib 库就都已经安装了。可以通过 Anaconda 目录下的 Anaconda Prompt 执行命令 conda list 查看已安装的包，如图 3-1 所示。

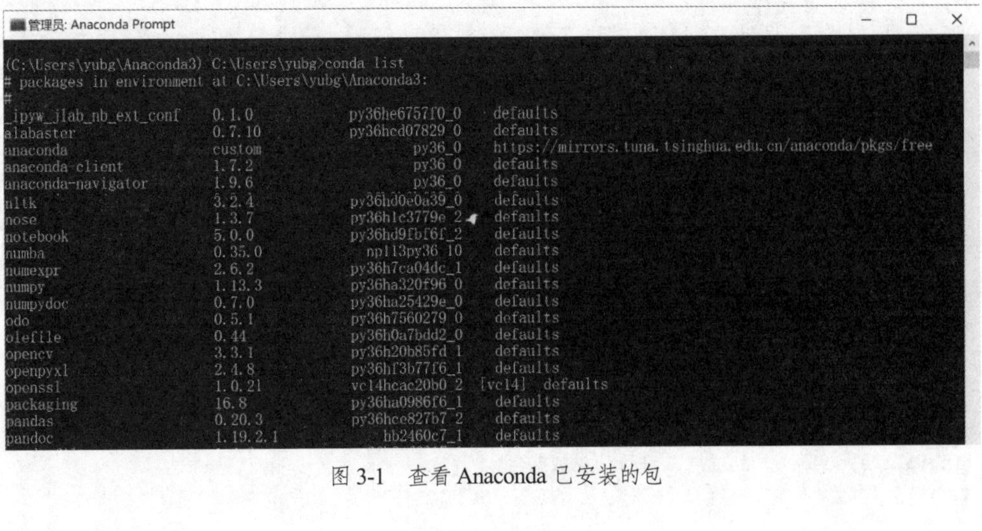

图 3-1　查看 Anaconda 已安装的包

如果列表中没有 NumPy 库，则可直接执行安装命令 conda install numpy。

在用 Python 对多维数组和矩阵进行运算时，NumPy 库提供了大量有用的方法。NumPy 库中数组有两种形式：向量和矩阵。严格地讲，向量是一维数组，矩阵是多维数组。在某些情况下，矩阵只有一行或一列，即行向量或列向量。

在导入 NumPy 库时，我们通过 as 将 np 作为 NumPy 的别名，导入方式如下。

```
import numpy as np
```

3.1 数组的创建

创建 NumPy
数组

先利用 Python 的列表创建 NumPy 数组。

```
In [1]: import numpy as np
   ...: my_list = [1, 2, 3, 4, 5]
   ...: my_numpy_list = np.array(my_list)
```

通过 my_list 列表，我们已经简单地创建了一个名为 my_numpy_list 的 NumPy 数组，显示结果如下。

```
In [2]: my_numpy_list
Out[2]: array([1, 2, 3, 4, 5])
```

我们已将一个列表转换成一维数组。要想得到二维数组，则需要创建一个将列表作为元素的列表，代码如下所示。

```
In [3]: second_list = [[1,2,3], [5,4,1], [3,6,7]]
   ...: new_2d_arr = np.array(second_list)
   ...: new_2d_arr
Out[3]:
       array([[1, 2, 3],
              [5, 4, 1],
              [3, 6, 7]])
```

我们已经成功创建了一个 3 行 3 列的二维数组。有时为了方便数据操作，我们需要将数组转化为列表，使用 tolist() 函数即可。

```
In [4]: c = np.array([[1, 2, 3, 4],[4, 5, 6, 7], [7, 8, 9, 10]])
   ...: c
Out[4]:
        array([[ 1, 2, 3, 4],
               [ 4, 5, 6, 7],
               [ 7, 8, 9, 10]])

In [5]: c.tolist()
Out[5]: [[1, 2, 3, 4], [4, 5, 6, 7], [7, 8, 9, 10]]
```

我们还可以通过给 array() 函数传递 Python 的序列对象来创建数组，如果传递的是多层嵌套的序列，将创建多维数组，如下面的变量 c。

```
In [4]: a = np.array([1, 2, 3, 4])
   ...: b = np.array((5, 6, 7, 8))
   ...: c = np.array([[1, 2, 3, 4],[4, 5, 6, 7], [7, 8, 9, 10]])
   ...: b
Out[4]: array([5, 6, 7, 8])

In [5]: c
Out[5]:
        array([[ 1, 2, 3, 4],
               [ 4, 5, 6, 7],
               [ 7, 8, 9, 10]])

In [6]: c.dtype              #查看 c 的数据类型
Out[6]: dtype('int32')
```

数组的维度可以通过其 shape 属性获得。

```
In [7]: a.shape                #查看数组 a 的维度
Out[7]: (4,)

In [8]: c.shape
Out[8]: (3, 4)
```

数组 a 的 shape 只有一个元素 4，因此它是一维数组。而数组 c 的 shape 有两个元素，因此它是二维数组，其中第 0 轴的长度为 3，第 1 轴的长度为 4，如图 3-2 所示。

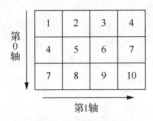

图 3-2　二维数组轴图

还可以通过修改数组的 shape 属性，在保持数组元素个数不变的情况下，改变数组每个轴的长度。下面的例子将数组 c 的 shape 改为(4,3)，注意，从(3,4)改为(4,3)并不是对数组进行转置，而是改变每个轴的长度，数组元素在内存中的位置并没有改变。

```
In [9]: c.shape = 4,3
   ...: c
Out[9]:
        array([[ 1,  2,  3],
               [ 4,  4,  5],
               [ 6,  7,  7],
               [ 8,  9, 10]])
```

当某个轴的长度为-1 时，相当于占位符，在这个-1 位置上将根据数组元素的个数自动计算此轴的长度。例如下面的代码将数组 c 的 shape 改为了(2,6)，即将数组 C 变为 2 行，至于列数用-1 替代，由计算机自动计算并填充。

```
In [10]: c.shape = 2,-1
   ...: c
Out[10]:
        array([[ 1,  2,  3,  4,  4,  5],
               [ 6,  7,  7,  8,  9, 10]])
```

使用数组的 reshape()方法，可以创建一个改变了 shape 的新数组，原数组的 shape 保持不变。

```
In [11]: d = a.reshape((2,2))
   ...: d
Out[11]:
        array([[1, 2],
               [3, 4]])

In [12]: a
Out[12]: array([1, 2, 3, 4])
```

使用 reshape()方法生成的新数组和原数组共用一块内存，不管改变哪个都会互相影响。由于数组 a 和数组 d 共享数据存储内存区域，因此修改其中任意一个数组的元素都会同时修改另外一个数组的元素。

```
In [13]: a[1] = 100 # 将数组 a 的第一个元素改为 100
   ...: d               # 数组 d 中的 2 也被改变了
Out[13]:
        array([[  1, 100],
               [  3,   4]])
```

数组的元素类型可以通过 dtype 属性获得。上面例子中的参数序列的元素都是整数，因此所创建的数组的元素类型是整型，并且是 32bit 的长整型。可以通过 dtype 属性在创建时指定元素类型。

```
In [14]: np.array([[1,2,3,4],[4,5,6,7], [7,8,9,10]], dtype=np.float)
Out[14]:
        array([[ 1., 2., 3., 4.],
               [ 4., 5., 6., 7.],
               [ 7., 8., 9., 10.]])

In [15]: np.array([[1,2,3,4],[4,5,6,7], [7,8,9,10]], dtype=np.complex)
Out[15]:
        array([[ 1.+0.j, 2.+0.j, 3.+0.j, 4.+0.j],
               [ 4.+0.j, 5.+0.j, 6.+0.j, 7.+0.j],
               [ 7.+0.j, 8.+0.j, 9.+0.j, 10.+0.j]])
```

如果想知道一个数组包含多少个数据时，可以使用 size 来查阅。

```
In [16]: d=np.array([[ 1, 100],[ 3, 4]])
    ...: d.size
Out[16]: 4

In [31]: len(d)
Out[31]: 2
```

▶注意：len 和 size 的区别在于，len 是指元素的个数，而 size 是指数据的个数，也就是说一个元素可以包含多个数据。

上面的例子都是先创建一个 Python 序列，然后通过 array() 函数将其转换为数组，这样做显然效率不高。因此 NumPy 提供了很多专门用来创建数组的函数。下面的每个函数都有一些关键字参数，具体用法请查看函数说明。

在本书的 1.3.3 小节中讲解过 range() 函数。该函数可通过指定的计数起始值、结束值和步长生成一个整数序列，但如果要生成一个小数序列呢？这就要用到 NumPy 库中的 arange() 函数。arange() 函数类似于 Python 的内置 range() 函数。使用 arange() 函数需要先导入 NumPy 库。例如，产生一个 0~1 的步长为 0.1 的序列。

```
In [16]: np.arange(0,1,0.1)
Out[16]: array([ 0. , 0.1, 0.2, 0.3, 0.4, 0.5, 0.6, 0.7, 0.8, 0.9])
```

linspace() 函数通过指定起始值、结束值和元素个数来创建一维数组，通过 endpoint 关键字指定是否包括结束值。默认设置是包括结束值的。

```
In [17]: np.linspace(0, 1, 12)
Out[17]:
      array([ 0. , 0.09090909, 0.18181818, 0.27272727, 0.36363636,
             0.45454545, 0.54545455, 0.63636364, 0.72727273, 0.81818182,
             0.90909091, 1. ])
```

logspace() 函数和 linspace() 函数类似，可以通过它创建等比数列，下面的代码产生 1（10 的 0 次方）~100（10 的 2 次方）中 20 个元素的等比数列。

```
In [18]: np.logspace(0, 2, 20)
Out[18]:
      array([ 1. , 1.27427499, 1.62377674, 2.06913808,
             2.63 66509 , 3.35981829, 4.2813324 , 5.45559478,
             6.95 192796, 8.8586679 , 11.28837892, 14.38449888,
             18.32 980711, 23.35721469, 29.76351442, 37.92690191,
             48.32 930239, 61.58482111, 78.47599704, 100. ])
```

还可以通过 zeros() 和 ones() 等函数来创建多维数组。

```
In [19]: import numpy as np
    ...: my_zeros = np.zeros(5)
```

```
In [20]: my_zeros
Out[20]: array([ 0., 0., 0., 0., 0.])

In [21]: my_ones = np.ones(5)

In [22]: my_ones
Out[22]: array([ 1., 1., 1., 1., 1.])

In [23]: two_zeros = np.zeros((3,5))
    ...: two_zeros
Out[23]:
        array([[ 0., 0., 0., 0., 0.],
               [ 0., 0., 0., 0., 0.],
               [ 0., 0., 0., 0., 0.]])

In [24]: two_ones = np.ones((5,3))
    ...: two_ones
Out[24]:
        array([[ 1., 1., 1.],
               [ 1., 1., 1.],
               [ 1., 1., 1.],
               [ 1., 1., 1.],
               [ 1., 1., 1.]])
```

创建一个一维数组，并且把元素 3 重复 4 次，可以使用 repeat() 函数。

```
In [25]: np.repeat(3, 4)
Out[25]: array([3, 3, 3, 3])
```

还可以使用 np.full(shape, val) 函数创建多维数组，每个元素均使用 val 参数值填充。

```
In [26]: np.full((2,3),8)
Out[26]:
        array([[8, 8, 8],
               [8, 8, 8]])
```

在处理线性代数时，单位矩阵是非常有用的。单位矩阵是一个二维的方阵，即这个矩阵的列数与行数相等，它的对角线上的元素都是 1，其他元素均为 0。单位矩阵可以使用 eye() 函数来创建。

```
In [27]: my_matrx = np.eye(6)

In [28]: my_matrx
Out[28]:
        array([[ 1., 0., 0., 0., 0., 0.],
               [ 0., 1., 0., 0., 0., 0.],
               [ 0., 0., 1., 0., 0., 0.],
               [ 0., 0., 0., 1., 0., 0.],
               [ 0., 0., 0., 0., 1., 0.],
               [ 0., 0., 0., 0., 0., 1.]])
```

在处理数据时，有时会用到随机数组成的数组，随机数组成的数组可以使用 rand()、randn() 或 randint() 函数生成。

（1）np.random.rand() 可以生成一个由 0～1 均匀产生的随机数组成的数组。例如，如果想创建一个由 4 个随机数组成的一维数组，且这 4 个随机数均匀分布在 0～1，代码如下。

```
In [1]: import numpy as np
   ...: my_rand = np.random.rand(4)
   ...: my_rand
Out[1]: array([ 0.8038377 , 0.82393353, 0.07511963, 0.28900456])
```

如果想创建一个 5 行 4 列的二维数组，代码如下。

```
In [2]: my_rand = np.random.rand(5, 4)
   ...: my_rand
Out[2]:
        array([[ 0.23075524, 0.37075683, 0.02791661, 0.59149501],
               [ 0.19525257, 0.20225569, 0.03901862, 0.32141019],
```

```
        [ 0.59996611, 0.95734781, 0.15140956, 0.43600606],
        [ 0.42776634, 0.8688988 , 0.75872595, 0.36019754],
        [ 0.88073936, 0.51553821, 0.44954604, 0.93475329]])
```

（2）np.random.randn()可以从以 0 为中心的标准正态分布或高斯分布中产生随机样本。例如，生成 7 个随机数的代码如下。

```
In [3]: my_randn = np.random.randn(7)
   ...: my_randn
Out[3]:
        array([-0.69841501, -1.18251376, -0.26387785, -0.1519803 ,
        -1.12398459,-1.01932536, -0.09537881])
```

使用生成的随机数绘制图形能得到正态分布曲线。

同样地，如需创建一个 3 行 5 列的二维数组，代码如下。

```
In [4]: np.random.randn(3,5)
Out[4]:
        array([[-0.66033972, -0.82280485, -0.08232885, 1.14664427, 0.01316381],
               [-0.55195999, -0.59205497, 0.93660669, 2.85397242, 0.61310109],
               [ 0.21420844, 0.04403698, 0.97300744, 0.87568263, -0.67880206]])
```

（3）np.random.randint()可以在半闭半开区间[low,high)上生成离散、均匀分布的整数值；若 high=None，则取值区间变为[0,low)。

```
In [5]: np.random.randint(20) #在[0,20]上生成1个整数
Out[5]: 10

In [6]: np.random.randint(2, 20) #在[2,20)上生成1个整数
Out[6]: 10

In [7]: np.random.randint(2, 20, 7) #在[2,20)上生成7个整数
Out[7]: array([12, 16, 9, 17, 11, 14, 10])

In [8]: np.random.randint(10, high=None, size=(2,3)) #在[0,10)上生成2行3列的整数数组
Out[8]:
        array([[7, 1, 3],
               [9, 9, 9]])
```

其他创建数组的方法如下。

np.empty((m,n))：创建 m 行 n 列、未初始化的二维数组。

np.ones_like(a)：根据数组 a 的形状创建一个元素全为 1 的数组。

np.zeros_like(a)：根据数组 a 的形状创建一个元素全为 0 的数组。

np.full_like(a,val)：根据数组 a 的形状创建一个元素全为 val 的数组。

np.empty((2,3),np.int)：只分配内存，不进行初始化。

关于各个创建数组的方法的使用可以通过 help()函数来查询。

```
In [9]: help(np.full_like)
Help on function full_like in module numpy.core.numeric:

full_like(a, fill_value, dtype=None, order='K', subok=True)
Return a full array with the same shape and type as a given array.
Parameters
----------
...
Examples
--------
>>> x = np.arange(6, dtype=np.int)
>>> np.full_like(x, 1)
array([1, 1, 1, 1, 1, 1])
>>> np.full_like(x, 0.1)
array([0, 0, 0, 0, 0, 0])
```

```
>>> np.full_like(x, 0.1, dtype=np.double)
array([ 0.1, 0.1, 0.1, 0.1, 0.1, 0.1])
>>> np.full_like(x, np.nan, dtype=np.double)
array([ nan, nan, nan, nan, nan, nan])
>>> y = np.arange(6, dtype=np.double)
>>> np.full_like(y, 0.1)
array([ 0.1, 0.1, 0.1, 0.1, 0.1, 0.1])
```

3.2 数组的操作

NumPy 的运算
操作

1. 访问数组元素

对数组中的元素进行操作,首先要能够"索引"元素,即访问。

索引:每个维度一个索引值,用逗号分隔。

```
In [1]: import numpy as np
   ...: a = np.random.randint(2, 100, 24).reshape((3,8))
              #在[2.100)上产生24个整数组成3行8列的数组
   ...: a
Out[1]:
       array([[72, 11, 2, 63, 84, 9, 57, 59],
              [85, 8, 7, 87, 81, 71, 46, 59],
              [56, 50, 44, 30, 71, 73, 15, 5]])

In [2]: a[2,6]   #访问索引为[2, 6]的元素15
Out[2]: 15

In [3]: b = a.reshape((2,3,4)) #将a改为三维数组
   ...: b
Out[3]:
       array([[[72, 11, 2, 63],
               [84, 9, 57, 59],
               [85, 8, 7, 87]],

              [[81, 71, 46, 59],
               [56, 50, 44, 30],
               [71, 73, 15, 5]]])

In [4]: b[1,2,3]  #访问索引为[1,2,3]的元素5
Out[4]: 5
```

多维数组的切片是对其每一维度进行切片,即对每一维度都用冒号分开起止索引,并用逗号分隔。例如:

```
In [5]: b[:,1:,2]  #访问元素57、7、44、15
Out[5]:
       array([[57, 7],
              [44, 15]])
```

访问数组元素还可以使用下面的方法。

```
In [1]: import numpy as np
   ...: c = np.array([[1, 2, 3, 4],[4, 5, 6, 7], [7, 8, 9, 10]])
   ...: c
Out[1]:
       array([[ 1, 2, 3, 4],
              [ 4, 5, 6, 7],
              [ 7, 8, 9, 10]])

In [2]: c[1][3]            #访问c中行索引为1、列索引为3的元素
Out[2]: 7
```

```
In [3]: c[:,[1,3]]          #访问 c 中的所有行的列索引为 1、3 的元素
Out[3]:
        array([[ 2,  4],
               [ 5,  7],
               [ 8, 10]])
```

更多的时候是访问数据中符合条件的元素，如 c[x][y]表示数组 c 中满足条件 x 和 y 的元素或"子"数组。

```
In [4]: c[: , 2][c[: , 0] < 5]
Out[4]: array([3, 6])
```

说明如下。

a [x] [y]表示访问符合条件 x、y 的 a 的元素。

[:, 2]表示取所有行的第 3 列（第 3 列索引为 2），[c[:, 0] < 5]表示取第 1 列（第 1 列索引为 0）值小于 5 的元素所在的行（第 1 行、第 2 行），最终表示取第 1、2 行的第 3 列，得到 array([3, 6])这个"子"数组。

在访问数组时，经常需要查找符合条件的元素的索引，这时可以使用 where()函数。

```
In [5]: c
Out[5]:
        array([[ 1,  2,  3,  4],
               [ 4,  5,  6,  7],
               [ 7,  8,  9, 10]])

In [6]: np.where(c == 4)  #查找元素值等于 4 的索引
Out[6]: (array([0, 1], dtype=int64), array([3, 0], dtype=int64))
```

需要注意的是，第一个数组[0,1]表示查询结果的行坐标，第二个数组[3,0]表示查询结果的列坐标，即元素 4 的实际的索引为 c[1,0]和 c[0,3]（或者 c[1][0]和 c[0][3]）。

2．数组元素类型转换

当需要对数组中的元素进行数据类型转换时，常用 astype()方法。

（1）整型转换为浮点型。

如果将浮点数转换为整数，则浮点数的小数部分会被截断。

```
In [1]: import numpy as np
   ...: q = np.array([1.1, 2.2, 3.3, 4.4, 5.3221])
   ...: q
Out[1]: array([ 1.1 , 2.2 , 3.3 , 4.4 , 5.3221])

In [2]: q.dtype
Out[2]: dtype('float64')

In [3]: q.astype(int)
Out[3]: array([1, 2, 3, 4, 5])
```

（2）字符串转换为数值。

```
In [4]: s = np.array(['1.2','2.3','3.2141'])
   ...: s
Out[4]:
        array(['1.2', '2.3', '3.2141'],
              dtype='<U6')

In [5]: s.astype(float)
Out[5]: array([ 1.2 , 2.3 , 3.2141])
```

此处给的是 float，而不是 np.float64，NumPy 将 Python 类型映射到等价的 dtype 上。

3．数组的拼接

vstack()和 hstack()方法可以实现两个数组的"拼接"。

np.vstack((a,b))：将数组 a、数组 b 竖直拼接。

np.hstack((a,b))：将数组 a、数组 b 水平拼接。

```
In [1]: import numpy as np
   ...: a = np.full((2,3),1)
   ...: a
Out[1]:
       array([[1, 1, 1],
              [1, 1, 1]])

In [2]: b = np.full((2,3),2)
   ...: b
Out[2]:
       array([[2, 2, 2],
              [2, 2, 2]])

In [3]: np.vstack((a,b))
Out[3]:
       array([[1, 1, 1],
              [1, 1, 1],
              [2, 2, 2],
              [2, 2, 2]])

In [4]: np.hstack((a,b))
Out[4]:
       array([[1, 1, 1, 2, 2, 2],
              [1, 1, 1, 2, 2, 2]])
```

数组的拼接也可以使用 concatenate()函数，axis 的值为 0 时等同于 vstack()，axis 的值为 1 时等同于 hstack()。

```
In [5]: np.concatenate((a,b),axis=0)
Out[5]:
array([[1, 1, 1],
[1, 1, 1],
[2, 2, 2],
[2, 2, 2]])

In [6]: np.concatenate((a,b),axis=1)
Out[6]:
array([[1, 1, 1, 2, 2, 2],
[1, 1, 1, 2, 2, 2]])
```

4．数组的切分

vsplit()和 hsplit()方法可以实现数组的"切分"，返回的是列表。

np.vsplit(a,v)：将 a 数组沿水平方向切成 v 等分。

np.hsplit(a,v)：将 a 数组沿垂直方向切成 v 等分。

```
In [1]: import numpy as np
   ...: c = np.array([[1, 2, 3, 4],[4, 5, 6, 7], [7, 8, 9, 10]])
   ...: c
Out[1]:
       array([[ 1, 2, 3, 4],
              [ 4, 5, 6, 7],
              [ 7, 8, 9, 10]])

In [2]: np.vsplit(c,3)
Out[2]: [array([[1, 2, 3, 4]]), array([[4, 5, 6, 7]]), array([[ 7, 8, 9, 10]])]

In [3]: np.hsplit(c,2)
Out[3]:
       [array([[1, 2],
              [4, 5],
```

```
          [7, 8]]), array([[ 3,  4],
          [ 6,  7],
          [ 9, 10]])]
```

参数 v 必须能够将 a 数组等分，否则会报错。

5．缺失值检测

在进行数据处理前，一般都会对数据进行检测，确定是否有缺失值，通常对缺失值要进行删除或者填补处理。

np.isnan()：检测数组是否包含缺失值 nan，返回布尔值。

```
In [1]: import numpy as np
   ...: c = np.array([[1, 2, 3, 4],[4, 5, 6, 7], [np.nan, 8, 9, 10]])
   ...: c
Out[1]:
       array([[ 1.,  2.,  3.,  4.],
              [ 4.,  5.,  6.,  7.],
              [ nan,  8.,  9., 10.]])

In [2]: np.isnan(c)
Out[2]:
       array([[False, False, False, False],
              [False, False, False, False],
              [ True, False, False, False]], dtype=bool)
```

当检测出有缺失值时，可以将缺失值用 0 填补。nan_to_num()可将 nan 替换成 0。

```
In [4]: np.nan_to_num(c)
Out[4]:
       array([[ 1.,  2.,  3.,  4.],
              [ 4.,  5.,  6.,  7.],
              [ 0.,  8.,  9., 10.]])
```

6．删除数组行列

对数组的行列进行删除可以利用切片查找的方法，生成一个新的数组；或者先利用 split()、vsplit()、hspilt()函数分割数组，再取其切片 a[0]赋值给数组 a；或者利用 np.delete()函数。

np.delete()函数格式如下。

np.delete(arr, obj, axis=None)

```
In [1]: import numpy as np
   ...: a = np.array([[1,2],[3,4],[5,6]])
   ...: a
Out[1]:
       array([[1, 2],
              [3, 4],
              [5, 6]])

In [2]: np.delete(a,1,axis = 0)  #删除 a 的第 2 行，即索引为 1 的行
Out[2]:
       array([[1, 2],
              [5, 6]])

In [3]: np.delete(a,(1,2),0)  #删除 a 的第 2、3 行
Out[3]: array([[1, 2]])

In [4]: np.delete(a,1,axis = 1)  #删除 a 的第 2 列
Out[4]:
       array([[1],
              [3],
              [5]])
```

要删除数组 a 的第 2 列，也可以采用 split()方法。

```
In [5]: a = np.split(a,2,axis = 1)  #与np.hsplit(a,2)的效果相同。

In [6]: a[0]
Out[6]:
        array([[1],
               [3],
               [5]])
```

7. 数组的复制

在进行数据处理前，为了保证数据的安全，一般都要对数据进行复制备份。在 Python 中复制数据需要小心，很容易发生错误。

c=a.view()：c 是对 a 的浅复制，两个数组不同，但数据共享，即数据存储地址一样，标签不同。

d=a.copy()：d 是对 a 的深复制，两个数组不同，数据不共享，即数据存储地址和标签都不同。

```
In [1]: import numpy as np
   ...: a = np.array([[1,2],[3,4],[5,6]])
   ...: a
Out[1]:
        array([[1, 2],
               [3, 4],
               [5, 6]])

In [2]: c = a.view()
   ...: c
Out[2]:
        array([[1, 2],
               [3, 4],
               [5, 6]])

In [3]: d = a.copy()
   ...: d
Out[3]:
        array([[1, 2],
               [3, 4],
               [5, 6]])

In [4]: id(a)                #查看a的内存地址
Out[4]: 1235345516784

In [5]: id(c)
Out[5]: 1235345516944

In [6]: id(d)
Out[6]: 1235345517424

In [7]: a[1,0] = 0           #将a中的元素3修改为0
   ...: a
Out[7]:
        array([[1, 2],
               [0, 4],
               [5, 6]])

In [8]: c                    #c中的元素被修改了
Out[8]:
        array([[1, 2],
               [0, 4],
               [5, 6]])

In [9]: d                    #d中的元素没有变化
```

```
Out[9]:
        array([[1, 2],
               [3, 4],
               [5, 6]])

In [10]: c[1,0] = 3        #将 c 中的元素 0 修改为 3
    ...: c
Out[10]:
        array([[1, 2],
               [3, 4],
               [5, 6]])

In [11]: a                 #a 中的元素被修改了
Out[11]:
        array([[1, 2],
               [3, 4],
               [5, 6]])
```

▶注意：若将 a 直接赋值给 b，即 b=a，则 b 和 a 指向同一个数组；若修改 a 或者 b 中的某个元素，a 和 b 都会改变；若想 a 和 b 不关联且不被修改，则需要 b = a.copy()为 b 单独生成一份复制。

8. 数组的排序

在数据处理时，常常会对数据按行或列排序，或者需要引用排序后的索引等。

np.sort(a,axis=1)：将数组 a 中的元素按每行排列序并生成一个新的数组，即行序不变，但每行按大小交换列序。相反，axis=0 时，行序改变，列序不变。

a.sort(axis=1)：因 sort()方法作用在数组 a 上，数组 a 被改变。

j=np.argsort(a)：数组 a 中的元素排序后的索引位置。

```
In [21]: import numpy as np
    ...: a = np.array([[1,3],[4,2],[8,6]])
    ...: a
Out[21]:
        array([[1, 3],
               [4, 2],
               [8, 6]])

In [22]: np.sort(a,axis=1) #按行中的列排序，按大小交换列次次序，行序不变
Out[22]:
        array([[1, 3],
               [2, 4],
               [6, 8]])

In [23]: a #a 没有改变
Out[23]:
        array([[1, 3],
               [4, 2],
               [8, 6]])

In [24]: np.sort(a,axis=0) #按列对行排序，即列序不变，行序变换
Out[24]:
        array([[1, 2],
               [4, 3],
               [8, 6]])

In [25]: a.sort()
```

```
In [26]: a       #a被改变了
Out[26]:
         array([[1, 3],
                [2, 4],
                [6, 8]])

In [30]: a = np.array([[1,3],[4,2],[8,6]])
    ...: a       #还原a为原数组
Out[30]:
         array([[1, 3],
                [4, 2],
                [8, 6]])

In [31]: j = np.argsort(a)
    ...: j
Out[31]:
         array([[0, 1],
                [1, 0],
                [1, 0]], dtype=int64)
```

9. 查找最大值

在数据分析中，常常需要查找数据的最大值、最小值，并返回最值的位置。

np.argmax(a, axis=0)：查找每列中的最大值的索引。

np.argmin(a, axis=0)：查找每列中的最小值的索引。

a.max(axis=0)：查找每列中的最大值。

a.min(axis=0)：查找每列中的最小值。

```
In [1]: import numpy as np
   ...: a = np.array([[1,3],[4,2],[8,6]])
   ...: a
Out[1]:
        array([[1, 3],
               [4, 2],
               [8, 6]])

In [2]: np.argmax(a,axis=0)  #查找每列最大元素的索引
Out[2]: array([2, 2], dtype=int64)

In [3]: a.max()   #对所有数据进行查找
Out[3]: 8

In [4]: a.max(axis=0)  #查找每列最大的元素
Out[4]: array([8, 6])
```

10. 数据的存储与读取

（1）np.save()或 np.savez()。

保存一个数组到一个二进制文件中可以使用 save()或者 savez()方法。NumPy 库为 ndarray 数组对象引入了一个简单的文件，即 NPY 文件。NPY 文件存放在磁盘中，用于存储重建 ndarray 数组所需的数据、图形、dtype 和其他信息，以便正确重建数组，即使该文件在具有不同架构的另一台计算机上。

np.save(file, arr, allow_pickle=True, fix_imports=True)

file：文件名/文件路径。

arr：要存储的数组。

allow_pickle：布尔值，允许使用 Python pickle 保存对象数组（可选参数，保持默认即可）。

fix_imports：为了方便在 Pyhton 2 中读取 Python 3 保存的数据（可选参数，保持默认即可）。

读取保存的 NPY 文件的数据时，使用 np.load()方法即可。

np.load(file)：从 file 文件中读取数据。

```
In [1]: import numpy as np
   ...: c = np.array([[1, 2, 3, 4],[4, 5, 6, 7], [np.nan, 8, 9, 10]])
   ...:
   ...: np.save('save_1.npy',c)

In [2]: f = np.load('save_1.npy')

In [3]: f
Out[3]:
        array([[ 1., 2., 3., 4.],
               [ 4., 5., 6., 7.],
               [ nan, 8., 9., 10.]])
```

np.savez()同样是保存数组到一个二进制文件中，但它可以保存多个数组到同一个文件中，保存文件的扩展名是.npz，NPZ 文件其实就是多个 np.save()保存的 NPY 文件，通过打包（未压缩）的方式压缩成的一个文件，解压 NPZ 文件就能看到多个 NPY 文件。

np.savez(file, *args, **kwds)

file：文件名/文件路径。

*args：要存储的数组，可以写多个，如果没有给数组指定名称，NumPy 将默认以 arr_0、arr_1 方式命名。

**kwds：可选参数，保持默认即可。

```
In [4]: import numpy as np
   ...: c = np.array([[1, 2, 3, 4],[4, 5, 6, 7], [np.nan, 8, 9, 10]])

In [5]: np.savez('save_2.npz',a,c) #保存数据
   ...:
   ...: f = np.load('save_2.npz') #读取数据到 f 变量

In [6]: f    #这样是无法读取数据的
Out[6]: <numpy.lib.npyio.NpzFile at 0x11fa0559cf8>

In [7]: f['arr_0'] #读取到的是变量 a 的值
Out[7]:
        array([[1, 3],
               [4, 2],
               [8, 6]])

In [8]: f['arr_1'] #读取到的是变量 c 的值
Out[8]:
        array([[ 1., 2., 3., 4.],
               [ 4., 5., 6., 7.],
               [ nan, 8., 9., 10.]])
```

为了便于读取数据，指定保存的数组的名称为 a、c。

```
In [9]: np.savez('save_3.npz',a=a,c=c)

In [10]: f = np.load('save_3.npz')

In [11]: f['a']
Out[11]:
        array([[1, 3],
               [4, 2],
               [8, 6]])

In [12]: f['c']
Out[12]:
        array([[ 1., 2., 3., 4.],
```

```
          [ 4., 5., 6., 7.],
          [ nan, 8., 9., 10.]])
```

（2）np.savetxt()。

保存数组到文本文件中，以便于直接查看文件里面的内容。

np.savetxt(fname, X, fmt='%.18e', delimiter=' ', newline='\n', header='', footer='', comments='# ', encoding=None)

fname：文件名/文件路径，如果文件扩展名是.gz，文件将被自动保存为GZIP格式，np.loadtxt()可以识别该格式。CSV文件可以用此方式保存。

X：要存储的一维或二维数组。

fmt：数据存储的格式。

delimiter：数据列之间的分隔符。

newline：数据行之间的分隔符。

header：写入文件头部的字符串。

footer：写入文件底部的字符串。

comments：文件头部或者尾部字符串开头的字符，默认是'#'。

encoding：使用默认参数。

读取该模式下的数据使用 loadtext()方法。

np.loadtxt(fname,dtype=<class 'float'>,comments='#',delimiter=None, converters=None)

fname：文件名/文件路径，如果文件扩展名是.gz 或.bz2，文件将被解压，然后载入。

dtype：要读取的数据的类型。

comments：文件头部或者尾部字符串开头的字符，用于识别头部、尾部字符串。

delimiter：划分读取数据值的字符串。

converters：数据行之间的分隔符。

```
In [1]: import numpy as np
   ...: a = np.array([[1,3],[4,2],[8,6]])
   ...: c = np.array([[1, 2, 3, 4],[4, 5, 6, 7], [np.nan, 8, 9, 10]])

In [2]: np.savetxt('save text.out',c)

In [3]: np.loadtxt('save text.out')
Out[3]:
        array([[ 1., 2., 3., 4.],
               [ 4., 5., 6., 7.],
               [ nan, 8., 9., 10.]])

In [4]: d = c.reshape((2,3,2))

In [5]: np.savetxt('save text.csv',d)
        Traceback (most recent call last):

        File "<ipython-input-108-2cad6843d204>", line 1, in <module>
        np.savetxt('save text.csv',d)

        File "C:\Users\yubg\Anaconda3\lib\site-packages\numpy\lib\npyio.py",
        line 1258, in savetxt
        % (str(X.dtype), format))

        TypeError: Mismatch between array dtype ('float64') and format specifier
         ('%.18e %.18e %.18e')
```

说明：CSV 文件只能存储一维数组和二维数组，np.savetxt()与 np.loadtxt()只能存取一维数组和二维数组。

（3）tofile()多维数组的存取。

多维数组的存储格式如下。

a.tofile(fname, sep='', format='%s')

fname：文件名/文件路径。

sep：数据分割字符串，如果是空串，写入为二进制文件。

format：写入数据的格式。

多维数组的读取格式如下。

np.fromfile(fname, dtype=np.float, count=-1, sep='')

fname：文件名/文件路径。

dtype：读取的数据的类型。

count：读入元素个数，−1 表示读入整个文件元素。

sep：数据分割字符串，如果是空串，写入为二进制文件。

```
In [1]: import numpy as np
   ...: c = np.array([[1, 2, 3, 4],[4, 5, 6, 7], [np.nan, 8, 9, 10]])

In [2]: d = c.reshape((2,3,2))

In [3]: d
Out[3]:
        array([[[ 1.,  2.],
                [ 3.,  4.],
                [ 4.,  5.]],

                [[ 6.,  7.],
                [ nan,  8.],
                [ 9., 10.]]])

In [4]: d.tofile('1.dat',sep=',', format='%s')

In [5]: np.fromfile('1.dat', dtype=np.float, count=-1, sep=',')
Out[5]:
        array([ 1., 2., 3., 4., 4., 5., 6., 7., nan, 8., 9., 10.])

In [6]:np.fromfile('1.dat',dtype=np.float,count=-1,sep=',').reshape((2,3,2))
Out[6]:
        array([[[ 1.,  2.],
                [ 3.,  4.],
                [ 4.,  5.]],

                [[ 6.,  7.],
                [ nan,  8.],
                [ 9., 10.]]])
```

保存多维数组时要注意，维度可能会转化为一维。

11. 其他操作

d.flatten()：将数组 d 展开为一维数组。

np.ravel(d)：展开一个可以解析的结构为一维数组。

3.3 数组的计算

关于 NumPy 的计算函数较多，现将常用的函数罗列如下。

np.abs(x)或 np.fabs(x)：计算数组各元素的绝对值。

np.sqrt(x)：计算数组各元素的平方根。

np.square(x)：计算数组各元素的平方。

np.power(x, a)：计算 x 的 a 次方。

np.log(x)、np.log10(x)、np.log2(x)：分别表示计算数组各元素的自然对数、以 10 为底的对数、以 2 为底的对数。

np.rint(x)：计算数组各元素四舍五入的值。

np.modf(x)：将数组各元素的小数和整数部分以两个独立数组的形式返回。

np.cos(x)、np.cosh(x)、np.sin(x)、np.sinh(x)、np.tan(x)、np.tanh(x)：计算数组各元素的普通型和双曲型三角函数。

np.exp(x)：计算数组各元素的指数值。

np.sign(x)：计算数组各元素的符号值，入 1（+）、0、-1（-）。

np.maximun(x,y)或 np.fmax()：求元素级的最大值。

np.minimun(x,y)或 np.fmin()：求元素级的最小值。

np.mod(x, y)：元素级的模运算。

np.copysign(x, y)：将数组 y 中各元素的符号值赋值给数组 x 对应的元素。

```
In [1]: import numpy as np
  ...: c = np.array([[1, 2, 3, 4],[4, 5, 6, 7], [np.nan, 8, 9, 10]])

In [2]: np.power(c,4)
Out[2]:
        array([[ 1.00000000e+00, 1.60000000e+01, 8.10000000e+01, 2.56 000000e+02],
               [ 2.56000000e+02, 6.25000000e+02, 1.29600000e+03, 2.40 100000e+03],
               [ nan, 4.09600000e+03, 6.56100000e+03, 1.00 000000e+04]])

In [3]: np.sign(c)
__main__:1: RuntimeWarning: invalid value encountered in sign
Out[3]:
        array([[ 1., 1., 1., 1.],
               [ 1., 1., 1., 1.],
               [ nan, 1., 1., 1.]])
```

3.4 统计基础

统计分析中常用的统计函数如表 3-1 所示。

表 3-1 常用的统计函数

函数	说明
sum()	计算数组中元素的和
mean()	计算数组中元素的均值
var()	计算数组中元素的方差。方差是元素与元素的平均数差的平方的平均数，即 var=mean(abs(x- x.mean())**2)
std()	计算数组中元素的标准差。标准差（Standard Deviation）也称为标准偏差，在概率统计中最常用于统计分布程度（Statistical Dispersion）上的测量。标准差是总体各单位标准值与其平均数离差平方的算术平均数的平方根。它反映组内个体间的离散程度
max()	计算数组中元素的最大值
min()	计算数组中元素的最小值
argmax()	返回数组中最大元素的索引
argmin()	返回数组中最小元素的索引
cumsum()	计算数组中所有元素的累计和
cumprod()	计算数组中所有元素的累计积

▶注意：每个统计函数都可以按行或列来统计计算。当 axis=1 时，表示沿着横轴（行）计算；
当 axis=0 时，表示沿着纵轴（列）计算。

```
In [1]: import numpy as np
   ...: c = np.array([[1, 2, 3, 4],[4, 5, 6, 7], [7, 8, 9, 10]])

In [2]: np.sum(c)
Out[2]: 66

In [3]: np.sum(c,axis=0)  #各列相加求和，即每一列的所有行相加
Out[3]: array([12, 15, 18, 21])

In [4]: np.sum(c,axis=1)
Out[4]: array([10, 22, 34])  #各行相加求和，即每一行的所有列相加

In [5]: np.cumsum(c)
Out[5]: array([ 1,  3,  6, 10, 14, 19, 25, 32, 39, 47, 56, 66], dtype=int32)

In [6]: np.cumsum(c,axis=0)  #各列做加法求和
Out[6]:
       array([[ 1,  2,  3,  4],
              [ 5,  7,  9, 11],
              [12, 15, 18, 21]], dtype=int32)

In [7]: np.cumsum(c,axis=1)
Out[7]:
array([[ 1,  3,  6, 10],
       [ 4,  9, 15, 22],
       [ 7, 15, 24, 34]], dtype=int32)
```

1. 加权平均值函数

在统计中有时还会用到加权平均值函数 average()。

average(a, axis=None, weights=None)
根据给定轴计算数组 a 相关元素的加权平均值。

```
In [8]: np.average(c)  #66/12
Out[8]: 5.5

In [9]: np.average(c,axis=0)
Out[9]: array([ 4., 5., 6., 7.])

In [10]: np.average(c,axis=1)
Out[10]: array([ 2.5, 5.5, 8.5])

In [11]: np.average(c,axis=1,weights=[1,0,2,1])
Out[11]: array([ 2.75, 5.75, 8.75])
```

说明：给出了参数 weights=[1,0,2,1]，结果中的 2.75 是如何计算出来的呢？计算方式是
（1×1+2×0+3×2+4×1）/（1+0+2+1）=2.75，其他同理计算。

2. 梯度函数

梯度也就是斜率，反映的是各个数据的变化率。NumPy 中梯度函数如下。

np.gradient(a)

计算数组 a 中元素的梯度，当 a 为多维数组时，返回每个维度的梯度。

梯度即连续值之间的变化率，即斜率。如果 xOy 坐标轴连续的 3 个 x 坐标对应的 y 轴值为 a、b、
c，则 b 的梯度是 $(c-a)/2$。

```
In [27]: import numpy as np
    ...: c = np.array([[1, 0, 3, 4],[0, 5, 6, 7], [7, 8, 0, 10]])

In [28]: np.gradient(c)
Out[28]:
        [array([[-1. ,  5. ,  3. ,  3. ],
                [ 3. ,  4. , -1.5, 3. ],
                [ 7. ,  3. , -6. ,  3. ]]),
array([[ -1. ,  1. ,  2. ,  1. ],
       [  5. ,  3. ,  1. ,  1. ],
       [  1. , -3.5,  1. , 10. ]])]
```

说明：结果中的4是如何计算出来的呢？其实是axis=0时数据5的梯度，5的前后数据是0和8，（8-0）/2=4。

当数组为多维数组时，上侧表示的是最外层维度（axis=0）的梯度，下侧表示的是第二层维度（axis=1）的梯度。

3. 去重函数

对一维数组或者列表来说，unique()函数能去除其中重复的元素，并将元素由大到小排序，返回一个新的无重复元素的元组或者列表。

np.unique(a，return_index，return_inverse)

a：表示数组。

return_index：值为True表示同时返回原始数组中的索引。

return_inverse: 值为True表示返回重建原始数组用的索引数组。

```
In [55]: import numpy as np
    ...: c = np.array([[1, 0, 3, 4],[0, 5, 6, 7], [7, 8, 0, 10]])

In [56]: w = c.flatten()

In [57]: w
Out[57]: array([ 1, 0, 3, 4, 0, 5, 6, 7, 7, 8, 0, 10])

In [58]: np.unique(w)
Out[58]: array([ 0, 1, 3, 4, 5, 6, 7, 8, 10])

In [59]: x, idx = np.unique(w, return_index=True)
    ...: x
Out[59]: array([ 0, 1, 3, 4, 5, 6, 7, 8, 10])

In [60]: idx
Out[60]: array([ 1, 0, 2, 3, 5, 6, 7, 9, 11], dtype=int64)

In [61]: x, ridx = np.unique(w, return_inverse=True)
    ...: ridx
Out[61]: array([1, 0, 2, 3, 0, 4, 5, 6, 6, 7, 0, 8], dtype=int64)

In [62]: x[ridx]
Out[62]: array([ 1, 0, 3, 4, 0, 5, 6, 7, 7, 8, 0, 10])

In [63]: all(x[ridx]==w)  #原始数组a和x[ridx]中的元素完全相同
Out[63]: True
```

当数组是二维时，unique()函数会自动返回一维的结果。

```
In [68]: c = np.array([[1, 0, 3, 4],[0, 5, 6, 7], [7, 8, 0, 10]])

In [69]: c
Out[69]:
        array([[ 1, 0, 3, 4],
               [ 0, 5, 6, 7],
```

```
                         [ 7, 8, 0, 10]])

In [70]: np.unique(c)
Out[70]: array([ 0, 1, 3, 4, 5, 6, 7, 8, 10])

In [71]: x, idx = np.unique(c, return_index=True)
    ...: x
Out[71]: array([ 0, 1, 3, 4, 5, 6, 7, 8, 10])

In [72]: idx
Out[72]: array([ 1, 0, 2, 3, 5, 6, 7, 9, 11], dtype=int64)
```

4. 其他统计函数

ptp(a)：计算数组 a 中元素最大值与最小值的差，即极差。

median(a)：计算数组 a 中元素的中位数（中值）。

```
In [12]: np.ptp(c)
Out[12]: 9

In [13]: np.ptp(c,axis=0)
Out[13]: array([6, 6, 6, 6])
```

3.5 矩阵运算

NumPy 库中的 ndarray 对象重载了许多运算符，使用这些运算符可以完成矩阵间对应元素的运算。矩阵的加（＋）、减（－）运算都是对应位置上元素的加减，但是矩阵的乘法运算比较特殊，如果使用乘号（＊），则是两个矩阵对应位置上的元素相乘，这跟线性代数（简称线代）中的矩阵乘法不同，线代中的矩阵乘法要满足特定的条件，即第一个矩阵的列数等于第二个矩阵的行数。线代中的矩阵乘法在 NumPy 库中使用的函数为 np.dot()。

矩阵运算的常用函数如下。

np.mat(b)：创建一个矩阵 b。

np.dot(b, c)：求矩阵 b、c 的乘积。

np.trace(b)：求矩阵 b 的迹。

np.linalg.det(b)：求矩阵 b 的行列式值。

np.linalg.matrix_rank(b)：求矩阵 b 的秩。

nlg.inv(b)：求矩阵 b 的逆矩阵（import numpy.linalg as nlg）。

u, v =np.linalg.eig(b)：一般情况的特征值分解，常用于实对称矩阵，u 为特征值，v 为特征向量，下文同。

u, v =np.linalg.eigh(b)：更快且更稳定，但输出值的顺序和 eig()相反。

u, v = nlg.eig(a)：求特征值和特征向量（import numpy.linalg as nlg）。

b.T：将矩阵 b 转置。

```
In [1]: import numpy as np
    ...: b = np.mat('1 2; 4 3')#创建矩阵时元素之间用空格隔开, 行之间用";"隔开
    ...: b
Out[1]:
        matrix([[1, 2],
                [4, 3]])

In [2]: a = np.array([[1,3],[4,2]])
    ...: c = np.mat(a)   #将数组转化为矩阵
    ...: c
```

```
Out[2]:
      matrix([[1, 3],
              [4, 2]])

In [3]: d = np.dot(c,b)  #对c、b矩阵进行线代中的乘法运算
   ...: d
Out[3]:
matrix([[13, 11],
        [12, 14]])

In [4]: d.T #矩阵的转置
Out[4]:
      matrix([[13, 12],
              [11, 14]])

In [5]: np.trace(d)  #矩阵的迹
Out[5]: 27

In [6]: np.linalg.det(b)#矩阵的行列式
Out[6]: -4.9999999999999991

In [7]: np.linalg.inv(b)#求矩阵的逆矩阵
Out[7]:
      matrix([[-0.6, 0.4],
              [ 0.8, -0.2]])

In [8]: np.linalg.matrix_rank(b)#求矩阵的秩
Out[8]: 2

In [9]: u,v = np.linalg.eig(b)#求特征值和特征向量
   ...: u
Out[9]: array([-1., 5.])

In [10]: v
Out[10]:
      matrix([[-0.70710678, -0.4472136 ],
              [ 0.70710678, -0.89442719]])

In [11]: u1,v2 = np.linalg.eigh(b)#特征值的顺序不同
    ...: u1
Out[11]: array([-2.12310563, 6.12310563])

In [12]: import numpy.linalg as nlg
    ...: w=np.mat('2 0 0;0 1 0;0 0 1')
    ...: u3, v3 = nlg.eig(w)
    ...: u3
Out[12]: array([ 2., 1., 1.])
```

另外，bmat()函数也需要了解一下，它可以用字符串和已定义的矩阵创建新矩阵，采用了分块矩阵的思想。

```
In [13]:import numpy as np
    ...:a = np.eye(2)
    ...:a
Out[13]:
      array([[ 1., 0.],
             [ 0., 1.]])

In [14]: b = a * 2
       b
```

```
Out[14]:
        array([[ 2.,  0.],
               [ 0.,  2.]])

In [15]: np.bmat("a b;b a")  #创建新矩阵
Out[15]:
        matrix([[ 1.,  0.,  2.,  0.],
                [ 0.,  1.,  0.,  2.],
                [ 2.,  0.,  1.,  0.],
                [ 0.,  2.,  0.,  1.]])
```

在数据分析和深度学习相关的数据处理和运算中，线性代数模块是常用的模块之一。结合 NumPy 库提供的基本函数，可以对向量、矩阵进行一些基本的运算，如使用 np.linalg.solve()函数解线性方程组。

已知线性方程组 $Ax=B$，求解 x。其中 A、B 如下。

$$A = \begin{pmatrix} 2 & 3 \\ 3 & 5 \end{pmatrix}, B = (1, 1)^{\mathrm{T}}$$

具体代码如下。

```
In [16]: import numpy as np
    ...: A = np.mat('2 3;3 5')
    ...: B = np.mat('1 1').T
    ...: np.linalg.solve(A,B)
Out[16]:
        matrix([[ 2.],
                [-1.]])
```

代码运行后的解为：2 和−1。

3.6 实战体验：图片翻转、裁剪、压缩和亮度调整

在进行图片处理时，我们常将图片数字化，即将其转化为数组形式。下面就利用 NumPy 中的数组来对图片进行处理。

图像是由像素点构成的矩阵，其数值可以用 ndarray 来表示。接下来将介绍如何对图像进行翻转、裁剪、压缩和亮度调整。

NumPy 翻转、裁剪、压缩图片

首先导入需要的包，除了 NumPy，我们还要用到 PIL，以及后续章节要学习的 Matplotlib 等。

```
import numpy as np
import matplotlib.pyplot as plt
from PIL import Image
```

读入一张图片，并将图片转化为数组。

```
path = r"d:\yubg\第 3 章\ybg.jpg"
0image =Image.open(path)  #读取图片
image = np.array(image0)  #将图片转化为数组
```

查看转化的数组的形状，其形状是[H, W, 3]，其中 H 代表高度，W 代表宽度，3 代表 RGB3 个颜色的通道。

```
image.shape    #输出结果为(2633, 6527, 3)
```

将读取的原始图片显示在屏幕上。

```
plt.imshow(image)  #输出显示图片
```

图片显示如图 3-3 所示。

下面将图 3-3 上下垂直翻转。使用数组切片的方式来完成，相当于将图片数组最后一行挪到第

一行，将倒数第二行挪到第二行，以此类推。

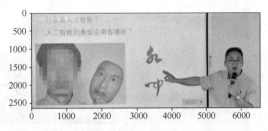

图 3-3　原始图片

对于行指标，使用切片::-1 来表示。-1 表示步长，即上下依次倒序。对于列指标和 RGB 通道，使用:表示该维度不改变，即取原来的所有的列和通道。

```
image1 = image[::-1,:,:]
plt.imshow(image1)
```

输出图像如图 3-4 所示。

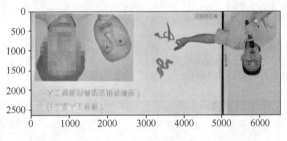

图 3-4　向下翻转图片

也可以将图片水平翻转。同样使用数组切片的方式来完成，将列左右互换，相当于将图片数组最后一列挪到第一列，倒数第二列挪到第二列，以此类推。

```
image2 = image[:,::-1,:]
plt.imshow(image2)
```

水平翻转后输出图像如图 3-5 所示。

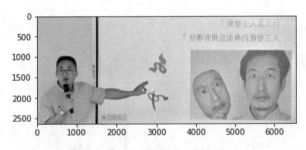

图 3-5　水平翻转图片

图片也可以按照一定的角度进行旋转，如旋转 10°，代码如下。

```
image_0 =Image.open(path).rotate(10)  #读取图片并旋转 10°
image_0 = np.array(image_0)
plt.imshow(image_0)
```

经过旋转处理后的照片输出如图 3-6 所示。

将图片保存到本地。保存之前需要先将数组转化为图像数据格式。

```
im2 =Image.fromarray(image2)  #实现数组到图像的转换
im2.save('im2.jpg')
```

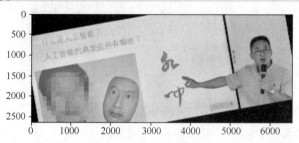

图 3-6　旋转 10° 后的图片

　　图片也可以进行裁剪，高度或宽度都可以裁剪。通过图像的 shape 可以知道图像的高度和宽度。我们在裁剪时，使用数组切片的方法，所以裁剪数据必须是整数。下面取图像的高度的一半，即将图像的上半部分裁剪掉，保留下半部分，需要对图片数组的行进行切片。

```
H, W = image.shape[0], image.shape[1]

# 注意此处用整除，H1 必须为整数
H1 = H // 2
H2 = H
image3 = image[H1:H2,:,:]
plt.imshow(image3)
```

裁剪上半部分后的图片如图 3-7 所示。

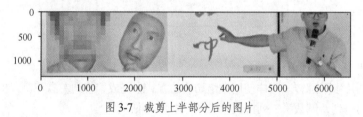

图 3-7　裁剪上半部分后的图片

　　裁剪图片宽度，需要对图片数组的列进行切片。在前面已经看到图片的宽度是 6527，如果要取图片的右半部分，我们可以从 3000 处开始裁剪。

```
# 宽度方向裁剪
W1 = 3000
image4 = image[:,W1:,:]
plt.imshow(image4)
```

裁剪宽度后的图片如图 3-8 所示。

图 3-8　裁剪宽度后的图片

当然，高度和宽度两个方向也可以同时裁剪。

```
image5 = image[H1:H2,:W1,:]
plt.imshow(image5)
```

裁剪后的图片如图 3-9 所示。

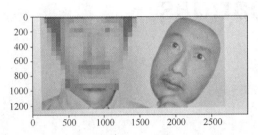

图 3-9　高度和宽度同时裁剪后的图片

NumPy 除了可以利用切片的方法对图片进行翻转、裁剪，也可以对其明暗程度进行调整。如调整亮度，可以将图像数组乘倍数，倍数小于 1 表示降低图片的亮度，倍数大于 1 表示提高亮度。由于图片的 RGB 像素值必须在 0～255，因此要使用 np.clip() 进行数值控制，即数组中元素的数值不能大于 255。如我们将图片的亮度调至 2 倍，可以看到图片曝光过度，如图 3-10 所示。

```
image6 = image *2
image6 = np.clip(image6, a_min=None, a_max=255.)
plt.imshow(image6.astype('uint8')) #将 image6 的数据类型转化为 uint8，降低精度、节省内存、提高
运行速度
```

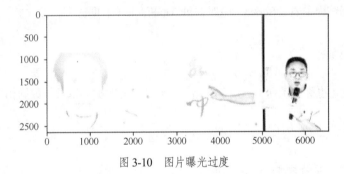

图 3-10　图片曝光过度

NumPy 还可以利用切片的方法对图片进行压缩，如对图像数组间隔行列切片，图像尺寸会减半，清晰度相比原图片变差，输出压缩图片如图 3-11 所示。

```
image7 = image[::2,::2,:] #步长为2，隔行、隔列提取
plt.imshow(image7)
image7.shape
```

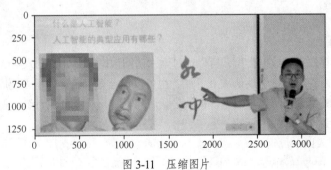

图 3-11　压缩图片

第4章　pandas

数据预处理是数据科学工作流程中一个非常重要的组成部分。如果想利用 Python 做数据处理和数据分析，pandas 库是首选。pandas 库是一个能快速、灵活地表达数据结构的 Python 库。pandas 库的两个主要数据结构，即 Series 和 DataFrame，能够处理金融、统计等社会科学及工程领域中的绝大多数典型用例。在实际应用中，pandas 库是使用比较多的一个库，尤其在数据清洗方面。

pandas 库最初以 NumPy 库为基础，NumPy 是 Python 科学计算中基本的库。pandas 库提供的数据结构非常灵活、富有表现力，经过特殊的设计，使得现实世界中的数据分析更加容易。

有了第 3 章学习 NumPy 库的基础，学习 pandas 库就比较容易了。使用 pandas 库时，需要先使用 import pandas as pd 导入 pandas 库。为了方便代码的阅读，建议在代码中采用缩写 pd 来表示 pandas 库。pandas 的数据结构主要有 Series（序列）和 DataFrame（数据框）。

4.1　Series

Series 即序列（也称为系列），用于存储一行或一列的数据，以及与数据相关的索引的集合，使用方法如下。

```
Series([数据 1, 数据 2,…],index=[索引 1, 索引 2,…])
```

例如：

```
In [1]: from pandas import Series
   ...: X = Series(['a',2,'中国'],index=[1,2,3])
In [2]: X
Out[2]:
      1    a
      2    2
      3    中国
dtype: object

In [3]: X[3]  #访问索引为 3 的数据
Out[3]: '中国'
```

一个序列允许存放多种数据类型，可以通过索引访问数据。例如，输入 X[3]，返回'中国'。

序列的索引可以省略，索引默认从 0 开始，也可以指定索引名。为了方便后面的使用和说明，此处我们将可以省略的索引叫作索引号，也就是默认的索引，从 0 开始计数；赋值给定的或者命名的索引，我们称它为索引名或行标签。

在 Spyder 中写入以下代码。

```
In [4]: from pandas import Series
```

```
    ...: A=Series([1,2,3])  #定义序列的时候，数据类型不限
    ...: print(A)
        0 1
        1 2
        2 3
dtype: int64

In [5]: from pandas import Series
    ...: A=Series([1,2,3],index=[1,2,3])  #可自定义索引名，如索引名123、ABCD等
    ...: print(A)
        1 1
        2 2
        3 3
dtype: int64

In [6]: from pandas import Series
    ...: A=Series([1,2,3],index=['A','B','C'])
    ...: print(A)
        A 1
        B 2
        C 3
dtype: int64
```

一般容易犯下面的错误。

```
In [7]: from pandas import Series
    ...: A=Series([1,2,3],index=[A,B,C])
    ...: print(A)
        Traceback (most recent call last):

        File "<ipython-input-49-24483095ed97>", line 2, in <module>
        A=Series([1,2,3],index=[A,B,C])

NameError: name 'B' is not defined
```

注意，这里 A、B、C 都是字符串，需要使用引号。

访问序列值时，需要通过索引来实现，序列的索引和值是一一对应的关系，如表 4-1 所示。

表 4-1　序列索引与序列值的对应关系

序列索引	序列值
0	14
1	26
2	31

```
In [8]: from pandas import Series
    ...: A=Series([14,26,31])
    ...: print(A)
    ...: print(A[1])
        0 14
        1 26
        2 31
dtype: int64
26

In [9]: print(A[5])  #超出索引的总长度会报错

        Traceback (most recent call last):
        File "<ipython-input-3-bd226b8ca0a3>", line 1, in <module>
KeyError: 5

In [10]: A=Series([14,26,31],index=['first','second','third'])
    ...: print(A)
```

```
        first 14
        second 26
        third 31
dtype: int64

In [11]: print(A['second']) #如果设置了索引名，可通过索引名来访问序列值
        26
```

执行下面的代码，看看运行的结果。

```
In [12]: from pandas import Series
    ...: #混合定义一个序列
    ...: x = Series(['a', True, 1], index=['first', 'second', 'third'])
    ...: x
Out[12]:
        first a
        second True
        third 1
        dtype: object


In [13]: x[1] #按索引号访问
Out[13]: True


In [14]: x['second'] #按索引名访问
Out[14]: True


In [15]: x[3]#不能越界访问，会报错
        Traceback (most recent call last):

        File "<ipython-input-10-f1d2c2488eb1>", line 1, in <module>
        x[3]#不能越界访问，会报错
        File "C:\Users\yubg\Anaconda3\lib\site-packages\pandas\core\series.py",
        line 601, in __getitem__
        result = self.index.get_value(self, key)

IndexError: index out of bounds


In [16]: x[[0, 2, 1]]#定位获取，这个方法经常用于随机抽样
Out[16]:
        first a
        third 1
        second True
dtype: object


In [17]: x.append('2')#不能追加单个元素，但可以追加序列
        Traceback (most recent call last):

        File "<ipython-input-11-567e703721fb>", line 1, in <module>
        x.append('2')#不能追加单个元素，但可以追加序列
        File "C:\Users\yubg\Anaconda3\lib\site-packages\pandas\core\series.py",
        line 1553, in append
        verify_integrity=verify_integrity)

TypeError: cannot concatenate a non-NDFrame object

In [18]: n = Series(['2'])
    ...: x.append(n)#追加一个序列
Out[18]:
        first a
        second True
        third 1
```

```
        0 2
dtype: object

In [19]: x = x.append(n)  #x.append(n)返回的是一个新序列

In [20]: 2 in x.values#判断值是否存在，数值和布尔值(True/False)是不需要加引号的
Out[20]: False

In [21]: '2' in x.values
Out[21]: True

In [22]: x[1:3]#切片
Out[22]:
        second True
        third 1
dtype: object


In [23]: x.drop('first') #按索引名删除
Out[23]:
        second True
        third 1
        0 2
dtype: object

In [24]: x.index[2]#按照索引号找出对应的索引名
Out[24]: 'third'

In [25]: x.drop(x.index[3])#根据索引删除，返回新的序列
Out[25]:
        first a
        second True
        third 1
dtype: object

In [26]: x[2!=x.values]#根据值删除，显示值不等于2的序列，即删除2，返回新序列
Out[26]:
        first a
        second True
        third 1
0 2
dtype: object

In [27]: #修改序列的值。将True值改为b，先找到True的索引x.index[True==x.values]
    ...: x[x.index[x.values==True]]='b'#注意结果，把值为1也当作True处理了

In [28]: x.index[x.values=='a']#通过值访问索引名
Out[28]: Index(['first'], dtype='object')

In [29]: x
Out[29]:
        first a
        second b
        third b
        0 2
dtype: object

In [30]: x.index=[0,1,2,3]#修改序列的索引名既可通过赋值更改，也可通过reindex()方法

In [31]: x
```

```
Out[31]:
        0 a
        1 b
        2 b
        3 2
dtype: object

In [32]: s=Series({'a':1 ,'b':2,'c':3}) #可将字典转化为序列
    ...: s
Out[32]:
        a 1
        b 2
        c 3
dtype: int64
```

序列的 sort_index(ascending=True) 方法可以对索引进行排序，ascending 参数用于控制升序或降序，默认为升序，也可使用 reindex()方法重新排序。

调用 reindex()方法重排数据，使得它与新的索引对应关系。如果索引对应的值不存在，就引入缺失值。

```
In [1]: from pandas import Series
        ...: obj = Series([4.5, 7.2, -5.3, 3.6], index=['d', 'b', 'a', 'c'])
        ...: obj
Out[1]:
        d 4.5
        b 7.2
        a -5.3
        c 3.6
dtype: float64

In [2]: obj2 = obj.reindex(['a', 'b', 'c', 'd', 'e']) #reindex()方法用于重排数据
    ...: obj2
Out[2]:
        a -5.3
        b 7.2
        c 3.6
        d 4.5
        e NaN
dtype: float64

In [3]: obj.reindex(['a', 'b', 'c', 'd', 'e'], fill_value=0)
Out[3]:
        a -5.3
        b 7.2
        c 3.6
        d 4.5
        e 0.0
dtype: float64
```

序列对象本质上是一个 NumPy 库的数组，因此 NumPy 库的数组处理函数可以直接对序列进行处理。但是序列除了可以使用索引存取元素之外，还可以使用标签存取元素，这一点和字典相似。每个序列对象实际上都由两个数组组成。

index：它是从 NumPy 数组继承的 index 对象，保存标签信息。

values：保存值的 NumPy 数组。

序列的使用需要注意以下 3 点。

（1）序列是一种类似于一维数组的对象。

（2）序列的数据类型没有限制。

（3）序列有索引，把索引当作数据的标签看待，类似于字典（只是类似，实质上是数组）。

序列同时具有数组和字典的功能，因此它也支持一些字典的方法。

4.2 DataFrame

DataFrame 即数据框，是存储多行和多列的数据集合，是序列的容器，类似于 Excel 的二维表格。对于数据框的操作较多的是增、删、改、查，其中数据行列位置如图 4-1 所示。

图 4-1　数据框数据行列位置

DataFrame 的
访问

创建一个数据框可以使用字典加索引的方式。

```
In [1]: from pandas import Series
   ...: from pandas import DataFrame
   ...: df=DataFrame({'age':Series([26,29,24]),
   ...:               'name':Series(['Ken','Jerry','Ben'])}, #列名及其数据
   ...:              index=[0,1,2]) #给定的索引

In [2]: df
Out[2]:
        age name
        0 26 Ken
        1 29 Jerry
        2 24 Ben


In [3]: from pandas import Series
   ...: from pandas import DataFrame
   ...: df=DataFrame({'age':Series([26,29,24]),
   ...:               'name':Series(['Ken','Jerry','Ben'])})#索引可以省略
   ...: print(df)
        age name
        0 26 Ken
        1 29 Jerry
        2 24 Ben
```

▶注意：DataFrame 采用驼峰式命名法，参数索引不指定时也可以省略。使用数据框时，要先从 pandas 中导入 DataFrame 包，数据框中的数据访问方式如表 4-2 所示。

表 4-2　数据框中的数据访问方式

访问位置	方法	备注
访问列	变量名[列名]	访问对应的列，如 df['name']
访问行	变量名[n:m]	访问 n 行～m−1 行的数据，如 df[2:3]
访问块（行和列）	变量名.iloc[n1:n2,m1:m2]	访问 n1～n2−1 行、m1～m2−1 列的数据，如 df.iloc[0:3,0:2]
访问位置	变量名.at[行名,列名]	访问(行名,列名)位置的数据，如 df.at[1, 'name']或者 df.loc[2,'name']

具体示例如下。

```
In [4]: A=df['age']  #获取 age 列的值
   ...: print(A)
        0 26
        1 29
        2 24
Name: age, dtype: int64

In [5]: B=df[1:2]  #获取索引号为 1 的行的值（其实是第 2 行，索引是从 0 开始的）
   ...: print(B)
        age name
        1 29 Jerry

In [6]: C=df.iloc[0:2,0:2]  #获取第 0 行到第 2 行（不含）与第 0 列到第 2 列（不含）的块
   ...: print(C)
        age name
        0 26 Ken
        1 29 Jerry

In [7]: D=df.at[0,'name']  #获取第 0 行与 name 列的交叉值
   ...: print(D)
        Ken

In [8]: D1=df.loc[0,'name']#获取第 0 行与 name 列的交叉值，loc 在 6.1.2 小节再介绍
   ...: D1
Out[8]: 'Ken'
```

▶注意：访问某一行时，不能仅用行的索引来访问，如访问 df 的索引为 1 的行，不能写成
df[1]，而要写成 df[1:2]。DataFrame 的索引可以是超范围的，不像 Series 会报错，
但索引显示为"Empty DataFrame"，并列出 Columns: [列名]。执行下面的代码并
查看运行结果。iloc 和 loc 都是用于访问行数据的，但使用 iloc[ ]访问时，要使用索
引号，而 loc[ ]则可以是索引号和索引标签。

```
In [9]: from pandas import DataFrame
   ...: df1 = DataFrame({'age': [21, 22, 23],
                         'name': ['KEN', 'John', 'JIMI']});
   ...: df2 = DataFrame(data={'age': [21, 22, 23],
                         'name': ['KEN', 'John', 'JIMI']},
   ...:                 index=['first', 'second', 'third']);
```

访问数据框的行的代码如下。

```
In [10]: df1[1:100]  #显示 index=1 及以后的 99 行数据，不包括 index=100
Out[10]:
         age name
         1 22 John
         2 23 JIMI

In [11]: df1[2:2]  #显示空
Out[11]:
         Empty DataFrame
Columns: [age, name]
Index: []

In [12]: df1[4:1]  #显示空
Out[12]:
         Empty DataFrame
```

```
Columns: [age, name]
Index: []

In [13]: df2["third":"third"]   #按索引名访问某一行
Out[13]:
        age name
        third 23 JIMI

In [14]: df2["first":"second"]  #按索引名访问多行
Out[14]:
        age name
        first 21 KEN
        second 22 John
```

访问数据框的列的代码如下。

```
In [15]: df1['age']   #按列名访问
Out[15]:
        0 21
        1 22
        2 23
Name: age, dtype: int64

In [16]: df1[df1.columns[0:1]]   #按索引号访问
Out[16]:
        age
        0 21
        1 22
        2 23
```

访问数据框的块的代码如下。

```
In [17]: df1.iloc[1:, 0:1]   #按行列索引号访问
Out[17]:
        age
        1 22
        2 23

In [18]: df1.loc[1:,('age','name')]   #按行列索引名访问
Out[18]:
        age name
        1 22 John
        2 23 JIMI
```

访问数据框的某个具体位置的代码如下。

```
In [19]: df1.at[1, 'name']   #这里的1是索引
Out[19]: 'John'

In [20]: df2.at['second', 'name']   #这里的second是索引名
Out[20]: 'John'

In [21]: df2
Out[21]:
        age name
        first 21 KEN
        second 22 John
        third 23 JIMI

In [22]: df2.at[1, 'name']   #这里用索引号就会报错，当有索引名时，不能用索引号
        Traceback (most recent call last):

        File "<ipython-input-74-702e401264f6>", line 1, in <module>
        df2.at[1, 'name']   #如果这里用索引号就会报错，当有索引名时，不能用索引号
```

ValueError: At based indexing on an non-integer index can only have non-integer indexers

In [23]: df2.loc['first','name']#获取第 0 行与 name 列的交叉值
Out[23]: 'KEN'

修改索引列名，增删行列的代码如下。

```
In [24]: df1
Out[24]:
         age name
       0 21 KEN
       1 22 John
       2 23 JIMI


In [25]: df1.columns=['age2', 'name2']#修改列名
    ...: df1
Out[25]:
         age2 name2
       0 21 KEN
       1 22 John
       2 23 JIMI


In [26]: df1.index = range(1,4) #修改行索引
    ...: df1
Out[26]:
         age2 name2
       1 21 KEN
       2 22 John
       3 23 JIMI


In [27]: df1.drop(1, axis=0) #根据行索引删除，axis=0 表示行，可以省略
Out[27]:
         age2 name2
       2 22 John
       3 23 JIMI


In [28]: df1.drop('age2', axis=1) #根据列名进行删除，axis=1 表示列，不可省略
Out[28]:
         name2
       1 KEN
       2 John
       3 JIMI


In [29]: df1
Out[29]:
         age2 name2
       1 21 KEN
       2 22 John
       3 23 JIMI
In [30]: del df1['age2'] #第二种删除列的方法

In [31]: df1
Out[31]:
         name2
       1 KEN
       2 John
       3 JIMI


In [32]: df1['newColumn'] = [2, 4, 6] #增加列


In [33]: df1
Out[33]:
```

```
         name2 newColumn
      1 KEN      2
      2 John     4
      3 JIMI     6
```

In [34]: df2.loc[len(df2)]=[24,"Keno"] #增加行，这种方法效率比较低

还可以通过合并两个数据框来增加行。

```
In [1]: from pandas import DataFrame
   ...: df = DataFrame([[1, 2], [3, 4]], columns=list('AB'))
   ...: df
Out[1]:
      A B
   0  1 2
   1  3 4

In [2]: df2 = DataFrame([[5, 6], [7, 8]], columns=list('AB'))
   ...: df2
Out[2]:
      A B
   0  5 6
   1  7 8

In [3]: df.append(df2) #仅把 df 和 df2 "叠" 起来，没有修改合并后 df2 的 index
Out[3]:
      A B
   0  1 2
   1  3 4
   0  5 6
   1  7 8

In [4]: df.append(df2, ignore_index=True) #修改 index，更新 df2 部分的索引
Out[4]:
      A B
   0  1 2
   1  3 4
   2  5 6
   3  7 8
```

▶注意：合并两个数据框并需要重新更新索引时，需要添加 "ignore_index=True"。

4.3 数据导入

　　数据存在的形式多样，有文件（TXT、CSV、Excel）和数据库（MySQL、Access、SQL Server）等形式。在 pandas 库中，常用的载入函数是 read_csv()，除此之外还有 read_excel() 和 read_table()。read_table() 函数可以读取 TXT 文件和 CSV 文件。若是与服务器相关的部署，则还会用到 read_sql() 函数，直接访问数据库，但它必须配合 MySQL 相关的包。

1. 导入 TXT 文件

　　TXT 是常见的一种文件格式，主要用于存储文本信息，即文字信息。TXT 格式的电子书是手机普遍支持的一种电子书，这种格式的电子书容量大，所占空间小。读取 TXT 文件到 pandas 库的语句格式如下。

read_table(file, names=[列名 1,列名 2,…], sep="",…)

file：文件路径与文件名。

names：列名，默认为文件中的第一行。

sep：分隔符，默认为空。

TXT 文件内容如图 4-2 所示。其中“数分”代表课程“数据分析”，“高代”代表课程“高等代数”，“解几”代表课程“解析几何”，后文不再赘述。

rz - 记事本

文件(F) 编辑(E) 格式(O) 查看(V) 帮助(H)

学号	班级	姓名	性别	英语	体育	军训	数分	高代	解几
2308024241	23080242	成龙	男	76	78	77	40	23	60
2308024244	23080242	周怡	女	66	91	75	47	47	44
2308024251	23080242	张波	男	85	81	75	45	45	60
2308024249	23080242	朱浩	男	65	50	80	72	62	71
2308024219	23080242	封印	女	73	88	92	61	47	46
2308024201	23080242	迟培	男	60	50	89	71	76	71
2308024347	23080243	李华	女	67	61	84	61	65	78
2308024307	23080243	陈田	男	76	79	86	69	40	69
2308024326	23080243	余皓	男	66	67	85	65	61	71
2308024320	23080243	李嘉	女	62	作弊	90	60	67	77
2308024342	23080243	李上初	男	76	90	84	60	66	60
2308024310	23080243	郭窦	女	79	67	84	64	64	79
2308024435	23080244	姜毅涛	男	77	71	缺考	61	73	76
2308024432	23080244	赵宇	男	74	74	88	68	70	71
2308024446	23080244	周路	女	76	80	77	61	74	80
2308024421	23080244	林建祥	男	72	72	81	63	90	75
2308024433	23080244	李大强	男	79	76	77	78	70	70
2308024428	23080244	李侧通	男	64	96	91	69	60	77
2308024402	23080244	王慧	女	73	74	93	70	71	75
2308024422	23080244	李晓亮	男	85	60	85	72	72	83
2308024201	23080242	迟培	男	60	50	89	71	76	71

图 4-2 TXT 文件内容

导入数据首先需要引入相关的库或模块。

```
In [1]: from pandas import read_table
        df = read_table(r'C:\Users\yubg\OneDrive\2019book\rz.txt', sep=" ")
        df.head()    #查看 df 的前 5 项数据
Out[1]:
        学号\t 班级\t 姓名\t 性别\t 英语\t 体育\t 军训\t 数分\t 高代\t 解几
        0  2308024241\t23080242\t 成龙\t 男\t76\t78\t77\t40\t2...
        1  2308024244\t23080242\t 周怡\t 女\t66\t91\t75\t47\t4...
        2  2308024251\t23080242\t 张波\t 男\t85\t81\t75\t45\t4...
        3  2308024249\t23080242\t 朱浩\t 男\t65\t50\t80\t72\t6...
        4  2308024219\t23080242\t 封印\t 女\t73\t88\t92\t61\t4...
```

▶注意：（1）TXT 文件为 UTF-8 格式才不会报错；

（2）查看数据框 df 前 *n* 项数据使用 df.head(n)，查看后 *m* 项数据用 df.tail(m)。默认查看 5 项数据。

2．导入 CSV 文件

逗号分隔值（Comma-Separated Values，CSV）有时也称为字符分隔值，因为分隔字符也可以不是逗号，CSV 文件以纯文本形式存储表格数据（数字和文本）。纯文本意味着该文件是一个字符序列，不含必须像二进制数字那样被解读的数据。CSV 文件由任意数目的记录组成，记录间以某种换行符分隔。每条记录由字段组成，字段间的分隔符是其他字符或字符串，常见的是逗号或制表符。通常，所有记录都有完全相同的字段序列，且都是纯文本文件。CSV 格式常见于手机通信录，相关文件可以使用 Excel 打开。读取 CSV 数据到 pandas 库的语句格式如下。

read_csv(file,names=[列名 1,列名 2,..],sep="",⋯)

file：文件路径与文件名。

names：列名，默认为文件中的第一行。

sep：分隔符，默认为空，表示默认导入为一列。

```
In [1]: from pandas import read_csv
   ...: df = read_csv(r'C:\Users\yubg\OneDrive\stock_data_bac.csv',sep=",")
   ...: df.tail(5)
Out[119]:
         date open high low close volume
     529 2019-02-11 28.34 28.46 28.21 28.41 47724366
     530 2019-02-12 28.62 28.86 28.58 28.69 49178068
     531 2019-02-13 28.87 28.99 28.66 28.70 48951184
     532 2019-02-14 28.36 28.62 28.11 28.39 47756631
     533 2019-02-15 28.76 29.31 28.67 29.11 65866974
```

使用 read_table() 也能执行，结果与使用 read_csv() 的一致。

```
In [2]: from pandas import read_table
   ...: df = read_table(r'C:\Users\yubg\OneDrive\stock_data_bac.csv',sep=",")
   ...: df.tail(5)
Out[2]:
         date open high low close volume
     529 2019-02-11 28.34 28.46 28.21 28.41 47724366
     530 2019-02-12 28.62 28.86 28.58 28.69 49178068
     531 2019-02-13 28.87 28.99 28.66 28.70 48951184
     532 2019-02-14 28.36 28.62 28.11 28.39 47756631
     533 2019-02-15 28.76 29.31 28.67 29.11 65866974
```

3．导入 Excel 文件

Excel 是常用的存储和处理数据的软件，其保存的数据文件有 XLS 和 XLSX 两种格式，这些文件 read_excel() 都能读取，但比较敏感，在读取时注意扩展名要写正确。读取 Excel 数据到 pandas 库的语句格式如下。

read_excel(file, sheet_name,header=0)

file：文件路径与文件名。

sheet_name：sheet 的名称，如 sheet1。

header：列名，默认为 0（只接收布尔值 0 和 1），即将文件的第一行作为列名。

▶注意：pandas 0.21 以前的版本在读取 Excel 文件时，将参数 sheetname 变为 sheet_name。
　　　　查阅 pandas 的版本号代码：print(pd_Version_)。

```
In [1]: from pandas import read_excel
   ...: df = read_excel(r'C:\Users\yubg\db_data.xlsx',sheet_name='Sheet1')
   ...: df.head(7)
Out[1]:
         title price score
     0 解忧杂货店 39.50 元 8.5
     1 活着 20.00 元 9.3
     2 追风筝的人 29.00 元 8.9
     3 三体 23.00 8.8
     4 白夜行 29.80 元 9.1
     5 小王子 22.00 元 9.0
     6 房思琪的初恋乐园 45.00 元 9.2
```

▶注意：header 取 0 表示将第一行作为表头显示，取 1 表示将第一行丢弃不作为表头显示。
　　　　有时可以跳过首行或者读取多个表，代码如下。

```
df = pd.read_excel(filefullpath, sheet_name=[0,2],skiprows=[0])
```

sheet_name 可以指定为读取的多个表，计数从 0 开始。如 sheet_name=[0,2]，则代表读取第 1 页和第 3 页的表，skiprows=[0]代表读取时跳过第 1 行。

4. 导入 MySQL 库

在 Python 中操作 MySQL 的模块是 PyMySQL，因此在导入 MySQL 中的数据之前，需要安装 PyMySQL 模块，如图 4-3 所示，使用的命令为 pip install pymysql。

在 Anaconda Prompt 中输入 import pymysql，如果执行未出错，则表示 PyMySQL 安装成功，如图 4-3 所示。读取数据到 pandas 库的语句格式如下。

read_sql(sql,conn)

sql：从数据库中查询数据的 SQL 语句。

conn：数据库的连接对象，需要在程序中创建。

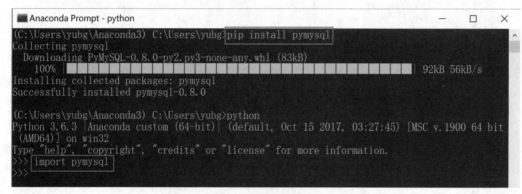

图 4-3　安装 PyMySQL

示例代码如下。

```
import pandas as pd
import pymysql
dbconn=pymysql.connect(host="**********",      #访问地址
                       database="kimbo",
                       user="kimbo_test",
                       password="*******",      #访问密码
                       port=3306,
                       charset='utf8')  #加上字符集参数，防止中文乱码
sqlcmd="select * from table_name"   #SQL 语句
a=pd.read_sql(sqlcmd,dbconn)    #利用 pandas 模块导入 MySQL 数据
dbconn.close()
b=a.head()    #取前 5 行数据
print(b)
```

读取 MySQL 中的数据还有以下两种方法。

方法 1 如下。

```
import pymysql.cursors
import pymysql
import pandas as pd

#输入配置信息
config = { 'host':'127.0.0.1',
          'port':3306,      #MySQL 默认端口
          'user':'root',      #MySQL 默认用户名
          'password':'root',
```

```
                  'db':'db_test',       #数据库
                  'charset':'utf8',
                  'cursorclass':pymysql.cursors.DictCursor }

# 创建连接
conn= pymysql.connect(**config)
# 执行 SQL 语句
try:
    with conn.cursor() as cursor:
        sql="select * from table_name"
        cursor.execute(sql)
        result=cursor.fetchall()
finally:
    conn.close();
df=pd.DataFrame(result)        #转换成数据框格式
print(df.head())
```

方法 2 如下。

```
import pandas as pd
from sqlalchemy import create_engine

engine = create_engine(' mysql+pymysql://user:password@host:port/databasename ')
    # user:password 表示账户和密码, ahost:port 表示访问地址和端口, databasename 表示库名
df = pd.read_sql('table_name',engine)  # 从 MySQL 中读取表名 table_name
```

4.4 数据导出

处理好的数据, 有时需要将其导出, 数据可以导出为多种形式。

1. 导出为 CSV 文件

to_csv(file_path,sep= ", ", index=True, header=True)

file_path: 文件路径。

sep: 分隔符, 默认是逗号。

index: 是否导出行序号, 默认是 True, 表示导出行序号。

header: 是否导出列名, 默认是 True, 表示导出列名。

```
In [1]: from pandas import DataFrame
   ...: from pandas import Series
   ...: df = DataFrame({'age':Series([26,85,64]),
   ...:                 'name':Series(['Ben','John','Jerry'])})
   ...: df
Out[1]:
        age name
        0 26 Ben
        1 85 John
        2 64 Jerry

In [2]: df.to_csv(r'c:\Users\yubg\OneDrive\01.csv') #默认导出行序号
   ...: df.to_csv(r'c:\Users\yubg\OneDrive\02.csv',index=False)#无行序号
```

结果如图 4-4 所示。

2. 导出为 Excel 文件

to_excel(file_path, index=True,header=True)

file_path: 文件路径。

	age	name
0	26	Ben
1	85	John
2	64	Jerry

01.csv 默认导出行序号

age	name
26	Ben
85	John
64	Jerry

02.csv index=False，无行序号

图 4-4 01.csv 和 02.csv 结果

index：是否导出行序号，默认是 True，表示导出行序号。

header：是否导出列名，默认是 True，表示导出列名。

```
In [1]: from pandas import DataFrame
   ...: from pandas import Series
   ...: df = DataFrame({'age':Series([26,85,64]),
   ...: 'name':Series(['Ben','John','Jerry'])})

In [2]: df.to_excel(r'c:\Users\yubg\OneDrive\01.xlsx') #默认导出行序号
   ...: df.to_excel(r'c:\Users\yubg\OneDrive\02.xlsx',index=False)#无行序号
```

结果如图 4-5 所示。

	age	name
0	26	Ben
1	85	John
2	64	Jerry

01. xlsx 默认导出行序号

age	name
26	Ben
85	John
64	Jerry

02. xlsx index=False，无行序号

图 4-5 01.xlsx 和 02.xlsx 结果

3．导出到 MySQL 数据库

to_sql(tableName, con=数据库链接)

tableName：数据库中的表名。

con：数据库的连接对象，需要在程序中创建。

示例代码如下。

```
#Python 3.6 下利用 PyMySQL 将 DataFrame 文件写入 MySQL 数据库
from pandas import DataFrame
from pandas import Series
from sqlalchemy import create_engine

#启动引擎
engine = create_engine("mysql+pymysql://user:password@host:port/databasename? charset=
utf8")
#这里一定要写成 mysql+pymysql，不要写成 mysql+mysqldb
# user:password 表示账户和密码，@host:port 表示访问地址和端口，databasename 表示库名

#DataFrame 数据
df = DataFrame({'age':Series([26,85,64]),'name':Series(['Ben','John','Jerry'])})

#存入 MySQL
df.to_sql(name = 'table_name',
          con = engine,
          if_exists = 'append',
          index = False,
          index_label = False)
```

数据库引擎说明如下。

engine = create_engine("mysql+pymysql://user:password@host:port/databasename? charset= utf8")

mysql+pymysql：要用的数据库和需要用的接口程序。

user：数据库账户。

password：数据库密码。

host：数据库所在服务器的地址。

port：MySQL 占用的端口。

databasename：数据库的名字。

charset=utf8：设置数据库的编码方式，这样可以防止拉丁字符未被识别而报错。

4.5 实战体验：输出符合条件的属性内容

现有一张 Excel 表。表中有多个字段，其中有"申请日"和"发明人"，发明人字段中的发明人一般有多人，但都用"；"分隔开了，如图 4-6 所示。请将所有含有发明人"吴峰"的发明专利的"申请日"输出，并将含有发明人"吴峰"的所有发明专利条目保存到 Excel 文件中。

DataFrame 的
数据处理

具体数据处理代码如下。

首先接收数据。把数据导入，并查看数据的类型。

```
#接收数据
from pandas import read_excel
df = read_excel(r"c:\Users\yubg\Desktop\zhuanli.xlsx")

#查看数据
df.head()
```

B	C	D	E	F	G	H	I
申请号	申请日	公开号	公开(公告)日	名称	申请人	地址	发明人
200810084235.8	2008.03.27	CN101546038A	2009.09.30	防结焦吹扫装置	合肥金星机电科技发展有限公司	230088安徽省合肥市高新区天智路23号	吴峰；吴永升；蔡永厚
200810084234.3	2008.03.27	CN101546608A	2009.09.30	恶劣环境下取样探头的传动装置	合肥金星机电科技发展有限公司	230088安徽省合肥市高新区天智路23号	吴峰；吴永升；周荣荻
200810195728.9	2008.08.26	CN101344433A	2009.01.14	一种新型红外测温扫描仪	合肥金星机电科技发展有限公司	230088安徽省合肥市高新区天智路23号	吴峰；吴永升；翟燕
200810195727.4	2008.08.26	CN101344703A	2009.01.14	一种用于高温环境下的微孔成像镜头	合肥金星机电科技发展有限公司	230088安徽省合肥市高新区天智路23号	吴峰；吴永升；翟燕
200910116515.7	2009.04.10	CN101527187A	2009.09.09	用于视频平衡传输的多功能电缆	合肥金星机电科技发展有限公司	230088安徽省合肥市高新区天智路23号	吴华锋；涂宋芳
200910116514.2	2009.04.10	CN101527450A	2009.09.09	用于视频传输的保护装置	合肥金星机电科技发展有限公司	230088安徽省合肥市高新技术开发区天智路23号	吴华锋；涂宋芳
200910116773.5	2009.05.14	CN101556186A	2009.10.14	一种通过选频方式的新式磨音装置	合肥金星机电科技发展有限公司	230088安徽省合肥市高新技术开发区天智路23号	吴华锋；涂宋芳

图 4-6　数据表

其次，提取"发明人"这一列数据作为被处理对象。目的是将"发明人"这一列数据中的每一行作为一个列表，每个发明人就是该列表中的一个元素，便于判断"吴峰"在不在这一行。为了将人名分隔开，我们将使用 split()函数按照人名间的"；"进行分隔。

```
#提取"发明人"这一列并查看
fmr = df['发明人']
```

```
fmr.tail(10)
len(fmr)

#将"发明人"这一列制作成列表 fmr_list，每一行（多个发明人）就是列表中的一个元素
fmr_list = map(lambda x:fmr[x],list(range(len(fmr))))
fmr_list = list(fmr_list)

#将"fmr_list"每一行元素按照"；"隔开制作成列表，每个发明人就是 fmr_list 列表中的元素列表的元素
fmr_list_0 = []
k = 0
for i in range(len(fmr_list)):
    fmr_list_0.append(fmr_list[k].split(';'))
    k += 1
print(fmr_list_0)

#判断每行( fmr_list 中的每个元素)是否含有发明人"吴峰"，有则输出1，无则输出0，并按序制作成一个 index_0
的列表
index_0 = []
p = 0
q = "吴峰"
for j in fmr_list_0:
    if q in fmr_list_0[p]:
        index_0.append(1)
    else:
        index_0.append(0)
    p +=1

#print(index_0)

ind = []
for (index, index_0) in enumerate(index_0):    #为了方便，直接将对应的 0、1 带上了索引号
    ind.append((index, index_0))

#print(ind)

#将数据为 1 的索引提取出来放在 rq 中，再从 df 数据框中提取出索引为 rq 的数据——"申请日"
rq =[]
for elment in ind:
    if elment[1] == 1:
        rq.append(elment[0])
        print(elment[0])

for j in rq:
    print(df['申请日'][j])
len(rq)
```

最后，保存输出结果。将结果保存到 Excel 文件中。

```
#保存输出结果
#先要构造一个跟原数据列表相同的列
##方法1
df0 = df.copy()
df0.drop(df0.index,inplace=True)        #inplace=True 表示在原数据上执行操作

##方法2
import pandas as pd
col = df.columns
df0 = pd.DataFrame(columns = col)
```

```
#将输出结果放入数据列表df0中
m = 0
for i in rq:
    df0.loc[m] = df.loc[i]
    m += 1
len(df0)

#将数据列表保存到Excel文件中
df0.to_excel(r"c:\Users\yubg\Desktop\output_zhuanli.xlsx")
```

第5章 正则表达式与格式化输出

正则表达式（Regular Expression）描述了一种字符串匹配的模式（Pattern），可以用来检查一个字符串是否含有某种子串、将匹配的子串替换或者从某个字符串中取出符合某个条件的子串等。

为了让输出显示更符合我们的要求，需要对输出进行控制，即格式化输出。Python 的格式化方法有多种，如使用占位符%，format，或者 f 输出（Python 3.6 以上版本）等。

5.1 正则表达式基础

正则表达式又称正规表示式、规则表达式、常规表示法等，在代码中常写为 regex、regexp 或 RE，是计算机科学中的一个概念。在很多文本编辑器里，正则表达式通常被用来检索、替换某些匹配特定模式的文本。

正则表达式

许多程序设计语言都支持使用正则表达式对字符串进行操作。正则表达式这个概念最初是由 UNIX 中的工具软件（如 sed 和 grep）普及的。

正则表达式对于 Python 来说并不是独有的。Python 中正则表达式的模块通常叫作 "re"，利用 import re 来引入，它是一种用来匹配字符串的 "强有力武器"。其设计思想是用一种描述性的语言来给字符串定义一个规则，凡是符合规则的字符串，我们就认为它是合法的，否则，该字符串就是不合法的。例如，判断一个字符串是不是合法 E-mail 的方法如下。

（1）创建一个匹配 E-mail 的正则表达式。

（2）用该正则表达式去匹配用户的输入，判断用户输入是否合法。

因为正则表达式是用字符串表示的，所以首先要了解如何用字符来描述字符串。

我们来举个例子。在爬取某网页中的所有图片时，需要进行匹配，因为图片有 JPG、PNG、GIF 等格式。【例 5-1】中的代码对百度贴吧上的 JPG 图片进行了匹配和下载。

【例 5-1】对网站上的图片进行匹配和下载。

```
In [1]:import re                  # 导入正则表达式模块
       import urllib.request

       # 用正则表达式写一个小爬虫用于保存贴吧里的所有图片
       # 获取网页源代码
       def getHtml(url):
           page = urllib.request.urlopen(url)    # 打开 URL，返回页面对象
           html = page.read().decode('utf-8')    # 读取页面源代码
           return html
```

```
# 获取图片地址
def getImg(html):
    reg = r'src="(.*?\.jpg)" size="'   #定义一个正则表达式匹配页面当中的图片
    imgre = re.compile(reg)            #为了加快正则表达式匹配速度, 对它进行编译
    imglist = re.findall(imgre, html)  #通过正则表达式返回所有数据列表
    # 根据地址依次进行下载
    x = 0
    for imgurl in imglist:
        urllib.request.urlretrieve(imgurl,'%s.jpg' % x)
                            # urlretrieve()直接将远程数据下载到本地
        x+=1
In [2]:html = getHtml("https://tieba.baidu.com")
    getImg(html)
```

我们在网上填表时, 经常需要填写手机号码, 当只有输入数字才被接收, 这可以用正则表达式去匹配数字。一个数字可以用\d 匹配, 而一个字母或数字可以用\w 匹配, .可以匹配任意字符。

00\d 可以匹配'007', 但无法匹配'00A', 也就是说'00'后面只能是数字。

\d\d\d 可以匹配'010', 只可匹配 3 位数字。

\w\w\d 可以匹配'py3', 前两位可以是数字或者字母, 但是第三位只能是数字。

py.可以匹配'pyc'、'pyo'、'py!'等。

在正则表达式中, 用*表示匹配任意个字符 (包括 0 个), 用+表示匹配至少 1 个字符, 用?表示匹配 0 个或 1 个字符, 用{n}表示匹配 n 个字符, 用{n,m}表示匹配 n~m 个字符。

下面看一个复杂的例子: \d{3}\s+\d{3,8}。

从左到右解读如下。

(1) \d{3}表示匹配 3 个数字, 如'010'。

(2) \s 可以匹配一个空格 (也包括 Tab 等空白符), 所以\s+表示匹配至少一个空格, 如匹配' '、' '等。

(3) \d{3,8}表示匹配 3~8 个数字, 如'1234567'。

综合以上, 上述正则表达式可以匹配以任意个空格隔开的区号为 3 个数字、号码为 3~8 个数字的电话号码, 如'021 8234567'。

如果要匹配'010-12345'这样的号码呢? 因为-是特殊字符, 在正则表达式中, 要用\转义, 所以正则表达式是\d{3}\-\d{3,8}。

但是, 仍然无法匹配'010 - 12345', 因为-两侧带有空格, 所以需要使用更精确的匹配方式。要做更精确的匹配, 可以用[ ]表示范围。

[0-9a-zA-Z_]可以匹配一个数字、字母或者下画线。

[0-9a-zA-Z_]+可以匹配至少由一个数字、字母或者下画线组成的字符串, 如'a100'、'0_Z'、'Py3000'等。

[a-zA-Z_][0-9a-zA-Z_]*可以匹配由字母或下画线开头, 后接任意个由一个数字、字母或者下画线组成的字符串, 也就是 Python 合法的变量。

[a-zA-Z_][0-9a-zA-Z_]{0, 19}更精确地限制了变量的长度是 1~20 个字符 (前面 1 个字符+后面最多 19 个字符)。

A|B 可以匹配 A 或 B, 所以(P|p)ython 可以匹配'Python'或者'python'。

^表示行的开头, ^\d 表示必须以数字开头。

$表示行的结束, \d$表示必须以数字结束。

需要注意，py 也可以匹配'python'，但是^py$就变成了整行匹配，就只能匹配'py'了。

正则表达式常用符号如表 5-1 所示。

表 5-1 正则表达式常用符号

符号	含义	例子	匹配结果
*	匹配前面的字符、表达式或括号里的字符 0 次或多次	a*b*	aaaaaaa；aaaaabbb；bbb；aa
+	匹配前面的字符、表达式或括号里的字符至少 1 次	a+b+	aabbb；abbbbb；；aaaaab
?	匹配前面的 1 次或 0 次	Ab?	A；Ab
.	匹配任意单个字符，包括数字、空格和符号	b.d	bad；b3d；b#d
[]	匹配[]内的任意一个字符，即任选一个	[a-z]*	zero；hello
\	转义符，把后面的特殊意义的符号按原样输出	\.\\\|	.\
^	字符串开始位置的字符或子表达式	^a	apple；aply；asdfg
$	经常用在表达式的末尾，表示从字符串的末端匹配，如果不用它，则每个正则表达式的实际表达形式都以.*作为结尾。这个符号可以看成^符号的反义词	[A-Z]*[a-z]*$	ABDxerok；Gplu；yubg；YUBEG
|	匹配任意一个由|分割的部分	b(i|ir|a)d	bid；bird；bad
?!	不包含，这个组合经常放在字符或者正则表达式前面，表示这些字符不能出现。如果在整个字符串中全部排除某个字符，就要加上^和$符号	^((?![A-Z]).)*$	除了大写字母以外的所有字母字符均可：nu-here；&hu238-@
()	表达式编组，()内的正则表达式会优先运行	(a*b)*	aabaaab；aaabab；abaaaabaaaabaaab
{n}	匹配前一个字符串 n 次	Ab{2}c	abbc
{m,n}	匹配前面的字符串或者表达式 m 到 n 次，包含 m 和 n 次	go{2,5}gle	gooogle；goooogle；gooooogle
[^]	匹配任意一个不在方括号内的字符	[^A-Z]*	sed；sead@；hes#23
\d	匹配一位数字	a\d	a3；a4；a9
\D	匹配一位非数字	3\D	3A；3a；3-
\w	匹配一个字母、数字、下划线或汉字	\w	3；A；a
\W	同[^\w]	a\Wc	a c
\A	仅匹配字符串开头	\Aabc	Abc
\Z	仅匹配字符串结尾	Abc\Z	abc

5.2 re 模块

Python 提供的 re 模块，其包含所有正则表达式的功能。由于 Python 的字符串本身也用\转义，因此要特别注意。

```
s = 'ABC\\-001'                              # Python 的字符串
```

对应的正则表达式字符串变成'ABC\-001'。

因此强烈建议使用 Python 的 r 做前缀，这样就不用考虑转义的问题了。

```
s = r'ABC\-001' # Python 的字符串
```

对应的正则表达式字符串不变，仍为 'ABC\-001'。

5.2.1 判断匹配

先看看如何判断正则表达式是否匹配。代码如下。

```
In [1]: import re
In [2]: re.match(r'^\d{3}\-\d{3,8}$', '010-12345')
    <_sre.SRE_Match object; span=(0, 9), match='010-12345'>
In [3]:re.match(r'^\d{3}\-\d{3,8}$', '010 12345')
```

re.match()尝试从字符串的起始位置开始匹配,如果不在起始位置匹配,re.match()函数返回 None。

re.match(pattern, string)

函数参数说明如下。

pattern:匹配的正则表达式,即匹配"模板"。

string:要匹配的字符串。

举例如下。

```
print(re.match(r'How', 'How are you').span()) # 在起始位置匹配,输出结果为(0, 3)
print(re.match(r'are', 'How are you'))      # 不在起始位置匹配,输出结果为 None
```

re.match()函数用于判断字符串是否能与正则表达式匹配,必须从第一字符开始就匹配。如果匹配成功,返回一个匹配对象,否则返回 None。常见的判断方法如下。

```
In [4]: test = '用户输入的字符串'
        if re.match(r'正则表达式', test):
            print('ok')
        else:
            print('failed')
Out[4]:
        Failed
```

re.match()函数在 5.5.2 小节还会详细讨论。

5.2.2 切分字符串

用正则表达式切分字符串比用固定的字符更灵活。切分方法如下。

```
In [1]:'a b  c'.split(' ')
       ['a', 'b', '', '', 'c']
```

上面代码的运行结果显示,一般的切分方法无法识别连续的空格。通过正则表达式切分字符串结果如下。

```
In [2]:re.split(r'\s+', 'a b  c')
       ['a', 'b', 'c']
```

无论多少个空格都可以正常分割。加入"\,"试看结果。

```
In [3]:re.split(r'[\s\,]+', 'a,b, c d')
       ['a', 'b', 'c', 'd']
```

再加入"\,\;"试试。

```
In [4]:re.split(r'[\s\,\;]+', 'a,b;; c d')
       ['a', 'b', 'c', 'd']
```

如果用户输入了一组标签,可以用正则表达式把不规范的输入转化成正确的数组。

5.2.3 分组

除了简单地判断模式是否匹配之外,正则表达式还有提取子串的强大功能。用()标识的即要提取的子串,即分组(Group)。

【例 5-2】^(\d{3})-(\d{3,8})$分别定义了两个组,可以直接从匹配的字符串中提取出区号和电话号码。

```
In [1]: m = re.match(r'^(\d{3})-(\d{3,8})$', '010-12345')
         m
Out[1]:
        <_sre.SRE_Match object; span=(0, 9), match='010-12345'>
In [2]: m.group(0)
Out[2]:
        '010-12345'
In [3]: m.group(1)
```

```
Out[3]:
        '010'
In [4]: m.group(2)
Out[4]:
        '12345'
```

如果正则表达式中定义了组，就可以在匹配对象上用 group()函数提取出子串。注意，group(0)是原始字符串，group(1)、group(2)……表示第 1、2……个子串。提取子串非常有用，示例如下。

```
In [5]: t = '19:05:30'
        m = re.match(r'^(0[0-9]|1[0-9]|2[0-3]|[0-9])\:(0[0-9]|1[0-9]|2[0-
            9]|3[0-9]|4[0-9]|5[0-9]|[0-9])\:(0[0-9]|1[0-9]|2[0-9]|3[0-
            9]|4[0-9]|5[0-9]|[0-9])$', t)
In [6]: m.groups()
Out[6]:
        ('19', '05', '30')
```

代码中的正则表达式可以直接识别合法的时间。但有些时候，用正则表达式也无法做到完全识别，识别日期代码如下。

```
'^(0[1-9]|1[0-2]|[0-9])-(0[1-9]|1[0-9]|2[0-9]|3[0-1]|[0-9])$'
```

对于 2-30、4-31 这样的非法日期，用正则表达式也识别不了，或者说写出来非常困难，这时就需要编写程序配合识别了。

5.3 贪婪匹配

需要特别指出，正则匹配默认是贪婪匹配，也就是匹配尽可能多的字符。

【例 5-3】匹配出数字后面的 0。

```
In [1]: re.match(r'^(\d+)(0*)$', '102300').groups()
Out[1]:
        ('102300', '')
```

由于\d+采用贪婪匹配，直接把后面的 0 全部匹配了，最后 0*只能匹配空字符串了。

只有让\d+采用非贪婪匹配（也就是尽可能少匹配），才能匹配到后面的 0，加一个?就可以让\d+采用非贪婪匹配。

```
In [2]: re.match(r'^(\d+?)(0*)$', '102300').groups()
Out[2]:
        ('1023', '00')
```

5.4 编译

当我们在 Python 中使用正则表达式时，re 模块内部会做两件事情。

（1）编译正则表达式，如果正则表达式的字符串本身不合法，系统会报错。

（2）用编译后的正则表达式去匹配字符串。

如果一个正则表达式要重复使用几千次，出于对效率的考虑，我们可以预编译该正则表达式，接下来重复使用时就不再需要编译这个步骤，直接匹配即可。

```
In [1]: import re

In [2]: re_telephone = re.compile(r'^(\d{3})-(\d{3,8})$') # 编译

In [3]: re_telephone.match('010-12345').groups()  # 匹配

Out[3]:
        ('010', '12345')
```

```
In [4]: re_telephone.match('010-8086').groups()    #匹配
Out[4]:
        ('010', '8086')
```

编译后生成正则表达式对象，由于该对象已经包含了正则表达式，所以调用对应的方法时不用给出正则表达式。

5.5 正则函数

在 Python 中，re 模块提供了以下几个函数对输入的字符串进行准确的查询，具体如下。

- re.compile()。
- re.match()。
- re.search()。
- re.findall()。

每一个函数都接收一个正则表达式和一个待匹配的字符串。

5.5.1 re.compile()函数

re.compile()函数编译正则表达式后，返回一个对象。可以把常用的正则表达式编译成正则表达式对象，方便后续调用及提高效率。

re.compile(pattern, flags=0)

pattern：指定编译的正则表达式。

flags：编译标志位，用来修改正则表达式的匹配方式。支持 re.L|re.M 同时匹配 flags 标志位参数。

- re.I(re.IGNORECASE)：使匹配对大小写不敏感。
- re.L(re.LOCAL)：做本地化识别（Locale-aware）匹配。
- re.M(re.MULTILINE)：多行匹配，影响^和 $。
- re.S(re.DOTALL)：使用匹配包括换行符在内的所有字符。
- re.U(re.UNICODE)：根据 Unicode 字符集解析字符。这个标志影响\w、\W、\b、\B。
- re.X(re.VERBOSE)：该标志通过给予更灵活的格式以便将正则表达式写得更易于理解。

re.compile()函数的用法示例如下。

```
In [1]: import re
        content = 'Citizen wang, always fall in love with neighbour,WANK'
        rr = re.compile(r'wan\w', re.I) # 不区分大小写
        print(type(rr))
Out[1]:
        <class '_sre.SRE_Pattern'>
In [2]: a = rr.findall(content)
        print(type(a))
        print(a)
Out[2]:
        <class 'list'>
        ['wang', 'WANk']
```

5.5.2 re.match()函数

re.match()函数总是从字符串开头匹配，并返回匹配的字符串的匹配对象<class '_sre.SRE_Match'>。格式如下。

re.match(pattern, string[, flags=0])

pattern：匹配模式，通过 re.compile()编译获得。

string：需要匹配的字符串。

只有当被搜索字符串的开头匹配模式的时候，re.match()函数才能查找到匹配对象。

【例5-4】对字符串'dog rat dog'调用 re.match()函数，查找模式匹配'dog'。

```
In [1]: import re
        re.match(r'dog', 'dog rat dog')
Out[1]:
        <_sre.SRE_Match object; span=(0, 3), match='dog'>

In [2]: m1 = re.match(r'dog', 'dog rat dog')
        m1.group(0)
Out[2]:
        'dog'
```

但是，如果我们对 'rat'查找，则不会找到匹配。

```
In [3]: re.match(r'rat', 'dog rat dog')
```

再如：

```
In [4]: import re
        pattern = re.compile(r'hello')
        a = re.match(pattern, 'hello world')
        b = re.match(pattern, 'world hello')
        c = re.match(pattern, 'hell')
        d = re.match(pattern, 'hello ')
        if a:
            print(a.group())
        else:
            print('a失败')
        if b:
            print(b.group())
        else:
            print('b失败')
        if c:
            print(c.group())
        else:
            print('c失败')
        if d:
            print(d.group())
        else:
            print('d失败')

Out[4]:
        hello
        b失败
        c失败
        hello
```

re.match()函数的使用方法如下。

```
In [5]: import re
        str = 'hello world! hello python'
        pattern = re.compile(r'(?P<first>hell\w)(?P<symbol>\s)
                    (?P<last>.*ld!)')
                        # 分组，第0组是hello world!,第1组是hello，第2组是空格，第3组是ld!
        match = re.match(pattern, str)
        print('group 0:', match.group(0)) # 匹配第0组，整个字符串
        print('group 1:', match.group(1)) # 匹配第1组，hello
        print('group 2:', match.group(2)) # 匹配第2组，空格
        print('group 3:', match.group(3)) # 匹配第3组，ld!
```

```
        print('groups:', match.groups())#groups()返回一个匹配所有分组的元组
        print('start 0:', match.start(0), 'end 0:', match.end(0))
        # 整个匹配开始和结束的索引
        print('start 1:', match.start(1), 'end 1:', match.end(1))
        # 第1组开始和结束的索引
        print('start 2:', match.start(1), 'end 2:', match.end(2))
        # 第2组开始和结束的索引值
        print('pos 开始于: ', match.pos)
        print('endpos 结束于: ', match.endpos) # string 的长度
        print('lastgroup 最后一个被捕获的分组的名字: ', match.lastgroup)
        print('lastindex 最后一个分组在字符串中的索引: ', match.lastindex)
        print('string 匹配时使用的字符串: ', match.string)
        print('re 匹配时使用的 pattern 对象: ', match.re)
        print('span 返回分组匹配的索引（start(group),end(group)): ', match.span(2))

Out[5]:
        group 0: hello world!
        group 1: hello
        group 2:
        group 3: world!
        groups: ('hello', ' ', 'world!')
        start 0: 0 end 0: 12
        start 1: 0 end 1: 5
        start 2: 0 end 2: 6
        pos 开始于: 0
        endpos 结束于: 25
        lastgroup 最后一个被捕获的分组的名字: last
        lastindex 最后一个分组在字符串中的索引: 3
        string 匹配时使用的字符串: hello world! hello python
        re 匹配时使用的 pattern 对象:
        re.compile('(?P<first>hell\\w)(?P<symbol>\\s)(?P<last>.*ld!)')
        span 返回分组匹配的索引（start(group),end(group)): (5, 6)
```

5.5.3 re.search()函数

re.search()函数对整个字符串进行搜索匹配，返回第一个匹配的字符串的匹配对象。格式如下。

re.search(pattern, string[, flags=0])

pattern：匹配模式，由 re.compile()获得。

string：需要匹配的字符串。

re.search()函数和 re.match()函数类似，不过 re.search()函数不会限制我们只能从字符串的开头查找匹配，例如在【例 5-4】的字符串中查找'rat'会查找到一个匹配项。

```
In [6]: m21 = re.search(r'rat', 'dog rat dog')
        m21.group(0)
Out[6]:
        'rat'
```

然而 re.search()函数会在它查找到一个匹配项之后停止继续查找，因此在'dog rat dog'中用 re.search()函数查找'dog'只能找到其首次出现的位置。

```
In [7]: m22 = re.search(r'dog', 'dog rat dog')
        m22.group(0)
Out[7]:
        'dog'
```

其他代码如下。

```
In [8]: import re
        str = 'say hello world! hello python'
        pattern = re.compile(r'(?P<first>hell\w)(?P<symbol>\s)
           (?P<last>.*ld!)')#分组, 第 0 组是 hello world!,第 1 组是 hello, 第 2 组是空格, 第 3
组是 ld!

        search = re.search(pattern, str)
        print('group 0:', search.group(0)) # 匹配第 0 组, 整个字符串
        print('group 1:', search.group(1)) # 匹配第 1 组, hello
        print('group 2:', search.group(2)) # 匹配第 2 组, 空格
        print('group 3:', search.group(3)) # 匹配第 3 组, ld!
        print('groups:', search.groups())
                            # groups()返回一个匹配所有分组的元组
        print('start 0:', search.start(0), 'end 0:', search.end(0))
                         # 整个匹配开始和结束的索引
        print('start 1:', search.start(1), 'end 1:', search.end(1))
                         # 第 1 组开始和结束的索引
        print('start 2:', search.start(1), 'end 2:', search.end(2))
                         # 第 2 组开始和结束的索引
        print('pos 开始于: ', search.pos)
        print('endpos 结束于: ', search.endpos) # string 的长度
        print('lastgroup 最后一个被捕获的分组的名字: ', search.lastgroup)
        print('lastindex 最后一个分组在字符串中的索引: ', search.lastindex)
        print('string 匹配时候使用的字符串: ', search.string)
        print('re 匹配时候使用的 pattern 对象: ', search.re)
        print('span 返回分组匹配的 index (start(group),end(group)): ',
             search.span(2))

Out[8]:
        group 0: hello world!
        group 1: hello
        group 2:
        group 3: world!
        groups: ('hello', ' ', 'world!')
        start 0: 4 end 0: 16
        start 1: 4 end 1: 9
        start 2: 4 end 2: 10
        pos 开始于: 0
        endpos 结束于: 29
        lastgroup 最后一个被捕获的分组的名字: last
        lastindex 最后一个分组在字符串中的索引: 3
        string 匹配时候使用的字符串: say hello world! hello python
        re 匹配时候使用的 pattern 对象:
             re.compile('(?P<first>hell\\w)(?P<symbol>\\s)(?P<last>.*ld!)')
        span 返回分组匹配的 index (start(group),end(group)): (9, 10)
```

re.search()函数和 re.match()函数返回的匹配对象实际上是一个关于匹配子串的包装类。
通过调用 group()函数可以得到匹配的子串,但是匹配对象中还包含了更多关于匹配子串的信息。
例如, 匹配对象可以告诉我们, 匹配的内容在原始字符串中开始的索引和结束的索引。

```
In [9]: m0 = re.search(r'dog', 'dog rat dog')
        m0.start()
Out[9]: 0

In [10]: m0.end()
Out[10]: 3
```

这些信息有时候非常有用。

5.5.4 re.findall()函数

在 Python 中，匹配字符串使用较多的方法是调用 re.findall()函数。当我们调用 re.findall()函数时可以非常轻松地得到一个所有匹配模式的列表，而不是得到 match 对象。对示例字符串调用 re.findall()函数得到结果如下。

```
In [11]:re.findall(r'dog', 'dog rat dog')
Out[11]:['dog', 'dog']

In [12]:re.findall(r'rat', 'dog rat dog')
Out[12]:['rat']
```

5.5.5 字符串的替换和修改

re 模块还提供了对字符串进行替换和修改的函数，它们比字符串对象提供的函数功能更强大。

sub (rule , replace , target [,count])

subn(rule , replace , target [,count])

在目标字符串中按规则查找匹配的字符串，再把它们替换成指定的字符串。我们可以指定替换的次数，否则将替换所有匹配到的字符串。

第一个参数 rule 表示正则规则，第二个参数 replace 表示将要被替换的字符串，第三个参数 target 表示目标字符串，第四个参数 count 表示被替换的次数。sub 和 subn 这两个函数的唯一区别是返回值，sub()返回一个被替换的字符串，subn()返回一个元组，元组的第一个元素是被替换的字符串，第二个元素是一个数字，表明产生了多少次替换。

【例 5-5】将下面字符串中的'dog'全部替换成'cat'。

```
In [13]: s='I have a dog , you have a dog , he have a dog'
         re.sub( r'dog' , 'cat' , s )
Out[13]:
         ' I have a cat , you have a cat , he have a cat '
```

如果只想替换前面两个，则可以使用如下代码。

```
In [14]: re.sub( r'dog' , 'cat' , s , 2 )
Out[14]: ' I have a cat , you have a cat , he have a dog '
```

或者我们想知道发生了多少次替换，则可以使用 subn()。

```
In [15]: re.subn( r'dog' , 'cat' , s )
Out[15]: (' I have a cat , you have a cat , he have a cat ', 3)
```

5.6 格式化输出

Python 的格式化输出有两种方式：%和 format。format 的功能要比%的强大，format 可以实现自定义字符填充空白、字符串居中显示、转换二进制、整数自动分割、百分比显示等功能。Python 3.6 及以下版本新增了 f 方法格式化。

5.6.1 使用%进行格式化

首先看一个用%格式化的代码示例。

```
In [1]: name1 = "Yubg"
        print("He said his name is %s." %name1)
Out[1]:
        He said his name is Yubg.
```

字符串引号内的%为格式化开始，类似于占位符，其后 s 表示占位处要补充的是字符串，紧跟在引号之外的%为需要填充的内容。使用这种方式进行字符串格式化时，要求被格式化的内容和格式字符之间必须一一对应。所以上述代码"He said his name is %s." 中的%s 表示在此处要填充字符串，填充的内容是其后面%name1 的内容，name1 的值是"Yubg"，所以 print("He said his name is %s." %name1)这行代码输出的就是"He said his name is Yubg."

用%进行格式化的示例如下。其中%d 表示数值（取整）占位，%f 表示浮点型占位。

```
In [1]: name1="Yubg"
   ...: print("He said his name is %d."%name1)
Traceback (most recent call last):

File "<ipython-input-1-d3549f33c4f0>", line 2, in <module>
print("He said his name is %d."%name1)

TypeError: %d format: a number is required, not str


In [2]: "i am %(name)s age %(age)d" % {"name": "alex", "age": 18}      #字典型对应赋值
Out[2]: 'i am alex age 18'

In [3]: "percent %.2f" % 99.97623      #%.2f 表示小数点后保留 2 位有效数字
Out[3]: 'percent 99.98'

In [4]: "i am %(pp).2f" % {"pp": 123.425556 }
Out[4]: 'i am 123.43'

In [5]: "i am %(pp)+.2f %%" % {"pp": 123.425556,}
Out[5]: 'i am +123.43 %'
```

5.6.2　使用 format()函数进行格式化

除了使用%进行字符串格式化之外，推荐使用 format()函数进行格式化，该方法非常灵活，不仅可以使用关键字进行格式化，还可以使用位置进行格式化。

Python 中 format()函数用于字符串的格式化。

1．通过关键字

```
print('{名字}今天{动作}'.format(名字='陈某某',动作='拍视频'))#通过关键字
grade = {'name' : '陈某某', 'fenshu': '59'}
print('{name}电工考了{fenshu}'.format(**grade))#通过关键字格式化时，可将字典作为关键字，在字典
前加**即可
```

2．通过位置

```
print('{1}今天{0}'.format('拍视频','陈某某'))#通过位置
print('{0}今天{1}'.format('陈某某','拍视频'))
```

^、<、>分别表示内容居中、左对齐、右对齐，后面带宽度。

```
print('{:^14}'.format('陈某某'))   #共占位 14 个宽度，陈某某居中
print('{:>14}'.format('陈某某'))   #共占位 14 个宽度，陈某某居右对齐
print('{:<14}'.format('陈某某'))   #共占位 14 个宽度，陈某某居左对齐
print('{:*<14}'.format('陈某某'))  #共占位 14 个宽度，陈某某居左对齐，其他用*填充
print('{:&>14}'.format('陈某某'))  #共占位 14 个宽度，陈某某居右对齐，其他用&填充
# ^、<、>分别表示居中、左对齐、右对齐，后面的 14 表示总宽度（一个汉字占一个宽度）
```

精度和 f 类型，小数位数的精度常和浮点型 f 类型一起使用。

```
print('{:.1f}'.format(4.234324525254))
print('{:.4f}'.format(4.1))
```

进制转化，b、o、d、x 分别表示二、八、十、十六进制。

```
print('{:b}'.format(250))
```

```
print('{:o}'.format(250))
print('{:d}'.format(250))
print('{:x}'.format(250))
```

千分位分隔符，这种情况只针对数字。

```
print('{:,}'.format(100000000))
print('{:,}'.format(235445.234235))
```

5.6.3　f方法格式化

在普通字符串前添加 f 或 F 前缀，其效果类似于%方式或者 format()。

示例如下。

```
In [1]: name1 = "Fred"
        print("He said his name is %s." %name1)
Out[1]:
        He said his name is Fred.

In [2]: print("He said his name is {name1}.".format(**locals()))
Out[2]:
        He said his name is Fred.

In [3]: f"He said his name is {name1}."      #Python 3.6 之后才有的新功能
Out[3]:
        'He said his name is Fred.'
```

locals()函数使用方法如下。

```
In [4]: def test(arg):
            z = 1
            print(locals())
In [5]: test(4)
Out[5]:
        {'z': 1, 'arg': 4}
```

在 test()函数的局部名字空间中有两个变量：arg（它的值被传入函数）和 z（它是在函数里定义的）。locals()返回一个由健/值对构成的字典，这个字典的键是字符串形式的变量名，字典的值是变量的实际值。所以用 4 来调用 test()函数，会输出包含函数两个局部变量的字典：arg (4)和 z (1)。

```
In [6]: test('doulaixuexi')  #locals()可以用于所有类型的变量
Out[6]:
        {'z': 1, 'arg': 'doulaixuexi'}
```

5.7　实战体验：验证信息的正则表达式

正则表达式的
应用

在填写个人信息时，有些信息需要进行验证，如手机号码、身份证号、E-mail等。下面对输入的 E-mail 进行验证，代码如下。

```
In [1]: import re
        text = input("Please input your E-mail: \n")
        if re.match(r'^\w+([-+.]\w+)*@\w+([-.]\w+)*\.\w+([-.]\w+)*$',
                    text):
            print('E-mail is Right!')
        else:
            print('Wrong!Please reset your right E-mail!')
Out[1]:
        Please input your E-mail:
        123@qq.com
        E-mail is Right!

In [2]:text = input("Please input your E-mail: \n")
```

```
        if re.match(r'^\w+([-+.]\w+)*@\w+([-.]\w+)*\.\w+([-.]\w+)*$',text):
            print('E-mail is Right!')
        else:
            print('Wrong!Please reset your right E-mail!')
Out[2]:
        Please input your E-mail:
        123@
        Wrong!Please reset your right E-mail!
```

验证输入的身份证号时，可以将匹配规则进行以下替换。

```
^([0-9]){7,18}(x|X)?$
```

或

```
^\d{8,18}|[0-9x]{8,18}|[0-9X]{8,18}?$
```

验证输入的手机号码时，则进行如下替换。

```
^(13[0-9]|14[5|7]|15[0|1|2|3|5|6|7|8|9]|18[0|1|2|3|5|6|7|8|9])\d{8}$
```

为了方便读者的学习，下面整理了一些常用语验证的正则表达式，自行验证。

1．校验数字的表达式

（1）数字：^[0-9]*$。

（2）n 位的数字：^\d{n}$。

（3）至少 n 位的数字：^\d{n,}$。

（4）m～n 位的数字：^\d{m,n}$。

（5）零和非零开头的数字：^(0|[1-9][0-9]*)$。

（6）非零开头的最多带两位小数的数字：^([1-9][0-9]*)+(.[0-9]{1,2})?$。

（7）带 1～2 位小数的正数或负数：^(\-)?\d+(.\d{1,2})?$。

（8）正数、负数和小数：^(\-|\+)?\d+(.\d+)?$。

（9）有两位小数的正实数：^[0-9]+(.[0-9]{2})?$。

（10）有 1～3 位小数的正实数：^[0-9]+(.[0-9]{1,3})?$。

（11）非零的正整数：^[1-9]\d*$、^([1-9][0-9]*){1,3}$ 或^\+?[1-9][0-9]*$。

（12）非零的负整数：^\-[1-9][]0-9"*$ 或^-[1-9]\d*$。

（13）非负整数：^\d+$ 或^[1-9]\d*|0$。

（14）非正整数：^-[1-9]\d*|0$ 或^((-\d+)|(0+))$。

（15）非负浮点数：^\d+(.\d+)?$ 或^[1-9]\d*.\d*|0.\d*[1-9]\d*|0?.0+|0$。

2．校验字符的表达式

（1）汉字：^[\u4e00-\u9fa5]{0,}$。

（2）英文和数字：^[A-Za-z0-9]+$ 或^[A-Za-z0-9]{4,40}$。

（3）长度为 3～20 的所有字符串：^.{3,20}$。

（4）由 26 个英文字母组成的字符串：^[A-Za-z]+$。

（5）由 26 个大写英文字母组成的字符串：^[A-Z]+$。

（6）由 26 个小写英文字母组成的字符串：^[a-z]+$。

（7）由数字和 26 个英文字母组成的字符串：^[A-Za-z0-9]+$。

（8）由数字、26 个英文字母或者下画线组成的字符串：^\w+$ 或^\w{3,20}$。

（9）由中文、英文、数字及下画线组成的字符串：^[\u4E00-\u9FA5A-Za-z0-9_]+$。

（10）由中文、英文、数字但不包括下画线等符号组成的字符串：^[\u4E00-\u9FA5A-Za-z0-9]+$ 或^[\u4E00-\u9FA5A-Za-z0-9]{2,20}$。

3. 特殊需求表达式

（1）E-mail：^\w+([-+.]\w+)*@\w+([-.]\w+)*\.\w+([-.]\w+)*$。

（2）域名：[a-zA-Z0-9][-a-zA-Z0-9]{0,62}(/.[a-zA-Z0-9][-a-zA-Z0-9]{0,62})+/.?。

（3）InternetURL：[a-zA-z]+://[^\s]* 或^http://([\w-]+\.)+[\w-]+(/([\w-./?%&=]*)?$。

（4）手机号码：^(13[0-9]|14[5|7]|15[0|1|2|3|5|6|7|8|9]|18[0|1|2|3|5|6|7|8|9])\d{8}$。

（5）电话号码（"×××-××××××××""××××-××××××××""×××-×××××××"
"×××-××××××××"、"×××××××"和"××××××××）：^(\(\d{3,4}-)|\d{3.4}-)? \d{7,8}$。

（6）国内电话号码（0511-1234567、021-12345678）：\d{3}-\d{8}|\d{4}-\d{7}。

（7）身份证号（18 位数字）：^\d{18}$。

（8）短身份证号（数字、英文字母 x 结尾）：^([0-9]){7,18}(x|X)?$ 或^\d{8,18}|[0-9x]{8,18}|[0-9X]{8,18}?$。

（9）账号是否合法（英文字母开头，允许 5～16 字节，允许包含字母、数字、下画线）：^[a-zA-Z][a-zA-Z0-9_]{4,15}$。

（10）密码（以字母开头，长度为 6～18，只能包含英文字母、数字和下画线）：^[a-zA-Z]\w {5,17}$。

（11）强密码（必须包含英文大小写字母和数字的组合，不能使用特殊字符，长度为 8～10）：^(?=.*\d)(?=.*[a-z])(?=.*[A-Z]).{8,10}$。

（12）日期格式：^\d{4}-\d{1,2}-\d{1,2}。

（13）一年的 12 个月（01～09 和 10～12）：^(0?[1-9]|1[0-2])$。

（14）一个月的 31 天（01～09、10～29 和 30～31）：^((0?[1-9])|((1|2)[0-9])|30|31)$。

（15）货币的输入格式，可以接收的输入格式有 4 种，包含"分"的 10000.00 和 10,000.00，不包含"分"的 10000 和 10,000：^[1-9][0-9]*$。

（16）空白行的正则表达式：\n\s*\r，可以用来删除空白行。

（17）首尾空白字符的正则表达式：^\s*|\s*$或(^\s*)|(\s*$)，可以用来删除行首和行尾的空白字符（包括空格、制表符、换页符等）。

（18）中国邮政编码（6 位数字）：[1-9]\d{5}(?!\d)。

（19）IP 地址：\d+\.\d+\.\d+\.\d+，提取 IP 地址时使用。

（20）IP 地址：((?:(?:25[0-5]|2[0-4]\\d|[01]?\\d?\\d)\\.){3}(?:25[0-5]|2[0-4]\\d|[01]?\\d?\\d))。

在本章中我们介绍了 Python 中使用正则表达式的一些基础知识，学习了原始字符串匹配方法，还学习了如何使用 re.match()、re.search()和 re.findall()函数进行基本的匹配查询。

第6章 数据处理与数据分析

数据处理是数据价值链中关键的步骤。未处理好的数据，即"脏"数据，即使通过最好的分析，也只能产生错误的结果，并误导业务本身。因此，在数据分析过程中，数据处理占据了很大的工作量，也是整个数据分析过程中特别重要的环节。

数据处理一方面是要提高数据的质量，另一方面是要让数据更好地适应特定的数据分析工具。数据处理的主要内容包括数据清洗、数据集成、数据变换和数据规约等。

6.1 数据处理

海量的原始数据中存在着大量不完整、不一致、有异常的数据，会严重影响数据分析的结果，所以进行数据处理就显得尤为重要。

数据处理包括处理缺失数据以及清除无意义的数据，如删除原始数据集中的无关数据、重复数据，平滑噪声数据，处理异常值。

6.1.1 异常值处理

异常值处理包括重复值和缺失值的处理，对缺失值的处理更要谨慎。当数据量较多，并且删除缺失值不影响数据分析的结果时，可以删除；当数据量较少，删除后可能会影响数据分析的结果时，最好对缺失值进行填充。

1．重复值的处理

Python 中的 pandas 模块中去除重复数据的步骤如下。

（1）利用数据框中的 duplicated()函数返回一个布尔型的序列，显示是否有重复行，没有重复行显示为 False，有重复行则从重复的第二行起，重复的行均显示为 True。

（2）利用数据框中的 drop_duplicates()函数，返回一个移除了重复行的数据框。

（3）使用 df[df.a.duplicated()]显示重复值。

显示重复值的 duplicated()函数格式如下。

duplicated(self, subset=None, keep='first')

subset：用于识别重复的列标签或列标签序列，默认识别所有列标签。

keep='first'：除了第一次出现外，其余相同的值被标记为重复。

keep='last'：除了最后一次出现外，其余相同的值被标记为重复。

keep=False：所有相同的值都被标记为重复。

如果 duplicated()函数和 drop_duplicates()函数中没有设置参数，则这两个函数默认判断全部列；如果在这两个函数中加入了指定的属性名（列名），如 frame.drop_duplicates(['state'])，则指定部分属性（state 列）进行重复项的判断。

drop_duplicates()：把数据结构中数据相同的行去除（保留其中的一行）。

```
In [1]: from pandas import DataFrame
        from pandas import Series
        df = DataFrame({'age':Series([26,85,64,85,85]),
                        'name':Series(['Yubg','John','Jerry','Cd','John'])})
        df
Out[1]:
   age   name
0   26   Yubg
1   85   John
2   64   Jerry
3   85   Cd
4   85   John

In [2]: df.duplicated()
Out[2]:
        0     False
        1     False
        2     False
        3     False
        4     True
dtype: bool

In [3]: df[df.duplicated()]#显示重复行
Out[3]:
        age name
        4 85 John

In [4]: df.duplicated('name')
Out[4]:
        0     False
        1     False
        2     False
        3     False
        4      True
dtype: bool

In [5]: df[~df.duplicated('name')]#先取反，再提取布尔值为 True 的行，即删除 name 列中的重复行
Out[5]:
        age name
        0 26 Yubg
        1 85 John
        2 64 Jerry
        3 85 Cd
In [6]: df.drop_duplicates('age') #删除 age 列中的重复行
Out[6]:
         age    name
        0   26   Yubg
        1   85   John
        2   64   Jerry
```

df 中索引为 4 的行是索引为 1 的行的重复行，去重后索引为 4 的重复行被删除。

~表示取反，本例中将所有的 True 转为 False，而 False 转为 True，再根据布尔值提取数据，即把布尔值为 True 的数据提取出来，相当于将布尔值为 False 的行（取反前为 True 的行）删除。

2．缺失值处理

从统计上说，缺失值可能会产生有偏估计，从而使样本数据不能很好地代表总体，而现实中绝

大部分数据都包含缺失值，因此处理缺失值很重要。

一般说来，处理缺失值包括两个步骤，先识别出缺失值，再对缺失值进行处理。

（1）缺失值的识别。

pandas 使用 NaN 表示浮点和非浮点数组里的缺失值，并使用 isnull()和 notnull()函数来判断缺失情况。

```
In [1]: from pandas import DataFrame
        from pandas import read_excel
        df = read_excel(r'C:\Users\yubg\rz.xlsx',sheet_name='Sheet2')
        df
Out[1]:
          学号          姓名   英语   数分    高代    解几
0  2308024241   成龙    76   40.0   23.0   60
1  2308024244   周怡    66   47.0   47.0   44
2  2308024251   张波    85   NaN    45.0   60
3  2308024249   朱浩    65   72.0   62.0   71
4  2308024219   封印    73   61.0   47.0   46
5  2308024201   迟培    60   71.0   76.0   71
6  2308024347   李华    67   61.0   65.0   78
7  2308024307   陈田    76   69.0   NaN    69
8  2308024326   余皓    66   65.0   61.0   71
9  2308024219   封印    73   61.0   47.0   46

In [2]: df.isnull()
Out[2]:
       学号     姓名     英语     数分     高代     解几
0    False  False  False  False  False  False
1    False  False  False  False  False  False
2    False  False  False   True  False  False
3    False  False  False  False  False  False
4    False  False  False  False  False  False
5    False  False  False  False  False  False
6    False  False  False  False  False  False
7    False  False  False  False   True  False
8    False  False  False  False  False  False
9    False  False  False  False  False  False
In [3]: df.notnull()
Out[3]:
       学号    姓名    英语    数分     高代    解几
0    True   True  True   True   True   True
1    True   True  True   True   True   True
2    True   True  True   False  True   True
3    True   True  True   True   True   True
4    True   True  True   True   True   True
5    True   True  True   True   True   True
6    True   True  True   True   True   True
7    True   True  True   True   False  True
8    True   True  True   True   True   True
9    True   True  True   True   True   True
```

要显示某列的空值所在的行，如"数分"列，可以使用 df[df.数分.isnull()]。要删除空值所在的行，可以使用 df[~df.数分.isnull()]，~表示取反。

（2）缺失值的处理。

处理缺失值可使用数据补齐、删除对应行、不处理等方法。

① dropna()：对数据结构中有值为空的行进行删除。

```
In [4]: newDF=df.dropna()
        newDF
Out[4]:
            学号        姓名  英语  数分    高代    解几
      0  2308024241  成龙   76  40.0  23.0  60
      1  2308024244  周怡   66  47.0  47.0  44
      3  2308024249  朱浩   65  72.0  62.0  71
      4  2308024219  封印   73  61.0  47.0  46
      5  2308024201  迟培   60  71.0  76.0  71
      6  2308024347  李华   67  61.0  65.0  78
      8  2308024326  余皓   66  65.0  61.0  71
      9  2308024219  封印   73  61.0  47.0  46
```

本例中有 NaN 的第 2 行、第 7 行已经被删除了。也可以指定参数 how='all'，表示只有行里的数据全部为空时才删除，如 df.dropna(how='all')。如果想以同样的方式按列删除，可以传入 axis=1，如 df.dropna(how='all',axis=1)。

② df.fillna()：用其他数据填充 NaN。

有些时候直接删除空数据会影响分析的结果，这时可以对空数据进行填充，如使用数值或者任意字符替代缺失值。

```
In [5]: df.fillna('?')
Out[5]:
            学号        姓名  英语  数分  高代  解几
      0  2308024241  成龙   76  40  23  60
      1  2308024244  周怡   66  47  47  44
      2  2308024251  张波   85  ?   45  60
      3  2308024249  朱浩   65  72  62  71
      4  2308024219  封印   73  61  47  46
      5  2308024201  迟培   60  71  71  71
      6  2308024347  李华   67  61  65  78
      7  2308024307  陈田   76  69  ?   69
      8  2308024326  余皓   66  65  61  71
      9  2308024219  封印   73  61  47  46
```

本例第 2 行、第 7 行的 NaN 用"？"替代。

③ df.fillna(method='pad')：用前一个数据值替代 NaN。

```
In [6]: df.fillna(method='pad')
Out[6]:
            学号        姓名  英语  数分    高代    解几
      0  2308024241  成龙   76  40.0  23.0  60
      1  2308024244  周怡   66  47.0  47.0  44
      2  2308024251  张波   85  47.0  45.0  60
      3  2308024249  朱浩   65  72.0  62.0  71
      4  2308024219  封印   73  61.0  47.0  46
      5  2308024201  迟培   60  71.0  76.0  71
      6  2308024347  李华   67  61.0  65.0  78
      7  2308024307  陈田   76  69.0  65.0  69
      8  2308024326  余皓   66  65.0  61.0  71
      9  2308024219  封印   73  61.0  47.0  46
```

④ df.fillna(method='bfill')：与 pad 相反，bfill 表示用后一个数据代替 NaN。

可以用 limit 参数限制每列可以替代 NaN 的数目。

```
In [7]: df.fillna(method='bfill')
Out[7]:
            学号       姓名  英语  数分    高代   解几
    0  2308024241  成龙   76  40.0  23.0  60
    1  2308024244  周怡   66  47.0  47.0  44
    2  2308024251  张波   85  72.0  45.0  60
    3  2308024249  朱浩   65  72.0  62.0  71
    4  2308024219  封印   73  61.0  47.0  46
    5  2308024201  迟培   60  71.0  76.0  71
    6  2308024347  李华   67  61.0  65.0  78
    7  2308024307  陈田   76  69.0  61.0  69
    8  2308024326  余皓   66  65.0  61.0  71
    9  2308024219  封印   73  61.0  47.0  46
```

⑤ df.fillna(df.mean())：用均值或者其他描述性统计量来代替 NaN。

使用均值来填补空数据。

```
In [8]: df.fillna(df.mean())
Out[8]:
            学号       姓名  英语    数分          高代        解几
    0  2308024241  成龙   76  40.000000   23.000000  60
    1  2308024244  周怡   66  47.000000   47.000000  44
    2  2308024251  张波   85  60.777778   45.000000  60
    3  2308024249  朱浩   65  72.000000   62.000000  71
    4  2308024219  封印   73  61.000000   47.000000  46
    5  2308024201  迟培   60  71.000000   76.000000  71
    6  2308024347  李华   67  61.000000   65.000000  78
    7  2308024307  陈田   76  69.000000   52.555556  69
    8  2308024326  余皓   66  65.000000   61.000000  71
    9  2308024219  封印   73  61.000000   47.000000  46
```

"数分"列中有一个空值，9 个数的均值为 60.77777778，故以 60.777778 替代，"高代"列也一样。

⑥ df.fillna(df.mean()['开始列名':'终止列名'])：起止连续的多列进行本列均值填充。

```
In [9]: df.fillna(df.mean()['数分':'解几'])
Out[9]:
0  2308024241  成龙  76  40.000000   23.000000  60
1  2308024244  周怡  66  47.000000   47.000000  44
2  2308024251  张波  85  60.777778   45.000000  60
3  2308024249  朱浩  65  72.000000   62.000000  71
4  2308024219  封印  73  61.000000   47.000000  46
5  2308024201  迟培  60  71.000000   76.000000  71
6  2308024347  李华  67  61.000000   65.000000  78
7  2308024307  陈田  76  69.000000   52.555556  69
8  2308024326  余皓  66  65.000000   61.000000  71
9  2308024219  封印  73  61.000000   47.000000  46
```

从"数分"列到"解几"列分别用本列均值替换空值。

⑦ df.fillna({'列名 1':值 1,'列名 2':值 2})：可以传入一个字典，对不同的列使用不同的值来填充。

```
In [10]: df.fillna({'数分':100,'高代':0})
Out[10]:
            学号       姓名  英语  数分   高代   解几
```

```
0    2308024241    成龙    76    40.0    23.0    60
1    2308024244    周怡    66    47.0    47.0    44
2    2308024251    张波    85    100.0   45.0    60
3    2308024249    朱浩    65    72.0    62.0    71
4    2308024219    封印    73    61.0    47.0    46
5    2308024201    迟培    60    71.0    76.0    71
6    2308024347    李华    67    61.0    65.0    78
7    2308024307    陈田    76    69.0    0.0     69
8    2308024326    余皓    66    65.0    61.0    71
9    2308024219    封印    73    61.0    47.0    46
```

"数分"列填充值为 100，"高代"列填充值为 0。

⑧ strip()：清除字符型数据左右（首尾）的指定字符，默认清除空格，中间的空格不清除。

```
In [11]: from pandas import DataFrame
         from pandas import Series
         df = DataFrame({'age':Series([26,85,64,85,85]),
                     'name':Series(['  Ben','John ','  Jerry','John ','John'])})
         df
Out[11]:
         age        name
0        26          Ben
1        85         John
2        64        Jerry
3        85         John
4        85         John

In [12]: df['name'].str.strip()
Out[12]:
0         Ben
1        John
2       Jerry
3        John
4        John
Name: name, dtype: object
```

如果要清除右边的字符，则用 df['name'].str.rstrip()，如果要清除左边的字符，则用 df['name'].str.lstrip()，默认清除空格。strip()也可以带参数，如清除右边的"n"，代码如下。

```
In [13]: df['name'].str.rstrip('n')
Out[13]:
0          Be
1        John
2       Jerry
3        John
4         Joh
Name: name, dtype: object
```

注：索引号为 1 和 3 行中的 John 的"n"没有被删除，因为最右边有空格。

6.1.2 数据抽取

1. 字段提取

抽出某列中指定位置的数据作为新的列。

slice(start,stop)

- start：开始位置。
- stop：结束位置。

手机号码一般为 11 位，如 18603518513，前 3 位 186 表示运营商（联通），中间 4 位 0315 表示归属地（太原），后4位8513表示用户号码。下面对手机号码数据分别进行抽取。

```
In [1]: from pandas import DataFrame
        from pandas import read_excel
        df = read_excel(r'C:\Users\yubg\i_nuc.xlsx',sheet_name='Sheet4')
        df.head()           #显示数据表的前5行，显示后5行为df.tail()
Out[1]:
            学号          手机号码              IP
        0  2308024241  1.892225e+10    221.205.98.55
        1  2308024244  1.352226e+10    183.184.226.205
        2  2308024251  1.342226e+10    221.205.98.55
        3  2308024249  1.882226e+10    222.31.51.200
        4  2308024219  1.892225e+10    120.207.64.3
In [2]: df['手机号码']=df['手机号码'].astype('str')   #astype()转化数据类型
        df['手机号码']
Out[2]:
        0     18922254812.0
        1     13522255003.0
        2     13422259938.0
        3     18822256753.0
        4     18922253721.0
        5               nan
        6     13822254373.0
        7     13322252452.0
        8     18922257681.0
        9     13322252452.0
        10    18922257681.0
        11    19934210999.0
        12    19934210911.0
        13    19934210912.0
        14    19934210913.0
        15    19934210914.0
        16    19934210915.0
        17    19934210916.0
        18    19934210917.0
        19    19934210918.0
Name: 手机号码, dtype: object

In [3]: bands = df['手机号码'].str.slice(0,3)   #利用序列中str属性的slice()方法
        bands
Out[3]:
        0     189
        1     135
        2     134
        3     188
        4     189
        5     nan
        6     138
        7     133
        8     189
        9     133
        10    189
        11    199
        12    199
        13    199
        14    199
        15    199
        16    199
        17    199
        18    199
        19    199
Name: 手机号码, dtype: object
```

```
In [4]: areas= df['手机号码'].str.slice(3,7)   #抽取手机号码的中间 4 位，以判断手机号码的归属地
        areas
Out[4]:
        0     2225
        1     2225
        2     2225
        3     2225
        4     2225
        5
        6     2225
        7     2225
        8     2225
        9     2225
        10    2225
        11    3421
        12    3421
        13    3421
        14    3421
        15    3421
        16    3421
        17    3421
        18    3421
        19    3421
Name: 手机号码, dtype: object

In [5]: tell= df['手机号码'].str.slice(7,11)   #抽取手机号码的后 4 位
        tell
Out[5]:
        0     4812
        1     5003
        2     9938
        3     6753
        4     3721
        5
        6     4373
        7     2452
        8     7681
        9     2452
        10    7681
        11    0999
        12    0911
        13    0912
        14    0913
        15    0914
        16    0915
        17    0916
        18    0917
        19    0918
Name: 手机号码, dtype: object
```

2. 字段拆分

根据指定的字符 sep，拆分已有的字符串。

split(sep,n,expand=False)

sep：用于分隔字符串的分隔符。

n：拆分后新增的列数。

expand：是否展开为数据框，默认为 False。

返回值：expand 为 True，返回数据框；expand 为 False，返回序列。

```
In [6]: from pandas import DataFrame
        from pandas import read_excel
        df = read_excel(r'C:\Users\yubg\i_nuc.xlsx',sheet_name='Sheet4')
        df
Out[6]:
            学号        手机号码              IP 地址
        0   2308024241  1.892225e+10      221.205.98.55
        1   2308024244  1.352226e+10      183.184.226.205
        2   2308024251  1.342226e+10      221.205.98.55
        3   2308024249  1.882226e+10      222.31.51.200
        4   2308024219  1.892225e+10      120.207.64.3
        5   2308024201         NaN        222.31.51.200
        6   2308024347  1.382225e+10      222.31.59.220
        7   2308024307  1.332225e+10      221.205.98.55
        8   2308024326  1.892226e+10      183.184.230.38
        9   2308024320  1.332225e+10      221.205.98.55
        10  2308024342  1.892226e+10      183.184.230.38
        11  2308024310  1.993421e+10      183.184.230.39
        12  2308024435  1.993421e+10      185.184.230.40
        13  2308024432  1.993421e+10      183.154.230.41
        14  2308024446  1.993421e+10      183.184.231.42
        15  2308024421  1.993421e+10      183.154.230.43
        16  2308024433  1.993421e+10      173.184.230.44
        17  2308024428  1.993421e+10                 NaN
        18  2308024402  1.993421e+10      183.184.230.4
        19  2308024422  1.993421e+10      153.144.230.7

In [7]: df['IP'].str.strip()   #利用序列的 str 属性的 strip()方法删除首位空格
Out[7]:
        0        221.205.98.55
        1        183.184.226.205
        2        221.205.98.55
        3        222.31.51.200
        4        120.207.64.3
        5        222.31.51.200
        6        222.31.59.220
        7        221.205.98.55
        8        183.184.230.38
        9        221.205.98.55
        10       183.184.230.38
        11       183.184.230.39
        12       185.184.230.40
        13       183.154.230.41
        14       183.184.231.42
        15       183.154.230.43
        16       173.184.230.44
        17                 NaN
        18       183.184.230.4
        19       153.144.230.7
        Name: IP, dtype: object

In [8]: newDF= df['IP'].str.split('.',1,True) #在第一个.将"IP"列分成两列，1 表示新增列数
        newDF
Out[8]:
                0          1
        0      221    205.98.55
        1      183    184.226.205
        2      221    205.98.55
        3      222    31.51.200
        4      120    207.64.3
        5      222    31.51.200
```

```
           6        222         31.59.220
           7        221       205.98.55
           8        183         184.230.38
           9        221       205.98.55
          10        183         184.230.38
          11        183         184.230.39
          12        185         184.230.40
          13        183         154.230.41
          14        183         184.231.42
          15        183         154.230.43
          16        173         184.230.44
          17        NaN              None
          18        183          184.230.4
          19        153          144.230.7
```

In [9]: newDF.columns = ['IP 地址 1','IP 地址 2-4']   #给第一、二列增加列名称
        newDF
Out[9]:
```
              IP 地址 1     IP 地址 2-4
          0        221         205.98.55
          1        183       184.226.205
          2        221         205.98.55
          3        222         31.51.200
          4        120          207.64.3
          5        222         31.51.200
          6        222         31.59.220
          7        221       205.98.55
          8        183         184.230.38
          9        221       205.98.55
          10       183         184.230.38
          11       183         184.230.39
          12       185         184.230.40
          13       183         154.230.41
          14       183         184.231.42
          15       183         154.230.43
          16       173         184.230.44
          17       NaN              None
          18       183          184.230.4
          19       153          144.230.7
```

3．记录抽取

记录抽取是指根据一定的条件，对数据进行抽取。

dataframe[condition]

condition：过滤条件。

返回数据框。

常用的 condition 类型如下。

- 比较运算：==、<、>、>=、<=、!=，如 df[df.comments>10000)]。
- 范围运算：between(left,right)，如 df[df.comments.between(1000,10000)]。
- 空置运算：pandas.isnull(column) ，如 df[df.title.isnull()]。
- 字符匹配：str.contains(patten,na = False) ，如 df[df.title.str.contains('电台',na=False)]。
- 逻辑运算：&（与）、|（或）、not（取反），如 df[(df.comments>=1000)&(df.comments<=10000)]，

与 df[df.comments.between(1000,10000)]等价。

（1）按条件抽取数据。

```
In [11]: import pandas
         from pandas import read_excel
```

```
       df = read_excel(r'C:\Users\yubg\i_nuc.xlsx',sheet_name='Sheet4')
       df.head()
```
Out[11]:

	学号	手机号码	IP 地址
0	2308024241	1.892225e+10	221.205.98.55
1	2308024244	1.352226e+10	183.184.226.205
2	2308024251	1.342226e+10	221.205.98.55
3	2308024249	1.882226e+10	222.31.51.200
4	2308024219	1.892225e+10	120.207.64.3

In [12]: df[df.手机号码==13322252452]
Out[12]:

	学号	手机号码	IP 地址
7	2308024307	1.332225e+10	221.205.98.55
9	2308024320	1.332225e+10	221.205.98.55

In [13]: df[df. 手机号码>13500000000]   #这里的号码类型为数值型
Out[13]:

	学号	手机号码	IP 地址
0	2308024241	1.892225e+10	221.205.98.55
1	2308024244	1.352226e+10	183.184.226.205
3	2308024249	1.882226e+10	222.31.51.200
4	2308024219	1.892225e+10	120.207.64.3
6	2308024347	1.382225e+10	222.31.59.220
8	2308024326	1.892226e+10	183.184.230.38
10	2308024342	1.892226e+10	183.184.230.38
11	2308024310	1.993421e+10	183.184.230.39
12	2308024435	1.993421e+10	185.184.230.40
13	2308024432	1.993421e+10	183.154.230.41
14	2308024446	1.993421e+10	183.184.231.42
15	2308024421	1.993421e+10	183.154.230.43
16	2308024433	1.993421e+10	173.184.230.44
17	2308024428	1.993421e+10	NaN
18	2308024402	1.993421e+10	183.184.230.4
19	2308024422	1.993421e+10	153.144.230.7

In [14]: df[df.手机号码.between(13400000000,13999999999)]
Out[14]:

	学号	手机号码	IP 地址
1	2308024244	1.352226e+10	183.184.226.205
2	2308024251	1.342226e+10	221.205.98.55
6	2308024347	1.382225e+10	222.31.59.220

In [15]: df[df.IP.isnull()]
Out[15]:

	学号	手机号码	IP 地址
17	2308024428	1.993421e+10	NaN

In [16]: df[df.IP.str.contains('222.',na=False)]
Out[16]:

	学号	手机号码	IP 地址
3	2308024249	1.882226e+10	222.31.51.200
5	2308024201	NaN	222.31.51.200
6	2308024347	1.382225e+10	222.31.59.220

（2）通过逻辑条件获取数据切片：df[逻辑条件]。

```
In [1]: from pandas import read_excel
       df =read_excel(r'C:\Users\yubg\i_nuc.xlsx',sheet_name='Sheet4')
       df.head()
```

```
Out[1]:
            学号        手机号码              IP 地址
     0  2308024241   1.892225e+10      221.205.98.55
     1  2308024244   1.352226e+10      183.184.226.205
     2  2308024251   1.342226e+10      221.205.98.55
     3  2308024249   1.882226e+10      222.31.51.200
     4  2308024219   1.892225e+10      120.207.64.3

In [2]: df[df.手机号码>= 18822256753]    #单个逻辑条件
Out[2]:
            学号        手机号码              IP 地址
     0   2308024241   1.892225e+10    221.205.98.55
     3   2308024249   1.882226e+10    222.31.51.200
     4   2308024219   1.892225e+10    120.207.64.3
     8   2308024326   1.892226e+10    183.184.230.38
     10  2308024342   1.892226e+10    183.184.230.38
     11  2308024310   1.993421e+10    183.184.230.39
     12  2308024435   1.993421e+10    185.184.230.40
     13  2308024432   1.993421e+10    183.154.230.41
     14  2308024446   1.993421e+10    183.184.231.42
     15  2308024421   1.993421e+10    183.154.230.43
     16  2308024433   1.993421e+10    173.184.230.44
     17  2308024428   1.993421e+10               NaN
     18  2308024402   1.993421e+10    183.184.230.4
     19  2308024422   1.993421e+10    153.144.230.7

In [3]: df[(df.手机号码>=13422259938 )&(df.手机号码< 13822254373)]
Out[3]:
            学号        手机号码              IP 地址
     1  2308024244   1.352226e+10     183.184.226.205
     2  2308024251   1.342226e+10     221.205.98.55
```

通过这种方式获取的数据切片都是数据框。

4. 按索引条件抽取

（1）使用索引名（行标签）抽取数据。

df.loc[行标签,列标签]

df.loc[]的第一个参数是行标签，第二个参数为列标签（可选参数，默认为所有列标签）。两个参数既可以是列表，也可以是单个字符。如果两个参数都为列表，则返回数据框，否则返回序列。

```
In [4]: df=df.set_index('学号')    #更改"学号"列为新的行标签
        df.head()
Out[4]:
            学号        手机号码              IP 地址
     2308024241   1.892225e+10      221.205.98.55
     2308024244   1.352226e+10      183.184.226.205
     2308024251   1.342226e+10      221.205.98.55
     2308024249   1.882226e+10      222.31.51.200
     2308024219   1.892225e+10      120.207.64.3

In [5]: df.loc[2308024241:2308024201] #抽取a到b行的数据: df.loc['a':'b']
Out[5]:
            学号        手机号码              IP 地址
     2308024241   1.892225e+10      221.205.98.55
     2308024244   1.352226e+10      183.184.226.205
     2308024251   1.342226e+10      221.205.98.55
     2308024249   1.882226e+10      222.31.51.200
     2308024219   1.892225e+10      120.207.64.3
     2308024201            NaN      222.31.51.200
```

```
In [6]: df.loc[:,'手机号码'].head()          #抽取"电话"列的数据
Out[6]:
        学号
    2308024241    1.892225e+10
    2308024244    1.352226e+10
    2308024251    1.342226e+10
    2308024249    1.882226e+10
    2308024219    1.892225e+10
Name: 手机号码, dtype: float64

In [7]: import pandas as pd
        df = pd.DataFrame({'a': [1, 2, 3], 'b': ['a', 'b', 'c'],'c': ["A","B","C"]})
        df
Out[7]:
        a  b  c
    0   1  a  A
    1   2  b  B
    2   3  c  C

In [8]: df.loc[1]        #抽取 index=1 的行的数据, 返回的是序列, 而不是数据框
Out[8]:
    a    2
    b    b
    c    B
Name: 1, dtype: object

In [9]: df.loc[[1,2]]  #抽取 index=1 和 2 的两行数据
Out[9]:
        a  b  c
    0   1  a  A
    2   3  c  C
```

▶注意：当同时抽取多行数据时，行的索引必须用列表的形式表示，而不能用逗号分隔，如使用 df.loc[1,2]会提示出错。

（2）使用索引号抽取数据。

df.iloc[行索引号,列索引号]

```
In [1]: from pandas import read_excel
        df = read_excel(r'C:\Users\yubg\i_nuc.xlsx',sheet_name='Sheet4')
        df=df.set_index('学号')
        df.head()
Out[1]:
        学号          手机号码              IP 地址
    2308024241    1.892225e+10      221.205.98.55
    2308024244    1.352226e+10     183.184.226.205
    2308024251    1.342226e+10      221.205.98.55
    2308024249    1.882226e+10      222.31.51.200
    2308024219    1.892225e+10      120.207.64.3

In [2]: df.iloc[1,0]        #抽取第 2 行、第 1 列的值, 返回的是单个值
Out[2]: 13522255003.0

In [3]: df.iloc[[0,2],:]    #抽取第 1 行和第 3 行的数据
Out[3]:
        学号          手机号码            IP 地址
    2308024241    1.892225e+10      221.205.98.55
```

```
            2308024251    1.342226e+10       221.205.98.55
```

```
In [4]: df.iloc[0:2,:]        #抽取第1行到第3行(不包含第3行)的数据
Out[4]:
            学号          手机号码              IP 地址
        2308024241    1.892225e+10      221.205.98.55
        2308024244    1.352226e+10     183.184.226.205
```

```
In [5]: df.iloc[:,1]          #抽取所有记录的第2列的数据，返回的是一个序列
Out[5]:
            学号
        2308024241        221.205.98.55
        2308024244        183.184.226.205
        2308024251        221.205.98.55
        2308024249        222.31.51.200
        2308024219        120.207.64.3
        2308024201        222.31.51.200
        2308024347        222.31.59.220
        2308024307        221.205.98.55
        2308024326        183.184.230.38
        2308024320        221.205.98.55
        2308024342        183.184.230.38
        2308024310        183.184.230.39
        2308024435        185.184.230.40
        2308024432        183.154.230.41
        2308024446        183.184.231.42
        2308024421        183.154.230.43
        2308024433        173.184.230.44
        2308024428                NaN
        2308024402        183.184.230.4
        2308024422        153.144.230.7
Name: IP, dtype: object
```

```
In [6]: df.iloc[1,:]          #抽取第2行数据，返回的是一个序列
Out[6]:
        手机号码          1.35223e+10
        IP        183.184.226.205
Name: 2308024244, dtype: object
```

说明：loc 为 location 的缩写，iloc 为 integer & location 的缩写。

df.loc[]：通过索引名抽取行数据。

df.iloc[]：通过索引号抽取行数据。

5. 随机抽样

随机抽样是指随机从数据中按照一定的行数或者比例抽取数据。

随机抽样函数格式如下。

numpy.random.randint(start,end,num)

start：抽样范围的开始值。

end：抽样范围的结束值。

num：抽样个数。

返回值：行的索引号序列。

```
In [1]: from pandas import read_excel
        import numpy as np
        df = read_excel(r'C:\Users\yubg\i_nuc.xls',sheet_name='Sheet4')
        df.head()
```

```
Out[1]:
          学号           手机号码            IP 地址
  0  2308024241  1.892225e+10     221.205.98.55
  1  2308024244  1.352226e+10    183.184.226.205
  2  2308024251  1.342226e+10     221.205.98.55
  3  2308024249  1.882226e+10     222.31.51.200
  4  2308024219  1.892225e+10      120.207.64.3

In [2]: r = np.random.randint(0,10,3)
        r
Out[2]: array([3, 4, 9])

In [3]: df.loc[r,:]   #抽取 r 行数据，也可以直接写成 df.loc[r]
Out[3]:
          学号           手机号码            IP 地址
  3  2308024249  1.882226e+10     222.31.51.200
  4  2308024219  1.892225e+10      120.207.64.3
  9  2308024320  1.332225e+10    221.205.98.55
```

6. 字典数据

将字典数据抽取为 dataframe 有 3 种方法。

（1）字典的 key 和 value 各作为一列。

```
In [1]: from pandas import DataFrame
   ...: import pandas as pd
   ...:
   ...: d1 = {"a":[1,2,3],"b":[4,5,6]}
   ...: a1=pd.DataFrame.from_dict(d1, orient='index')#将字典转为 dataframe,并且 key 列作为 index
   ...: a1.index.name="key" #将 index 的列名改成 "key"
   ...: b1 = a1.reset_index()#重新增加 index,原 index 作为"key"列
   ...: b1.columns=["key","value1","value2","value3"]#对列重新命名为 "key" 和 "value1"
"value2" "value3"
   ...: b1
Out[1]:
  key value1 value2 value3
0  a     1      2      3
1  b     4      5      6
```

上面的键值所对应的数据各做成了一列。下面的方法则是将键和值各做成了一列，只有两列，即键名做成了一列，整个键值做成了另一列，代码如下。

```
In [2]: df = pd.DataFrame([(i, j) for i, j in d1.items()],
   ...:                    columns=['key','value'])
   ...: print (df)
  key     value
0  a   [1, 2, 3]
1  b   [4, 5, 6]
```

也可以这样实现，代码如下。

```
In [3]: df = pd.DataFrame([d1.keys(), d1.values()]).T
   ...: df.columns = ['key','value']
   ...: df
Out[3]:
  key     value
0  a   [1, 2, 3]
1  b   [4, 5, 6]
```

（2）字典里的每一个元素作为一列（同长）。

```
In [2]: d2={'a':[1,2,3],'b':[4,5,6]}    #字典的值必须长度相等
        a2= DataFrame(d2)
        a2
```

```
Out[2]:
       a  b
    0  1  4
    1  2  5
    2  3  6
```

（3）字典里的每一个元素作为一列（不同长）。

```
In [3]: d = {'one' : pandas.Series([1, 2, 3]),
             'two' : pandas.Series([1, 2, 3, 4])}
                                        #字典的值的长度可以不相等
        df = pandas.DataFrame(d)
        df
Out[3]:
         one  two
    0    1.0    1
    1    2.0    2
    2    3.0    3
    3    NaN    4
```

也可以进行如下处理。

```
In [4]: import pandas
        from pandas import Series
        import numpy as np
        from pandas import DataFrame

        d = dict( A = np.array([1,2]), B = np.array([1,2,3,4]) )
        DataFrame(dict([(k,Series(v)) for k,v in d.items()]))

Out[4]:
           A  B
    0    1.0  1
    1    2.0  2
    2    NaN  3
    3    NaN  4
```

还可以进行如下处理。

```
In [5]: import numpy as np
        import pandas as pd

        my_dict = dict( A = np.array([1,2]), B = np.array([1,2,3,4]) )
        df = pd.DataFrame.from_dict(my_dict, orient='index').T
        df
Out[5]:
           A    B
    0    1.0  1.0
    1    2.0  2.0
    2    NaN  3.0
       NaN  4.0
```

6.1.3 插入记录

pandas 里并没有直接指定索引的插入行的方法，所以要自行设置。

```
In [1]: import pandas as pd
        df = pd.DataFrame({'a': [1, 2, 3], 'b': ['a', 'b', 'c'],'c': ["A","B","C"]})
        df
Out[1]:
         a  b  c
    0    1  a  A
    1    2  b  B
    2    3  c  C

In [2]: line = pd.DataFrame({df.columns[0]:"--", df.columns[1]:"--",
        df.columns[2]:"--"},
```

```
                index=[1]) #抽取 df 中 index=1 的行，并将此行第一列 columns[0]赋值 "--"，第二列、第三列
同样赋值 "--"
          line
      Out[2]:
                a  b  c
             1  -- -- --

      In [3]: df0 = pd.concat([df.loc[:0],line,df.loc[1:]])
              df0
      Out[3]:
                a  b  c
             0  1  a  A
             1  -- -- --
             1  2  b  B
             2  3  c  C
```

这里 df.loc[:0]不能写成 df.loc[0]，因为 df.loc[0]表示抽取 index=0 的行，返回的是序列，而不是数据框。

df0 没有给出新的索引，需要对索引重新进行设定。

方法 1 如下。

先利用 reset_index()函数给出新的索引，原索引将作为新增加的列 "index"，再利用 drop()删除新增的 "index" 列。此方法虽然有点烦琐，但有时确实有输出原索引的需求。

```
      In [4]: df1=df0.reset_index()   #还原索引，6.1.6 小节详细解释
              df1
      Out[4]:
                index  a  b  c
             0     0   1  a  A
             1     1   -- -- --
             2     1   2  b  B
             3     2   3  c  C

      In [5]: df2=df1.drop('index', axis=1)  #删除 "index" 列
              df2
      Out[5]:
                a  b  c
             0  1  a  A
             1  -- -- --
             2  2  b  B
             3  3  c  C
```

方法 2 如下。

直接在 reset_index()函数中添加 drop=True 参数，即删除原索引并给出新的索引。

```
      In [6]: df2=pd.concat([df.loc[:0],line,df.loc[1:]]).reset_index(drop=True)
              df2
      Out[6]:
                a  b  c
             0  1  a  A
             1  -- -- --
             2  2  b  B
             3  3  c  C
```

方法 3 如下。

先找出 df0 的索引长度 length=len(df0.index)，再利用整数序列函数 range(length) 生成索引，然后把生成的索引赋值给 df0.index。

```
      In [7]: df0.index=range(len(df0.index))
              df0
      Out[7]:
                a  b  c
```

```
0  1  a  A
1  -- -- --
2  2  b  B
3  3  c  C
```

6.1.4 修改记录

修改数据是常有的事情。例如，有些数据需要整体替换，有些需要个别修改等。

整列、整行替换比较容易做到，如 df['平时成绩']= score_2，这里的 score_2 表示将被填进去的数据列（可以是列表或者序列）。

但数据框中可能各列都有"NaN"的情况，需要把空值整体替换成"0"，以便于计算，类似于 Word 软件中的"查找和替换"（通过 Ctrl+H 组合键即可找到），具体示例如下。

```
In [1]: from pandas import read_excel
        df = pd.read_excel(r'C:\Users\yubg\i_nuc.xlsx',sheet_name='Sheet3')
        df.head()
Out[1]:
```

	学号	班级	姓名	性别	英语	体育	军训	数分	高代	解几
0	2308024241	23080242	成龙	男	76	78	77	40	23	60
1	2308024244	23080242	周怡	女	66	91	75	47	47	44
2	2308024251	23080242	张波	男	85	81	75	45	45	60
3	2308024249	23080242	朱浩	男	65	50	80	72	62	71
4	2308024219	23080242	封印	女	73	88	92	61	47	46

（1）单值替换。

df.replace('B', 'A')　　#用 A 替换 B，也可以用 df.replace({'B': 'A'})

```
In [2]: df.replace('作弊',0)    #用 0 替换"作弊"
Out[2]:
```

	学号	班级	姓名	性别	英语	体育	军训	数分	高代	解几
0	2308024241	23080242	成龙	男	76	78	77	40	23	60
1	2308024244	23080242	周怡	女	66	91	75	47	47	44
2	2308024251	23080242	张波	男	85	81	75	45	45	60
3	2308024249	23080242	朱浩	男	65	50	80	72	62	71
4	2308024219	23080242	封印	女	73	88	92	61	47	46
5	2308024201	23080242	迟培	男	60	50	89	71	76	71
6	2308024347	23080243	李华	女	67	61	84	61	65	78
7	2308024307	23080243	陈田	男	76	79	86	69	40	69
8	2308024326	23080243	余皓	男	66	67	85	65	61	71
9	2308024320	23080243	李嘉	女	62	0	90	60	67	77
10	2308024342	23080243	李上初	男	76	90	84	60	66	60
11	2308024310	23080243	郭窦	女	79	67	84	64	64	79
12	2308024435	23080244	姜毅涛	男	77	71	缺考	61	73	76
13	2308024432	23080244	赵宇	男	74	74	88	68	70	71
14	2308024446	23080244	周路	女	76	80	77	61	74	80
15	2308024421	23080244	林建祥	男	72	72	81	63	90	75
16	2308024433	23080244	李大强	男	79	76	77	78	70	70
17	2308024428	23080244	李侧通	男	64	96	91	69	60	77
18	2308024402	23080244	王慧	女	73	74	93	70	71	75
19	2308024422	23080244	李晓亮	男	85	60	85	72	72	83
20	2308024201	23080242	迟培	男	60	50	89	71	76	71

（2）指定列单值替换。

用 0 替换"体育"列中的"作弊"：

df.replace({'体育':'作弊'},0)

用0替换"体育"列中的"作弊"和"军训"列中的"缺考"：

df.replace({'体育':'作弊','军训':'缺考'},0)

```
In [3]: df.replace({'体育':'作弊'},0)      #用0替换"体育"列中的"作弊"
Out[3]:
```

	学号	班级	姓名	性别	英语	体育	军训	数分	高代	解几
0	2308024241	23080242	成龙	男	76	78	77	40	23	60
1	2308024244	23080242	周怡	女	66	91	75	47	47	44
2	2308024251	23080242	张波	男	85	81	75	45	45	60
3	2308024249	23080242	朱浩	男	65	50	80	72	62	71
4	2308024219	23080242	封印	女	73	88	92	61	47	46
5	2308024201	23080242	迟培	男	60	50	89	71	76	71
6	2308024347	23080243	李华	女	67	61	84	61	65	78
7	2308024307	23080243	陈田	男	76	79	86	69	40	69
8	2308024326	23080243	余皓	男	66	67	85	65	61	71
9	2308024320	23080243	李嘉	女	62	0	90	60	67	77
10	2308024342	23080243	李上初	男	76	90	84	60	66	60
11	2308024310	23080243	郭窦	女	79	67	84	64	64	79
12	2308024435	23080244	姜毅涛	男	77	71	缺考	61	73	76
13	2308024432	23080244	赵宇	男	74	74	88	68	70	71
14	2308024446	23080244	周路	女	76	80	77	61	74	80
15	2308024421	23080244	林建祥	男	72	72	81	63	90	75
16	2308024433	23080244	李大强	男	79	76	77	78	70	70
17	2308024428	23080244	李侧通	男	64	96	91	69	60	77
18	2308024402	23080244	王慧	女	73	74	93	70	71	75
19	2308024422	23080244	李晓亮	男	85	60	85	72	72	83
20	2308024201	23080242	迟培	男	60	50	89	71	76	71

（3）多值替换。

用"陈龙"替换"成龙"，用"周毅"替换"周怡"：df.replace(['成龙','周怡'],['陈龙','周毅'])
还可以用下面两种方式，输出效果一致。

df.replace({'成龙':'陈龙','周怡':'周毅'})

df.replace({'成龙','周怡'},{'陈龙','周毅'})

```
In [4]: df.replace({'成龙':'陈龙','周怡':'周毅'})
Out[4]:
```

	学号	班级	姓名	性别	英语	体育	军训	数分	高代	解几
0	2308024241	23080242	陈龙	男	76	78	77	40	23	60
1	2308024244	23080242	周毅	女	66	91	75	47	47	44
2	2308024251	23080242	张波	男	85	81	75	45	45	60
3	2308024249	23080242	朱浩	男	65	50	80	72	62	71
4	2308024219	23080242	封印	女	73	88	92	61	47	46
5	2308024201	23080242	迟培	男	60	50	89	71	76	71
6	2308024347	23080243	李华	女	67	61	84	61	65	78
7	2308024307	23080243	陈田	男	76	79	86	69	40	69
8	2308024326	23080243	余皓	男	66	67	85	65	61	71
9	2308024320	23080243	李嘉	女	62	作弊	90	60	67	77
10	2308024342	23080243	李上初	男	76	90	84	60	66	60
11	2308024310	23080243	郭窦	女	79	67	84	64	64	79

12	2308024435	23080244	姜毅涛	男	77	71	缺考	61	73	76
13	2308024432	23080244	赵宇	男	74	74	88	68	70	71
14	2308024446	23080244	周路	女	76	80	77	61	74	80
15	2308024421	23080244	林建祥	男	72	72	81	63	90	75
16	2308024433	23080244	李大强	男	79	76	77	78	70	70
17	2308024428	23080244	李侧通	男	64	96	91	69	60	77
18	2308024402	23080244	王慧	女	73	74	93	70	71	75
19	2308024422	23080244	李晓亮	男	85	60	85	72	72	83
20	2308024201	23080242	迟培	男	60	50	89	71	76	71

6.1.5 交换行或列

可以直接使用 df.reindex()方法交换两行或两列。df.reindex()方法在 6.1.6 小节将详细讲解。

```
In [1]: import pandas as pd
        df = pd.DataFrame({'a': [1, 2, 3],
                           'b': ['a', 'b', 'c'],
                           'c': ["A","B","C"]})
        df
Out[1]:
           a  b  c
        0  1  a  A
        1  2  b  B
        2  3  c  C

In [2]: hang=[0,2,1]
        df.reindex(hang)          #交换行
Out[2]:
           a  b  c
        0  1  a  A
        2  3  c  C
        1  2  b  B

In [3]: lie=['a','c','b']
        df.reindex(columns=lie)   #交换列
Out[3]:
           a  c  b
        0  1  A  a
        1  2  B  b
        2  3  C  c
```

也可以使用下面的方法，尽管有点麻烦，但也是个可行的方法。

```
In [4]: df.loc[[0,2],:]=df.loc[[2,0],:].values        #交换第 0、2 行两行
        df
Out[4]:
            a  b  c
        0   3  c  C
        1   2  b  B
        2   1  a  A

In [5]: df.loc[:,['b','a']] = df.loc[:,['a', 'b']].values     #交换 a、b 两列
        df
Out[5]:
           a  b  c
        0  c  3  C
        1  b  2  B
        2  a  1  A

In [6]: name=list(df.columns)  #提取列名并生成列表
```

```
                i=name.index("a")        #提取 a 的索引
                j=name.index("b")        #提取 b 的索引
                name[i],name[j]=name[j],name[i]        #交换 a、b 的位置

                df.columns=name    #将 a、b 交换位置后的列表作为 df 的列名
                df
Out[6]:
        b  a  c
     0  c  3  C
     1  b  2  B
     2  a  1  A
```

有了交换两列的方法，那么插入列就方便了。例如，要在 b、c 两列之间插入 d 列。

（1）增加 d 列 df0['d']='新增的值'。

（2）交换 c、d 两列的值。

（3）交换 c、d 两列的列名。

```
In [11]: df['d']=range(len(df.index))
          df
Out[11]:
          b  a  c  d
0  c  3  C  0
1  b  2  B  1
2  a  1  A  2

In [12]: df.loc[:,['c','d']]=df.loc[:,['d','c']].values
     : df
Out[12]:
        b  a  c  d
     0  c  3  0  C
     1  b  2  1  B
     2  a  1  2  A

In [13]: col_name = ["b","a","d","c"]
     : df.columns=col_name
     : df
Out[13]:
        b  a  d  c
     0  c  3  0  C
     1  b  2  1  B
     2  a  1  2  A
```

6.1.6 索引排名

1. sort_index()重新排序

序列的 sort_index(ascending=True)方法可以对索引进行排序，ascending 参数用于控制升序
（ascending=True）或降序（ascending=False），默认为升序。

在数据框中，sort_index(axis=0, by=None, ascending=True) 方法多了一个 axis（轴向的选择）参
数和一个 by 参数，by 参数的作用是针对某一（些）列进行排序（不能对行使用 by 参数）。

```
In [1]: from pandas import DataFrame
        df0={'Ohio':[0,6,3],'Texas':[7,4,1],'California':[2,8,5]}
        df=DataFrame(df0,index=['a','d','c'])
        df
Out[1]:
        Ohio  Texas  California
     a    0     7        2
     d    6     4        8
     c    3     1        5
```

```
n [2]: df.sort_index()    #默认按升序排列，降序排列需添加参数 ascending=False
Out[2]:
        California  Ohio  Texas
    a           2     0      7
    c           5     3      1
    d           8     6      4

In [3]: df.sort_index(axis=1)
Out[3]:
        California  Ohio  Texas
    a           2     0      7
    d           8     6      4
    c           5     3      1
```

说明：现已弃用 df.sort_index(by='Texas')对列进行排序。对列排序可以使用 df.sort_values('Texas')方法。

```
In [6]: df.sort_values(['Ohio','Texas'])
Out[6]:
     Ohio    Texas    California
a      0       7          2
c      3       1          5
d      6       4          8
```

Series.rank(method='average', ascending=True) 排名与排序的不同之处在于它会把对象的 values 替换成名次（从 1~n），对于平级项可以通过方法里的 method 参数来处理，method 参数有 4 个可选项：average、min、max、first。示例如下。

```
In [1]: from pandas import Series
        ser=Series([3,2,0,3],index=list('abcd'))
        ser
Out[18]:
    a    3
    b    2
    c    0
    d    3
dtype: int64

In [2]: ser.rank()
Out[2]:
    a    3.5
    b    2.0
    c    1.0
    d    3.5
dtype: float64

In [3]: ser.rank(method='min')
Out[3]:
    a    3.0
    b    2.0
    c    1.0
    d    3.0
dtype: float64

In [4]: ser.rank(method='max')
Out[4]:
    a    4.0
    b    2.0
    c    1.0
    d    4.0
dtype: float64
```

```
In [5]: ser.rank(method='first')
Out[5]:
        a    3.0
        b    2.0
        c    1.0
        d    4.0
dtype: float64
```

▶注意：在 ser[0]和 ser[3]这对平级项上，不同 method 参数表现出不同的名次。数据框的 rank(axis=0, method='average', ascending=True)方法多了一个 axis 参数，可选择按行或列分别进行排名。

2. reindex()重新设置索引

序列对象要重新设置索引可通过 reindex(index=None,**kwargs) 方法实现。**kwargs 中常用的参数有两个，method=None 和 fill_value=np.NaN。

```
In [1]: from pandas import Series
        ser = Series([4.5,7.2,-5.3,3.6],index=['d','b','a','c'])
        A = ['a','b','c','d','e']
        ser.reindex(A)
Out[1]:
        a   -5.3
        b    7.2
        c    3.6
        d    4.5
        e    NaN
dtype: float64

In [2]: ser = ser.reindex(A,fill_value=0)
        ser
Out[2]:
        a   -5.3
        b    7.2
        c    3.6
        d    4.5
        e    0.0
dtype: float64

In [3]: ser.reindex(A,method='ffill')
Out[3]:
        a   -5.3
        b    7.2
        c    3.6
        d    4.5
        e    0.0
dtype: float64

In [4]: ser.reindex(A,fill_value=0,method='ffill')
Out[4]:
        a   -5.3
        b    7.2
        c    3.6
        d    4.5
        e    0.0
dtype: float64
```

reindex()方法会返回一个新对象，其索引严格遵循给出的参数，method:{'backfill', 'bfill', 'pad', 'ffill', None} 参数用于指定插值（填充）方式，当没有指定时，默认用 fill_value 方式填充，值为 NaN。ffill/pad、bfill/backfill 分别表示插值时向前取值还是向后取值。

pad/ffill：用前一个非缺失值去填充该缺失值。

backfill/bfill：用后一个非缺失值填充该缺失值。

None：指定一个值去替换缺失值。

数据框的 reindex()方法更多的不是修改数据框对象的索引，而只是修改索引的顺序，如果修改的索引不存在，就会使用默认的 None 代替此行，并且不会修改原数据框，如要修改则需要使用赋值语句。

```
In [1]: import numpy as np
        import pandas as pd
        df= pd.DataFrame(np.arange(9).reshape((3,3)),
                              index=['a','d','c'],
                              columns=['c1','c2','c3'])
        df
Out[1]:
           c1  c2  c3
        a   0   1   2
        d   3   4   5
        c   6   7   8


In [2]: #按照给定的索引重新排序
        df_na=df.reindex(index=['a', 'c', 'b', 'd'])
        df_na
Out[2]:
           c1    c2    c3
        a  0.0   1.0   2.0
        c  6.0   7.0   8.0
        b  NaN   NaN   NaN
        d  3.0   4.0   5.0


In [3]: #对新产生的索引行按 method 给定的方式赋值
        df_na.fillna(method='ffill',axis=0)
Out[3]:
           c1    c2    c3
        a  0.0   1.0   2.0
        c  6.0   7.0   8.0
        b  6.0   7.0   8.0
        d  3.0   4.0   5.0


In [4]: #对列按照给定列名索引重新排序
        states = ['c1', 'b2', 'c3']
        df1=df.reindex(columns=states)
        df1
Out[4]:
           c1   b2   c3
        a   0   NaN   2
        d   3   NaN   5
        c   6   NaN   8


In [5]: #对新产生的索引列按 method 给定的方式赋值
        df1.fillna(method='ffill',axis=1)
Out[5]:
           c1    b2    c3
        a  0.0   0.0   2.0
        d  3.0   3.0   5.0
        c  6.0   6.0   8.0


In [6]: #也可对列按照给定列名索引重新排序并为新产生的列名赋值
        df2=df.reindex(columns=states,fill_value=1)
        df2
```

```
Out[6]:
       c1 b2 c3
    a   0  1  2
    d   3  1  5
    c   6  1  8
```

3. set_index()索引重置

前面用到过 set_index()方法，可以将数据框的某列设置为索引。

DataFrame.set_index(keys,

                   drop=True,

                   append=False,

                   inplace=False)

append 为 True 时，保留原索引并添加新索引；drop 为 False 时，保留被作为索引的列；inplace 为 True 时，在原数据框上修改。

通过 set_index()方法不仅可以设置单索引，还可以设置复合索引，用于打造层次化索引。

```
In [1]: import pandas as pd
        df = pd.DataFrame({'a': [1, 2, 3], 'b': ['a', 'b', 'c'],'c': ["A","B","C"]})
        df
Out[1]:
        a  b  c
    0   1  a  A
    1   2  b  B
    2   3  c  C

In [2]: df.set_index(['b','c'],
            drop=False,     #保留 b、c 两列
            append=True,    #保留原来的索引
            inplace=False)   #保留原 df，即不在原 df 上修改，生成新的数据框
Out[2]:
              a  b  c
      b c
    0 a A  1  a  A
    1 b B  2  b  B
    2 c C  3  c  C
```

▶注意：默认情况下，设置成索引的列会从数据框中移除，设置 drop=False 会将其保留下来。

4. reset_index()索引还原

reset_index()可以还原索引，可将其还原为默认的整型索引，即 reset_index()是 set_index()的"逆运算"。

df.reset_index(level=None, drop=False, inplace=False, col_level=0, col_fill='')

level 用于指明具体要还原的索引的等级。

```
In [1]: import pandas as pd
        df = pd.DataFrame({'a': [1, 2, 3], 'b': ['a', 'b', 'c'],'c': ["A","B","C"]})
        df1=df.set_index(['b','c'],drop=False, append=True, inplace=False)
        df1
Out[1]:
              a  b  c
      b c
    0 a A  1  a  A
    1 b B  2  b  B
    2 c C  3  c  C

In [2]: df1.reset_index(level='b', drop=True, inplace=False, col_level=0)
```

```
Out[2]:
        a b c
     c
   0 A 1 a A
   1 B 2 b B
   2 C 3 c C
```

6.1.7 数据合并与分组

1. 记录合并

记录合并是指两个结构相同的数据框合并成一个数据框,也就是在一个数据框中追加另一个数据框的数据记录。

concat([dataFrame1, dataFrame2,…])

dataFrame1:数据框 1。

dataFrame2:数据框 2。

返回值:数据框。

```
In [1]: from pandas import read_excel
        df1 = read_excel(r'C:\Users\yubg\i_nuc.xlsx',sheet_name='Sheet3')
        df1.head()
Out[1]:
          学号          班级       姓名 性别 英语  体育  军训  数分  高代  解几
    0  2308024241  23080242   成龙   男  76   78   77   40   23   60
    1  2308024244  23080242   周怡   女  66   91   75   47   47   44
    2  2308024251  23080242   张波   男  85   81   75   45   45   60
    3  2308024249  23080242   朱浩   男  65   50   80   72   62   71
    4  2308024219  23080242   封印   女  73   88   92   61   47   46

In [2]: df2 = read_excel(r'C:\Users\yubg\i_nuc.xlsx',sheet_name='Sheet5')
        df2
Out[2]:
          学号          班级       姓名 性别 英语  体育  军训  数分  高代  解几
    0  2308024501  23080245   李同    男  64   96   91   69   60   77
    1  2308024502  23080245   王致意  女  73   74   93   70   71   75
    2  2308024503  23080245   李同维  男  85   60   85   72   72   83
    3  2308024504  23080245   池莉    男  60   50   89   71   76   71

In [3]: df=pandas.concat([df1,df2])
        df
Out[3]:
          学号          班级       姓名 性别 英语  体育  军训  数分  高代  解几
    0  2308024241  23080242   成龙    男   76   78   77   40   23   60
    1  2308024244  23080242   周怡    女   66   91   75   47   47   44
    2  2308024251  23080242   张波    男   85   81   75   45   45   60
    3  2308024249  23080242   朱浩    男   65   50   80   72   62   71
    4  2308024219  23080242   封印    女   73   88   92   61   47   46
    5  2308024201  23080242   迟培    男   60   50   89   71   76   71
    6  2308024347  23080243   李华    女   67   61   84   61   65   78
    7  2308024307  23080243   陈田    男   76   79   86   69   40   69
    8  2308024326  23080243   余皓    男   66   67   85   65   61   71
    9  2308024320  23080243   李嘉    女   62   作弊  90   60   67   77
   10  2308024342  23080243   李上初  男   76   90   84   60   66   60
   11  2308024310  23080243   郭窦    女   79   67   84   64   64   79
```

12	2308024435	23080244	姜毅涛	男	77	71	缺考	61	73	76
13	2308024432	23080244	赵宇	男	74	74	88	68	70	71
14	2308024446	23080244	周路	女	76	80	77	61	74	80
15	2308024421	23080244	林建祥	男	72	72	81	63	90	75
16	2308024433	23080244	李大强	男	79	76	77	78	70	70
17	2308024428	23080244	李侧通	男	64	96	91	69	60	77
18	2308024402	23080244	王慧	女	73	74	93	70	71	75
19	2308024422	23080244	李晓亮	男	85	60	85	72	72	83
20	2308024201	23080242	迟培	男	60	50	89	71	76	71
0	2308024501	23080245	李同	男	64	96	91	69	60	77
1	2308024502	23080245	王致意	女	73	74	93	70	71	75
2	2308024503	23080245	李同维	男	85	60	85	72	72	83
3	2308024504	23080245	池莉	男	60	50	89	71	76	71

两个数据框的数据记录都合并到一起，实现了数据记录的追加，但是记录的索引并没有顺延，仍然保持着原有的状态。4.2 节讲过合并两个数据框的 append()方法，再复习一下。

```
df.append(df2, ignore_index=True)    #把 df2 追加到 df 中，索引直接顺延
```

这里采用同样的方法添加 ignore_index=True 参数即可。

```
pandas.concat([df1,df2] ,ignore_index=True)
```

2．字段合并

字段合并是指将同一个数据框中的不同列进行合并，形成新的列。

X = x1+x2+…

x1：数据列 1。

x2：数据列 2。

返回值：序列。要求合并的序列长度一致。

```
In [1]: from pandas import DataFrame
        df = DataFrame({'band':[189,135,134,133],
                'area':['0351','0352','0354','0341'],
                'num':[2190,8513,8080,7890]})
        df
Out[1]:
        area  band   num
    0   0351   189  2190
    1   0352   135  8513
    2   0354   134  8080
    3   0341   133  7890

In [2]: df = df.astype(str)
        tel=df['band']+df['area']+df['num']
        tel
Out[2]:
    0   18903512190
    1   13503528513
    2   13403548080
    3   13303417890
dtype: object

In [3]: df['tel']=tel
        df
Out[3]:
        area band   num        tel
    0   0351  189  2190  18903512190
    1   0352  135  8513  13503528513
    2   0354  134  8080  13403548080
    3   0341  133  7890  13303417890
```

3．字段匹配

字段匹配是指不同结构的数据框（两个或以上的数据框），按照一定的条件进行匹配并合并，即追加列，类似于 Excel 中的 VLOOKUP 函数。例如，有两个数据框，第一个数据框中有学号、姓名，第二个数据框中有学号、手机号码，现需要整理一份包含学号、姓名、手机号码的数据框，此时就需要使用 merge() 函数。

merge(x,y,left_on,right_on)

x：第一个数据框。

y：第二个数据框。

left_on：第一个数据框中用于匹配的列。

right_on：第二个数据框中用于匹配的列。

返回值：数据框。

```
In [1]: import pandas as pd
        from pandas import read_excel
        df1= pd.read_excel(r' C:\Users\yubg\i_nuc.xlsx',sheet_name ='Sheet3')
        df1.head()
Out[1]:
           学号          班级      姓名 性别 英语 体育 军训 数分 高代 解几
        0 2308024241  23080242  成龙 男   76  78  77  40  23  60
        1 2308024244  23080242  周怡 女   66  91  75  47  47  44
        2 2308024251  23080242  张波 男   85  81  75  45  45  60
        3 2308024249  23080242  朱浩 男   65  50  80  72  62  71
        4 2308024219  23080242  封印 女   73  88  92  61  47  46

In [2]: df2= pd.read_excel(r'C:\Users\yubg\i_nuc.xlsx',sheet_name ='Sheet4')
        df2.head()
Out[2]:
           学号          手机号码           IP 地址
        0 2308024241  1.892225e+10    221.205.98.55
        1 2308024244  1.352226e+10    183.184.226.205
        2 2308024251  1.342226e+10    221.205.98.55
        3 2308024249  1.882226e+10    222.31.51.200
        4 2308024219  1.892225e+10    120.207.64.3

In [3]: df=pd.merge(df1,df2,left_on='学号',right_on='学号')
        df.head()
Out[3]:
           学号          班级      姓名 性别 英语 体育 军训 数分 高代 解几    手机号码\
        0 2308024241  23080242  成龙 男   76  78  77  40  23  60  1.892225e+10
        1 2308024244  23080242  周怡 女   66  91  75  47  47  44  1.352226e+10
        2 2308024251  23080242  张波 男   85  81  75  45  45  60  1.342226e+10
        3 2308024249  23080242  朱浩 男   65  50  80  72  62  71  1.882226e+10
        4 2308024219  23080242  封印 女   73  88  92  61  47  46  1.892225e+10
        5 2308024201  23080242  迟培 男   60  50  89  71  76  71  NaN
        6 2308024201  23080242  迟培 男   60  50  89  71  76  71  NaN

                 IP 地址
        0     221.205.98.55
        1   183.184.226.205
        2     221.205.98.55
        3     222.31.51.200
        4     120.207.64.3
        5     222.31.51.200
        6     222.31.51.200
```

上述代码匹配了有相同学号的行，对于 df1 中的重复记录，df2 也进行了重复的匹配。假如第一个数据框 df1 中有"学号=2308024200"，第二个数据框 df2 中没有"学号=2308024200"，则在结果中不会有"学号=2308024200"的记录。

merge()还有以下参数。

how：连接方式，包括 inner（默认，取交集）、outer（取并集）、left（左侧数据框取全部）、right（右侧数据框取全部）。

on：用于连接的列名，必须同时存在于左右两个数据框对象中，如果未指定，则以 left 和 right 列名的交集作为连接键（列名）。如果左右侧数据框的连接键不一致，但是取值有重叠，就要用到上面示例的方法，使用 left_on、right_on 来指定左右连接键。

```
In [1]: import pandas as pd
        df1 = pd.DataFrame({'key':['b','b','a','c','a','a','b'],'data1': range(7)})
        df1
Out[1]:
        data1 key
    0      0   b
    1      1   b
    2      2   a
    3      3   c
    4      4   a
    5      5   a
    6      6   b
In [2]: df2 = pd.DataFrame({'key':['a','b','d'],'data2':range(3)})
        df2
Out[2]:
        data2 key
    0      0   a
    1      1   b
    2      2   d

In [3]: df1.merge(df2,on = 'key',how = 'right')
            #右连接，右侧数据框取全部，左侧数据框取部分
Out[3]:
        data1 key  data2
    0    0.0   b      1
    1    1.0   b      1
    2    6.0   b      1
    3    2.0   a      0
    4    4.0   a      0
    5    5.0   a      0
    6    NaN   d      2

In [4]: df1.merge(df2,on = 'key',how = 'outer')#外连接，取并集，并用 NaN 填充
Out[4]:
        data1 key  data2
    0    0.0   b    1.0
    1    1.0   b    1.0
    2    6.0   b    1.0
    3    2.0   a    0.0
    4    4.0   a    0.0
    5    5.0   a    0.0
    6    3.0   c    NaN
    7    NaN   d    2.0
```

4. 数据分组

根据数据分析对象的特征，按照一定的数据指标，把数据划分到不同的区间来进行研究，以揭示其内在的联系和规律性。简单来说，就是新增一列，将原来的数据按照其性质归入新的类别中。

cut(series,bins,right=True,labels=NULL)

series：需要分组的数据。

bins：分组的依据，即分段的标准或尺度。

right：分组的时候右边是否闭合。

labels：分组的自定义标签，可以不自定义。

现有数据如图 6-1 所示，将数据进行分组。

学号	解几
2308024241	60
2308024244	44
2308024251	60
2308024249	71
2308024219	46

⇒

学号	解几	类别
2308024241	60	及格
2308024244	44	不及格
2308024251	60	及格
2308024249	71	良好
2308024219	46	不及格

图 6-1　数据分组

```
In [1]: from pandas import read_excel
        import pandas as pd
        df = pd.read_excel(r'C:\Users\yubg\rz.xlsx')
        df.head()      #查看前5行数据
Out[1]:
            学号          班级      姓名  性别  英语  体育  军训  数分  高代  解几
        0  2308024241  23080242  成龙  男   76   78   77   40   23   60
        1  2308024244  23080242  周怡  女   66   91   75   47   47   44
        2  2308024251  23080242  张波  男   85   81   75   45   45   60
        3  2308024249  23080242  朱浩  男   65   50   80   72   62   71
        4  2308024219  23080242  封印  女   73   88   92   61   47   46


In [2]: df.shape       #查看df的"形状"
Out[2]: (21, 10)       #df共有21行10列


In [3]: bins=[min(df.解几)-1,60,70,80,max(df.解几)+1]
        lab=["不及格","及格","良好","优秀"]
        demo=pd.cut(df.解几,bins,right=False,labels=lab)
        demo.head()        #仅显示前5行数据
Out[3]:
        0     及格
        1     不及格
        2     及格
        3     良好
        4     不及格
Name: 解几, dtype: category
Categories (4, object): [不及格 < 及格 < 良好 < 优秀]


In [4]: df['demo']=demo
        df.head()
Out[4]:
            学号          班级      姓名  性别  英语  体育  军训  数分  高代  解几  demo
        0  2308024241  23080242  成龙  男   76   78   77   40   23   60   及格
        1  2308024244  23080242  周怡  女   66   91   75   47   47   44   不及格
        2  2308024251  23080242  张波  男   85   81   75   45   45   60   及格
        3  2308024249  23080242  朱浩  男   65   50   80   72   62   71   良好
        4  2308024219  23080242  封印  女   73   88   92   61   47   46   不及格
```

bins 的取值应采用最大值的取法，即 max(df.解几)+1 中要有一个数大于前一个数（80），否则会提示出错。例如，本例中最大的分值为 83，若设置 bins=[min(df.解几)-1,60,70,80,90,max(df.解几)+1]，虽然"不及格""及格""中等""良好""优秀"都齐了，但是会报错，因为最后一项"max(df.解几)+1"其实是 83+1，也就是 84，比前一项 90 小，这不符合单调递增原则。所以遇到这

种情况，最好先把最大值和最小值求出来，再进行分组。

6.1.8 数据运算

通过对各字段进行加、减、乘、除四则算术运算，将计算出的结果作为新的字段，如图 6-2 所示。

学号	姓名	高代	解几
2308024241	成龙	23	60
2308024244	周怡	47	44
2308024251	张波	45	60
2308024249	朱浩	62	71
2308024219	封印	47	46

⇨

学号	姓名	高代	解几	高代+解几
2308024241	成龙	23	60	83
2308024244	周怡	47	44	91
2308024251	张波	45	60	105
2308024249	朱浩	62	71	133
2308024219	封印	47	46	93

图 6-2　将字段之间的运算结果作为新的字段

```
In [1]: from pandas import read_excel
        df = read_excel(r'c:\Users\yubg\i_nuc.xls',sheet_name='Sheet3')
        df.head()
Out[1]:
               学号        班级    姓名 性别 英语  体育  军训  数分  高代  解几
        0  2308024241  23080242  成龙  男   76   78   77   40   23   60
        1  2308024244  23080242  周怡  女   66   91   75   47   47   44
        2  2308024251  23080242  张波  男   85   81   75   45   45   60
        3  2308024249  23080242  朱浩  男   65   50   80   72   62   71
        4  2308024219  23080242  封印  女   73   88   92   61   47   46

In [2]: jj=df['解几'].astype('int')    #将 df 中的“解几”转化为整型
        df['高代'] = df['高代'].fillna(0);
        gd=df['高代'].astype('int')

        df['高代+解几']=jj+gd         #在 df 中新增“高代+解几”列，值为 jj+gd
        df.head()
Out[2]:
               学号        班级    姓名 性别 英语 体育 军训  数分  高代  解几  高代+解几
        0  2308024241  23080242  成龙  男   76   78   77   40   23   60    83
        1  2308024244  23080242  周怡  女   66   91   75   47   47   44    91
        2  2308024251  23080242  张波  男   85   81   75   45   45   60    105
        3  2308024249  23080242  朱浩  男   65   50   80   72   62   71    133
        4  2308024219  23080242  封印  女   73   88   92   61   47   46    93
```

6.1.9 日期处理

1．日期转换

日期转换是将字符型的日期格式转换为日期格式数据的过程。

to_datetime(dateString, format)

format 表示内容如下。

%Y：年份。

%m：月份。

%d：日期。

%H：小时。

%M：分钟。

%S：秒。

例如，to_datetime(df.注册时间,format='%Y/%m/%d')。

```
In [1]: from pandas import read_excel
        from pandas import to_datetime
        df = read_excel(r'C:\Users\yubg\rz.xlsx', sheet_name ='Sheet6')
        df
Out[1]:
        num  price  year  month      date
     0  123    159  2016      1  2016/6/1
     1  124    753  2016      2  2016/6/2
     2  125    456  2016      3  2016/6/3
     3  126    852  2016      4  2016/6/4
     4  127    210  2016      5  2016/6/5
     5  115    299  2016      6  2016/6/6
     6  102    699  2016      7  2016/6/7
     7  201    599  2016      8  2016/6/8
     8  154    199  2016      9  2016/6/9
     9  142    899  2016     10  2016/6/10

In [2]: df_dt = to_datetime(df.date,format="%Y/%m/%d")
        df_dt
Out[2]:
     0   2016-06-01
     1   2016-06-02
     2   2016-06-03
     3   2016-06-04
     4   2016-06-05
     5   2016-06-06
     6   2016-06-07
     7   2016-06-08
     8   2016-06-09
     9   2016-06-10
Name: date, dtype: datetime64[ns]
```

▶注意：CSV 文件的格式应是 UTF8 格式，否则会报错。另外，CSV 文件里 date 的格式是文本（字符串）格式。

2. 日期格式化

日期格式化是指将日期型的数据按照给定的格式转化为字符型的数据。

apply(lambda x:处理逻辑)

datetime.strftime(x,format)

例如，将日期型数据转化为字符型数据。

```
In[1]:from pandas import read_excel
      from pandas import to_datetime
      from datetime import datetime

      df = read_excel(r'C:\Users\yubg\rz.xlsx', sheet_name ='Sheet6')
      df_dt = to_datetime(df.date,format="%Y/%m/%d")

      df_dt_str=df_dt.apply(lambda x: datetime.strftime(x,"%Y/%m/%d"))
          #apply()见后注

      df_dt_str
Out[1]:
      0    2016/06/01
      1    2016/06/02
      2    2016/06/03
      3    2016/06/04
      4    2016/06/05
```

```
         5    2016/06/06
         6    2016/06/07
         7    2016/06/08
         8    2016/06/09
         9    2016/06/10
Name: date, dtype: object
```

▶注意：当希望将函数应用到数据框对象的行或列时，可以使用 apply(f, axis=0, args=(), **kwds) 方法，axis=0 表示按列运算，axis=1 表示按行运算。

```
In [1]: from pandas import DataFrame
        df=DataFrame({'ohio':[1,3,6],'texas':[1,4,5],'california':[2,5,8]},
        index= ['a','c','d'])
        df
Out[1]:
        california  ohio  texas
     a           2     1      1
     c           5     3      4
     d           8     6      5
In [2]: f = lambda x:x.max()-x.min()
        df.apply(f)   #默认按列运算, 同 df.apply(f,axis=0)
Out[2]:
     california    6
     ohio          5
     texas         4
dtype: int64
In [3]:df.apply(f,axis=1)   #按行运算
Out[3]:
     a    1
     c    2
     d    3
dtype: int64
```

3. 日期抽取

日期抽取是指从日期数据里抽取出需要的部分属性。

Data_dt.dt.property
相关属性说明如下。

second：1～60 秒，抽取结果为从 1～60。

minute：1～60 分，抽取结果为 1～60。

hour：1～24 小时，抽取结果为 1～24。

day：1～31 日，一个月中第几天，抽取结果为 1～31。

month：1～12 月，抽取结果为 1～12。

year：年份。

weekday：1～7，一周中的第几天，抽取结果最小为 1，最大为 7。

例如，对日期进行抽取。

```
In [1]: from pandas import read_excel
        from pandas import to_datetime
        df = read_excel(r'C:\Users\yubg\rz.xlsx', sheet_name ='Sheet6')
        df
Out[1]:
        num  price  year  month      date
     0  123    159  2016      1   2016/6/1
     1  124    753  2016      2   2016/6/2
```

```
        2  125      456   2016      3    2016/6/3
        3  126      852   2016      4    2016/6/4
        4  127      210   2016      5    2016/6/5
        5  115      299   2016      6    2016/6/6
        6  102      699   2016      7    2016/6/7
        7  201      599   2016      8    2016/6/8
        8  154      199   2016      9    2016/6/9
        9  142      899   2016     10   2016/6/10
In [2]: df_dt =to_datetime(df.date,format='%Y/%m/%d')
        df_dt
Out[2]:
        0    2016-06-01
        1    2016-06-02
        2    2016-06-03
        3    2016-06-04
        4    2016-06-05
        5    2016-06-06
        6    2016-06-07
        7    2016-06-08
        8    2016-06-09
        9    2016-06-10
Name: date, dtype: datetime64[ns]
In [3]:df_dt.dt.year
Out[3]:
        0    2016
        1    2016
        2    2016
        3    2016
        4    2016
        5    2016
        6    2016
        7    2016
        8    2016
        9    2016
Name: date, dtype: int64
In [4]: df_dt.dt.day
Out[4]:
        0     1
        1     2
        2     3
        3     4
        4     5
        5     6
        6     7
        7     8
        8     9
        9    10
Name: date, dtype: int64
# 以下自行验证

df_dt.dt.month
df_dt.dt.weekday
df_dt.dt.second
df_dt.dt.hour
```

6.2 数据标准化

在进行数据分析之前，我们通常需要将数据进行标准化（Normalization），利用标准化后的数据进行分析。数据的标准化是将数据按比例缩放，使之落入一个小的特定区间。在某些比较和评价的指标处理中经常会用到数据标准化，它能去除数据的单位限制，将其转化为无量纲的纯数值，便于不同单位或量级的指标能够进行比较和加权。

　　数据标准化处理主要包括数据同趋化处理和无量纲化处理两个方面。数据同趋化处理主要解决不同性质的数据问题，数据无量纲化处理主要用于实现数据的可比性。数据标准化的方法有很多种，常用的有"min-max 标准化""Z-score 标准化""按小数定标准化"等。经过数据标准化处理，原始数据可转换为无量纲化指标值，即各指标值都处于同一个数量级别上，便于进行综合测评分析。

6.2.1 min-max 标准化

min-max 标准化又称离差标准化，是对原始数据的线性变换，使结果映射到区间[0,1]且无量纲。公式如下。

$$X^* = (x-\min) / (\max-\min)$$

其中 max 表示样本最大值，min 表示样本最小值。

当有新数据加入时需要重新进行数据归一化。

```
In [1]: from pandas import read_excel
        df = read_excel(r'C:\Users\yubg\OneDrive\2018book\i_nuc.xls',sheet_name='Sheet3')
        df.head()
Out[1]:
              学号        班级       姓名 性别 英语 体育 军训 数分 高代 解几
        0  2308024241  23080242   成龙  男   76  78  77  40  23  60
        1  2308024244  23080242   周怡  女   66  91  75  47  47  44
        2  2308024251  23080242   张波  男   85  81  75  45  45  60
        3  2308024249  23080242   朱浩  男   65  50  80  72  62  71
        4  2308024219  23080242   封印  女   73  88  92  61  47  46

In [2]: for i in df.columns[-6:]:
            df[i]=pd.to_numeric(df[i],errors='coerce')#errors='coerce'表示不可解析的只替
换为Nan
        df=df.fillna(0)
        scale= (df.数分.astype(int)-df.数分.astype(int).min())/(
            df.数分.astype(int).max()-df.数分.astype(int).min())
        scale.head()
Out[2]:
        0    0.000000
        1    0.184211
        2    0.131579
        3    0.842105
        4    0.552632
Name: 数分, dtype: float64
```

归一化还可以用如下方法。

对正项序列 $x_1,x_2,\cdots,x_n$ 进行变换，即：

$$y_i = \frac{x_i}{\sum_{i=1}^{n} x_i}$$

则新序列 $y_1,y_2,\cdots,y_n \in [0,1]$ 且无量纲，并且显然有 $\sum_{i=1}^{n} y_i = 1$。

6.2.2 Z-score 标准化

Z-score 标准化根据原始数据的均值（Mean）和标准差（Standard Deviation），进行数据的标准化。经过处理的数据符合标准正态分布，即均值为 0，标准差为 1，转化函数为：

$$X^* = (x - \mu)/\sigma$$

其中 μ 表示所有样本数据的均值，σ 表示所有样本数据的标准差。将数据按属性（按列进行）减去均值，并除以标准差，得到的结果是每个属性（每列）的数据都聚集在 0 附近，标准差为 1。

Z-score 标准化适用于属性的最大值和最小值未知的情况，或有超出取值范围的离群数据的情况。标准化后的数据围绕 0 上下波动，数据大于 0 说明高于平均水平，数据小于 0 说明低于平均水平。

使用 sklearn.preprocessing.scale() 函数可以直接对给定数据进行 Z-score 标准化。

```
In [3]: from sklearn import preprocessing
        import numpy as np

        df1=df['数分']
        df_scaled = preprocessing.scale(df1)
        df_scaled
Out[3]:
      array([-2.50457384, -1.75012229, -1.96567988,  0.94434751, -0.2412192 ,
              0.83656872, -0.2412192 ,  0.62101114,  0.18989597, -0.34899799,
             -0.34899799,  0.08211717, -0.2412192 ,  0.51323234, -0.2412192 ,
             -0.02566162,  1.59102027,  0.62101114,  0.72878993,  0.94434751,
              0.83656872])
```

也可以使用 sklearn.preprocessing.StandardScaler() 类，使用该类的好处在于可以保存训练集中的参数（均值、标准差），直接使用其对象转换测试集数据。

```
In [4]: X = np.array([[ 1., -1.,  2.],[ 2.,  0.,  0.],[ 0.,  1., -1.]])
        X
Out[4]:
      array([[ 1., -1.,  2.],
             [ 2.,  0.,  0.],
             [ 0.,  1., -1.]])

In [5]: scaler = preprocessing.StandardScaler().fit(X)    #计算均值和方差
        scaler
Out[5]: StandardScaler(copy=True, with_mean=True, with_std=True)

In [6]: scaler.mean_   #求均值
Out[6]: array([ 1.        ,  0.        ,  0.33333333])

In [7]: scaler.scale_  #求标准差
Out[7]: array([ 0.81649658,  0.81649658,  1.24721913])

In [8]: scaler.var_   #求方差
Out[8]: array([ 0.66666667,  0.66666667,  1.55555556])

In [9]: scaler.transform(X)   #使用scaler中的均值、方差转化X，使其标准化
Out[9]:
      array([[ 0.        , -1.22474487,  1.33630621],
             [ 1.22474487,  0.        , -0.26726124],
             [-1.22474487,  1.22474487, -1.06904497]])

In [10]:#可以直接使用训练集对测试集数据进行转换
        scaler.transform([[-1.,  1.,  0.]])
Out[10]: array([[-2.44948974,  1.22474487, -0.26726124]])
```

6.3 数据分析

本节主要利用 Python 的 NumPy、pandas 和 SciPy 等常用分析工具并结合常用的统计量来进行数据的描述，把数据的特征和内在结构展现出来。

6.3.1 基本统计分析

基本统计分析又叫描述性统计分析，一般分析某个变量的最小值、第一个四分位数、中值、第三个四分位数及最大值。

数据的中心位置是很容易想到的数据特征。由中心位置，我们可以了解数据的平均情况，如果要对新数据进行预测，那么平均情况是非常直观的选择。数据的中心位置可用均值、中位数、众数等来表示。其中均值和中位数用于分析定量的数据，众数用于分析定性的数据。对于定量数据来说，均值是总和除以总量，中位数是数值大小位于中间（奇偶总量处理不同）的值。均值相对中位数来说，包含的信息量更大，但是容易受异常值的影响。例如，一个单位有个别人工资特别高，年薪达300万元，但是普通人员的工资大多在10万元左右。如果用均值，则均值达到25万元，这里大部分人都"被平均"了，实际很多人达不到这个收入水准；如果用中位数，中位数等于8.3万元，这就很客观地反映这个单位的大多数人的收入水平。

描述性统计分析函数为describe()。返回值包括均值、标准差、最大值、最小值、分位数等。括号中可以带一些参数，例如，percentitles=[0,2,0.4,0.6,0.8]就是指定只计算0.2、0.4、0.6、0.8分位数，而不是默认的1/4、1/2、3/4分位数。

常用的统计函数如下。

size：用于计数（此函数不需要括号）。

sum()：用于求和。

mean()：用于计算均值。

var()：用于计算方差。

std()：用于计算标准差。

【例6-1】数据的基本统计。

```
In [1]: import pandas as pd
        df = pd.read_excel(r'C:\Users\yubg\i_nuc.xlsx',sheet_name='Sheet7')
        df.head()
Out[1]:
            学号          班级       姓名  性别  英语  体育  军训  数分  高代  解几
    0  2308024241   23080242   成龙   男   76   78   77   40   23   60
    1  2308024244   23080242   周怡   女   66   91   75   47   47   44
    2  2308024251   23080242   张波   男   85   81   75   45   45   60
    3  2308024249   23080242   朱浩   男   65   50   80   72   62   71
    4  2308024219   23080242   封印   女   73   88   92   61   47   46


In [2]: df.数分.describe()     #查看"数分"列的基本统计量
Out[2]:
    count    20.000000
    mean     62.850000
    std       9.582193
    min      40.000000
    25%      60.750000
    50%      63.500000
    75%      69.250000
    max      78.000000
Name: 数分, dtype: float64

In [3]: df.describe()    #所有列的基本统计量
Out[3]:
```

	学号	班级	英语	体育	军训	数分 \
count	2.000000e+01	2.000000e+01	20.000	20.000000	20.000000	20.000000
mean	2.308024e+09	2.308024e+07	72.550	70.250000	75.800000	62.850000
std	8.399160e+01	8.522416e-01	7.178	20.746274	26.486541	9.582193
min	2.308024e+09	2.308024e+07	60.000	0.000000	0.000000	40.000000
25%	2.308024e+09	2.308024e+07	66.000	65.500000	77.000000	60.750000
50%	2.308024e+09	2.308024e+07	73.500	74.000000	84.000000	63.500000
75%	2.308024e+09	2.308024e+07	76.250	80.250000	88.250000	69.250000
max	2.308024e+09	2.308024e+07	85.000	96.000000	93.000000	78.000000

	高代	解几
count	20.000000	20.000000
mean	62.150000	69.650000
std	15.142394	10.643876
min	23.000000	44.000000
25%	56.750000	66.750000
50%	65.500000	71.000000
75%	71.250000	77.000000
max	90.000000	83.000000

```
In [4]: df.解几.size    #注意：这里没有括号()
Out[4]: 20

In [5]: df.解几.max()
Out[5]: 83

In [6]: df.解几.min()
Out[6]: 44

In [7]: df.解几.sum()
Out[7]: 1393

In [8]: df.解几.mean()
Out[8]: 69.65

In [9]: df.解几.var()
Out[9]: 113.29210526315788

In [10]: df.解几.std()
Out[10]: 10.643876420889049
```

NumPy 数组可以使用 mean() 函数计算样本均值，也可以使用 average() 函数计算加权的样本均值。
计算"数分"的平均成绩可以使用 mean()，代码如下。

```
In [11]: import numpy as np
         np.mean(df['数分'])
Out[11]:
         62.85
```

还可以使用 average() 函数，代码如下。

```
In [12]: np.average(df['数分'])
Out[12]:
         62.85 0000000000001
```

也可以使用 pandas 的 DataFrame 对象的 mean() 方法求均值，代码如下。

```
In [13]: df['数分'].mean()
Out[13]:
         63.23 809523809524
```

计算中位数，代码如下。

```
In [14]: df.median()
```

```
Out[14]:
        学号    2.308024e+09
        班级    2.308024e+07
        英语    7.350000e+01
        体育    7.400000e+01
        军训    8.400000e+01
        数分    6.350000e+01
        高代    6.550000e+01
        解几    7.100000e+01
dtype: float64
```

对于定性数据来说，众数是出现次数最多的数据，使用 mode() 函数计算众数，代码如下。

```
In [15]: df.mode()
Out[15]:
```

	学号	班级	姓名	性别	英语	体育	军训	数分	高代	解几
0	2308024201	23080244.0	余皓	男	76.0	50.0	84.0	61.0	47.0	71.0
1	2308024219	NaN	周怡	NaN	NaN	67.0	NaN	NaN	70.0	NaN
2	2308024241	NaN	周路	NaN	NaN	74.0	NaN	NaN	NaN	NaN
3	2308024244	NaN	姜毅涛	NaN	NaN	NaN	NaN	NaN	NaN	NaN
4	2308024249	NaN	封印	NaN	NaN	NaN	NaN	NaN	NaN	NaN

6.3.2 分组分析

分组分析是指根据分组字段将分析对象划分成不同的部分，以进行对比分析各组之间的差异性的一种分析方法。

常用的统计指标有计数、求和、取均值。

常用形式如下。

df.groupby('被分类的列')['被统计的列'].统计函数()

df.groupby(by=['分类 1','分类 2',...])['被统计的列名'].agg([(统计别名 1,统计函数 1)，(统计别名 2,
统计函数 2)，…])

- by：用于分组的列。
- [ ]：用于统计的列。
- .agg：统计别名表示统计指标的名称，统计函数用于计算统计指标。

size()：计数。

sum()：求和。

mean()：取均值。

【例 6-2】分组分析。

```
In [1]: import numpy as np
        from pandas import read_excel
        df = read_excel(r' C:\Users\yubg\i_nuc.xlsx',sheet_name='Sheet7')
        df
Out[1]:
```

	学号	班级	姓名	性别	英语	体育	军训	数分	高代	解几
0	2308024241	23080242	成龙	男	76	78	77	40	23	60
1	2308024244	23080242	周怡	女	66	91	75	47	47	44
2	2308024251	23080242	张波	男	85	81	75	45	45	60
3	2308024249	23080242	朱浩	男	65	50	80	72	62	71
4	2308024219	23080242	封印	女	73	88	92	61	47	46
5	2308024201	23080242	迟培	男	60	50	89	71	76	71

6	2308024347	23080243	李华	女	67	61	84	61	65	78
7	2308024307	23080243	陈田	男	76	79	86	69	40	69
8	2308024326	23080243	余皓	男	66	67	85	65	61	71
9	2308024320	23080243	李嘉	女	62	0	90	60	67	77
10	2308024342	23080243	李上初	男	76	90	84	60	66	60
11	2308024310	23080243	郭窦	女	79	67	84	64	64	79
12	2308024435	23080244	姜毅涛	男	77	71	0	61	73	76
13	2308024432	23080244	赵宇	男	74	74	88	68	70	71
14	2308024446	23080244	周路	女	76	80	0	61	74	80
15	2308024421	23080244	林建祥	男	72	72	81	63	90	75
16	2308024433	23080244	李大强	男	79	76	77	78	70	70
17	2308024428	23080244	李侧通	男	64	96	91	69	60	77
18	2308024402	23080244	王慧	女	73	74	93	70	71	75
19	2308024422	23080244	李晓亮	男	85	60	85	72	72	83

```
In [2]: df.groupby( '班级')[['军训','英语','体育', '性别']].mean()
Out[2]:
        班级        军训         英语          体育
        23080242  81.333333  70.833333   73.000000
        23080243  85.500000  71.000000   60.666667
        23080244  64.375000  75.000000   75.375000
```

groupby()可将列名直接当作分组对象，在分组中，数值列会被聚合，非数值列会从结果中移除，当不止一个分组对象（列名）时，需要使用列表。

```
df.groupby(['班级', '性别'])[['军训','英语','体育']].mean()    #by=可省略不写
```

当用不止一个统计函数并用统计别名表示统计指标的名称时，例如要同时计算某列数据的均值、标准差、总分等，可以使用 agg() 函数，其参数以二元元组的形式表示。

```
In [3]: df2=df.groupby(by=['班级','性别'])['军训'].agg([('总分',np.sum),
                                               ('人数',np.size),
                                               ('平均值',np.mean),
                                               ('方差',np.var),
                                               ('标准差',np.std),
                                               ('最高分',np.max),
                                               ('最低分',np.min)])
Out[3]:df2
```

班级	性别	总分	人数	平均值	方差	标准差	最高分	最低分
23080242	女	167	2	83.500000	144.500000	12.020815	92	75
	男	321	4	80.250000	38.250000	6.184658	89	75
23080243	女	258	3	86.000000	12.000000	3.464102	90	84
	男	255	3	85.000000	1.000000	1.000000	86	84
23080244	女	93	2	46.500000	4324.500000	65.760931	93	0
	男	422	6	70.333333	1211.866667	34.811875	91	0

分组分析的结果若有多个 index，如果要选择某一个 index，可用 xs() 函数。例如：

```
In [5]: df2.xs(23080242) #注意班级的数据类型，若是文本型则需要加引号
Out[5]:
        总分   人数   平均值       方差        标准差    最高分  最低分
性别
女   167    2   83.50    144.50    12.020815   92     75
```

| 男 | 321 | 4 | 80.25 | 38.25 | 6.184658 | 89 | 75 |

也可以对分组分析结果进行排序。

```
In [6]: df2.groupby("最低分").apply(lambda x:x.sort_values("最低分", ascending=False))
Out[6]:
```

班级	性别	总分	人数	平均值	方差	标准差	最高分	最低分
23080242	女	167	2	83.500000	144.500000	12.020815	92	75
	男	321	4	80.250000	38.250000	6.184658	89	75
23080243	女	258	3	86.000000	12.000000	3.464102	90	84
	男	255	3	85.000000	1.000000	1.000000	86	84
23080244	女	93	2	46.500000	4324.500000	65.760931	93	0
	男	422	6	70.333333	1211.866667	34.811875	91	0

6.3.3 分布分析

分布分析指根据分析的目的，将数据（定量数据）等距或不等距分组，进而研究各组数据分布规律。

【例6-3】分布分析。

```
In [1]: import pandas as pd
        import numpy
        df = pd.read_excel(r'C:\Users\yubg\i_nuc.xlsx',sheet_name='Sheet7')
        df.head()

Out[1]:
```

	学号	班级	姓名	性别	英语	体育	军训	数分	高代	解几
0	2308024241	23080242	成龙	男	76	78	77	40	23	60
1	2308024244	23080242	周怡	女	66	91	75	47	47	44
2	2308024251	23080242	张波	男	85	81	75	45	45	60
3	2308024249	23080242	朱浩	男	65	50	80	72	62	71
4	2308024219	23080242	封印	女	73	88	92	61	47	46

```
In [2]: df['总分']=df.英语+df.体育+df.军训+df.数分+df.高代+df.解几
        df['总分'].head()
Out[2]:
        0    354
        1    370
        2    391
        3    400
        4    407
Name: 总分, dtype: int64

In [3]: df['总分'].describe()
Out[3]:
        count     20.000000
        mean     413.250000
        std       36.230076
        min      354.000000
        25%      386.000000
        50%      416.500000
        75%      446.250000
        max      457.000000
Name: 总分, dtype: float64
```

```
In [4]: bins = [min(df.总分)-1,400,450,max(df.总分)+1]    #将数据分成3段
        bins
Out[4]: [353, 400, 450, 458]
In [5]: labels=['400及以下','400到450','450及以上']   #给3段数据贴标签
        labels
Out[5]: ['400及以下', '400到450', '450及以上']

In [6]: 总分分层 = pd.cut(df.总分,bins,labels=labels)
        总分分层.head()
Out[6]:
        0     400及以下
        1     400及以下
        2     400及以下
        3     400及以下
        4     400到450
Name: 总分, dtype: category
Categories (3, object): [400及以下 < 400到450 < 450及以上]


In [7]: df['总分分层']= 总分分层
        df.tail()
Out[7]:
             学号          班级       姓名  性别 英语 体育 军训 数分 高代 解几  总分    总分分层
    15  2308024421   23080244   林建祥  男   72  72  81  63  90  75  453   450及以上
    16  2308024433   23080244   李大强  男   79  76  77  78  70  70  450   400到450
    17  2308024428   23080244   李侧通  男   64  96  91  69  60  77  457   450及以上
    18  2308024402   23080244   王慧   女   73  74  93  70  71  75  456   450及以上
    19  2308024422   23080244   李晓亮  男   85  60  85  72  72  83  457   450及以上

In [8]: df.groupby(by=['总分分层']).agg(
                    {'总分':np.size}).rename(columns={"总分":'人数'})
Out[8]:
                        人数
        总分分层
        400及以下       7
        400到450      9
        450及以上       4
```

6.3.4 交叉分析

交叉分析通常用于分析两个或两个以上分组变量之间的关系，通过交叉表进行变量间关系的对比和分析。一般分为：定量、定量分组交叉，定量、定性分组交叉，定性、定性分组交叉。

pivot_table(values,index,columns,aggfunc,fill_value)

- values：数据透视表中的值。
- index：数据透视表中的行。
- columns：数据透视表中的列。
- aggfunc：统计函数。
- fill_value：NA值的统一替换。

返回值：对数据透视表进行交叉分析的结果

【例6-4】 利用【例6-3】的数据进行交叉分析。

```
In [1]: import pandas as pd
        import numpy
        from pandas import pivot_table
        df = pd.read_excel(r'C:\Users\yubg\i_nuc.xlsx',sheet_name='Sheet7')
        df.pivot_table(index=['班级','姓名'])
Out[1]:
```

班级	姓名	体育	军训	学号	数分	英语	解几	高代
23080242	周怡	91	75	2308024244	47	66	44	47
	封印	88	92	2308024219	61	73	46	47
	张波	81	75	2308024251	45	85	60	45
	成龙	78	77	2308024241	40	76	60	23
	朱浩	50	80	2308024249	72	65	71	62
	迟培	50	89	2308024201	71	60	71	76
23080243	余皓	67	85	2308024326	65	66	71	61
	李上初	90	84	2308024342	60	76	60	66
	李华	61	84	2308024347	61	67	78	65
	李嘉	0	90	2308024320	60	62	77	67
	郭窦	67	84	2308024310	64	79	79	64
	陈田	79	86	2308024307	69	76	69	40
23080244	周路	80	0	2308024446	61	76	80	74
	姜毅涛	71	0	2308024435	61	77	76	73
	李侧通	96	91	2308024428	69	64	77	60
	李大强	76	77	2308024433	78	79	70	70
	李晓亮	60	85	2308024422	72	85	83	72
	林建祥	72	81	2308024421	63	72	75	90
	王慧	74	93	2308024402	70	73	75	71
	赵宇	74	88	2308024432	68	74	71	70

默认对所有的数据列进行透视，非数值列自动删除，也可选取部分列进行透视。

```
df.pivot_table(['军训','英语','体育', '性别'],index=['班级','姓名'])
```

实现更复杂的数据透视表的代码如下。

```
In [2]: df['总分']=df.英语+df.体育+df.军训+df.数分+df.高代+df.解几
bins = [min(df.总分)-1,400,450,max(df.总分)+1]   #将数据分成3段
labels=['400及以下','400到450','450及以上']   #给3段数据贴标签
总分分层 = pd.cut(df.总分,bins,labels=labels)
df['总分分层']= 总分分层
df.pivot_table(values=['总分'],
          index=['总分分层'],
          columns=['性别'],
          aggfunc=[numpy.size,numpy.mean])
Out[2]:
```

	size 总分		mean 总分	
性别	女	男	女	男
总分分层				
400及以下	3	4	365.666667	375.750000
400到450	3	6	420.000000	430.333333
450及以上	1	3	456.000000	455.666667

6.3.5　结构分析

结构分析是在分组以及交叉的基础上，计算各组成部分所占的比重，进而分析总体的内部特征的一种分析方法。

这个分组主要是指定性分组，定性分组一般看结构，它的重点在于占总体的比重。

我们经常把市场比作蛋糕，市场占有率就是一个经典的应用。另外，股权也是结构的一种，如果股权占有率大于 50%，那就有绝对的话语权。

axis 参数说明：0 表示列，1 表示行。

【例6-5】结构分析。

```
In [1]: import numpy as np
        import pandas as pd
        from pandas import read_excel
        from pandas import pivot_table     #在 Spyder 中也可以不导入
        df = read_excel(r'C:\Users\yubg\OneDrive\2018book\i_nuc.xlsx',sheet_name=
        'Sheet7')
        df['总分']=df.英语+df.体育+df.军训+df.数分+df.高代+df.解几
        df_pt = df.pivot_table(values=['总分'],
                    index=['班级'],columns=['性别'],aggfunc=[np.sum])
        df_pt
Out[1]:
                sum
                总分
        性别        女     男
        班级
        23080242  777  1562
        23080243 1209  1270
        23080244  827  2620


In [2]: df_pt.sum()
Out[2]:
                性别
        sum  总分  女    2813
                 男    5452
dtype: int64


In [3]: df_pt.sum(axis=1)   #按列合计
Out[3]:
        班级
        23080242   2339
        23080243   2479
        23080244   3447
dtype: int64


In [4]: df_pt.div(df_pt.sum(axis=1),axis=0)   #按列占比
Out[4]:
                    sum
                    总分
        性别          女      男
        班级
        23080242  0.332193  0.667807
        23080243  0.487697  0.512303
        23080244  0.239919  0.760081
```

```
In [5]: df_pt.div(df_pt.sum(axis=0),axis=1)   #按行占比
Out[5]:
                        sum
                        总分
    性别            女         男
    班级
    23080242   0.276218   0.286500
    23080243   0.429790   0.232942
    23080244   0.293992   0.480558
```

在第 4 个输出按列占比中，23080242 班女生成绩占比 0.332193，男生成绩占比 0.667807。其他班级数据同样，23080243 班女生成绩占比 0.487697，男生成绩占比 0.512303；23080244 班女生成绩占比 0.239919，男生成绩占比 0.760081。

在第 5 个输出按列占比中，23080242 班女生成绩占比 0.276218，23080243 班女生成绩占比 0.429790，23080244 班女生成绩占比 0.293992。

6.3.6 相关分析

判断两个变量是否具有线性相关关系的直观的方法是直接绘制散点图，观察变量之间是否符合某个变化规律。当需要同时考察多个变量间的线性相关关系时，一一绘制它们间的简单散点图是比较麻烦的。此时可以利用散点矩阵图同时绘制各变量间的散点图，从而快速发现多个变量间的主要相关关系，这在进行多元回归分析时显得尤为重要。

相关分析研究现象之间是否存在某种相关关系，并对具有相关关系的现象探讨其相关方向以及相关程度，是研究随机变量之间的相关关系的一种统计方法。

为了更加准确地描述变量之间的线性相关程度，通过计算相关系数来进行相关分析，在二元变量的相关分析过程中，比较常用的相关系数有 Pearson（皮尔逊）相关系数、Spearman（斯皮尔曼）秩相关系数。Pearson 相关系数一般用于分析两个连续变量之间的关系，要求连续变量的取值服从正态分布。不服从正态分布的变量、分类或等级变量之间的关系可采用 Spearman 秩相关系数（也称等级相关系数）来描述。

相关系数：可以用来描述定量变量之间的关系。

相关系数与相关程度如表 6-1 所示。

表 6-1　相关系数与相关程度

相关系数|r|取值范围	相关程度
$0 \leqslant |r| < 0.3$	低度相关
$0.3 \leqslant |r| < 0.8$	中度相关
$0.8 \leqslant |r| \leqslant 1$	高度相关

相关分析函数如下。

DataFrame.corr()

Series.corr(other)

如果由数据框调用 corr()方法，那么将会计算两列之间的相关程度。如果由序列调用 corr()方法，那么只计算该序列与传入的序列之间的相关程度。

返回值：使用数据框调用，返回数据框；使用序列调用，返回一个数值，它的大小可反映相关程度。

【例6-6】相关分析。

```
In [4]: import numpy as np
        import pandas as pd
        from pandas import read_excel

        df = read_excel(r'C:\Users\yubg\OneDrive\2018book\i_nuc.xlsx',sheet_name=
        'Sheet7')

In [2]: df['高代'].corr(df['数分'])     #两列之间的相关程度计算
Out[2]: 0.60774082332601076

In [3]: df.loc[:,['英语','体育','军训','解几','数分','高代']].corr()
Out[3]:
          英语       体育       军训       解几       数分       高代
英语   1.000000  0.375784 -0.252970  0.027452 -0.129588 -0.125245
体育   0.375784  1.000000 -0.127581 -0.432656 -0.184864 -0.286782
军训  -0.252970 -0.127581  1.000000 -0.198153  0.164117 -0.189283
解几   0.027452 -0.432656 -0.198153  1.000000  0.544394  0.613281
数分  -0.129588 -0.184864  0.164117  0.544394  1.000000  0.607741
高代  -0.125245 -0.286782 -0.189283  0.613281  0.607741  1.000000
```

第2个输出结果约为0.6077，处在0.3和0.8之间，属于中度相关，比较符合实际，因为它们都属于数学类课程，但是又存在差异，不像高等代数和线性代数，应该是高度相关。

本章的数据操作与及分析的操作方法请查阅附件B部分。

6.4 实战体验：股票统计分析

本案例主要学习以下内容。

（1）获取股票数据。

（2）利用数学和统计分析函数完成实际统计分析应用。

（3）存储数据。

股票统计分析

1．数据获取

pandas库提供了专门从财经网站获取金融数据的API，它包含在pandas-datareader包中，因此导入模块时需要安装该包。要用到Anaconda下的Anaconda Prompt执行命令，如图6-3所示。

可执行以下命令完成安装：

```
conda install pandas_datareader
```

或者

```
pip install pandas_datareader
```

当调用该包时需导入下面的代码：

```
import pandas_datareader.data as web
```

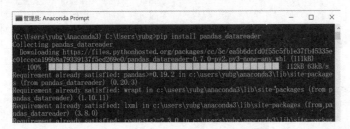

图6-3　安装pandas-datareader包

DataReader()可从多个金融网站获取股票数据，如"iex"等。DataReader()函数的第一个参数表示股票代码，Bank of America（美国银行）的股票代码为"BAC"，国内股市采用的输入方式为"股票代码"+"对应股市"，上证股票在股票代码后面加上".SS"（如中国银行股票代码为601988.SS），深圳股票在股票代码后面加上".SZ"。DataReader()函数的第二个参数为数据来源，第三个和第四个参数表示股票数据的起止时间。返回的数据格式为数据框。

```
In [1]: import pandas_datareader.data as web
   ...: import datetime
   ...: start = datetime.datetime(2017,1,1)#获取股票数据的起始时间
   ...: end = datetime.date.today()#获取股票数据的结束时间
   ...: stock = web.DataReader("BAC", "iex", start, end)#获取 Yahoo 从 2017 年 1 月 1 日至今
的股票数据
```

说明：由于接口的更改或网速的问题，可能无法获取数据，请更换上面代码中第一个参数股票代码（"BAC"）或者更换第二个参数数据来源（"iex"），或者直接从本书给定的数据源文件夹中下载数据文件：stock_data_bac.csv。

```
In [2]: stock.head()#查看数据的前 5 行，默认是前 5 行
Out[2]:
        date open high low close volume
        2017-01-03 21.8468 21.9241 21.4601 21.7791 99298080
        2017-01-04 21.9628 22.1948 21.8468 22.1851 76875052
        2017-01-05 22.0595 22.1658 21.6003 21.9241 86826447
        2017-01-06 22.0208 22.0885 21.8081 21.9241 66281476
        2017-01-09 21.7598 21.9531 21.6535 21.7985 75901509

In [3]: stock.tail(3)#查看数据的末 3 行
Out[3]:
        date open high low close volume
        2019-02-13 28.87 28.99 28.66 28.70 48951184
        2019-02-14 28.36 28.62 28.11 28.39 47756631
        2019-02-15 28.76 29.31 28.67 29.11 65866974

In [4]: len(stock) #查看数据的长度（条数）
Out[4]: 534

In [5]: stock.to_csv('stock_data_bac.csv')#保存数据
```

从网上获取的美国银行的交易数据，包括 date（时间）、high（最高价）、low（最低价）、open（开盘价）、close（收盘价）、volume（成交量）、Adj Close（调整后的收盘价）。

数据共有 534 条，我们将数据保存在 stock_data_bac.csv 文件中，以备后用。

如果获取网上数据有问题，可以直接按照本书提供的链接下载，下载后打开的文件如图 6-4 所示，并使用 np.loadtxt()方法读取 CSV 文件。

	A	B	C	D	E	F	G
1	Date	High	Low	Open	Close	Volume	Adj Close
2	2017/1/3	22.68	22.2	22.6	22.53	99298100	20.636
3	2017/1/4	22.96	22.6	22.72	22.95	76875100	21.0207
4	2017/1/5	22.93	22.35	22.82	22.68	86826400	20.77339
5	2017/1/6	22.85	22.56	22.78	22.68	66281500	20.77339

图 6-4 美国银行交易数据

```
In [1]: import numpy as np
   ...: params = dict(fname = "stock_data_bac.csv", #注意文件路径
   ...:              delimiter = ',',
   ...:              usecols = (4,5),
```

```
...:            skiprows=1,
...:            unpack = True)
...: closePrice,volume = np.loadtxt(**params)
...: print(closePrice)
...: print(volume)
[ 21.6685 22.0724 21.8128 21.8128 21.6877 22.0628 22.1878 22.0436
 22.13  01 21.2068 21.7647 21.6685 21.7743 21.6973 22.0724 22.4764
 22.54  37 22.4668 22.0724 21.7743 22.0147 21.8512 22.3994 22.2359
 22.02  43 21.8031 22.2359 22.1975 22.5052 23.14 23.6401 23.6401
#为了节省页面，此处省略若干行
 30.03  30.05 30.07 30.02 30.08 30.35 30.77 30.58
 30.26  30.5 30.71 30.47 29.92 29.8 29.71 29.58 ]

[ 9.92980800e+07 7.68750520e+07 8.68264470e+07 6.62814760e+07
 7.59  015090e+07 1.00977665e+08 9.23855510e+07 1.20474191e+08
 1.61  930864e+08 1.52495923e+08 1.24366028e+08 7.59908360e+07
#为了节省页面，此处省略若干行
 5.61  609700e+07 4.06341250e+07 3.52560500e+07 3.98820420e+07
 5.85  283510e+07 3.99033680e+07 4.41734690e+07 5.96499350e+07]
```

说明：numpy.loadtxt()需要传入 5 个参数。

（1）fname：文件名（含路径）。

（2）delimiter：分隔符，数据类型为字符串。

（3）usecols：读取的列数，数据类型为元组，其中元素个数有多少个，则选出多少列。此处注意 A 列是第 0 列，B 列才是第 1 列。

（4）skiprows：跳过前 1 行，默认值是 0。如果设置 skiprows=2，则会跳过前两行。

（5）unpack：是否解包，数据类型为布尔型。

2. 数据分析

要想了解股票的基本信息，需要计算出成交量加权平均价格、股价近期最高价的最大值和最低价的最小值、股价近期最高价和最低价的最大值和最小值的差值（极差）、收盘价的中位数、收盘价的方差，以及计算股票收益率、年波动率及月波动率等。

（1）计算成交量加权平均价格。

成交量加权平均价格（Volume-Weighted Average Price，VWAP）是一个非常重要的经济学量，代表着金融资产的"平均"价格。

某个价格的成交量越大，该价格所占的权重就越大。VWAP 就是以成交量为权重计算出来的加权平均值。

```
In [2]: import numpy as np
...: params = dict(fname = "stock_data_bac.csv",
...:            delimiter = ',',
...:            usecols = (4,5),
...:            skiprows=1,
...:            unpack = True)
...:
...: closePrice,volume = np.loadtxt(**params)
...: print("没有加权平均价格:",np.average(closePrice))
...: print("含加权平均价格:",np.average(closePrice,weights=volume))
没有加权平均价格: 26.7865441948
含加权平均价格: 26.406299509
```

从计算的结果可以看出以下几点。

① 对于 p.average()方法，是否加权重 weights，平均价格会有区别。

② 如果 np.average()方法没有 weights 参数，则与 np.mean()方法效果相同。

③ np.mean(closePrice)和 closePrice.mean()效果相同。

（2）计算最大值和最小值。

计算股价的最大值和最小值，使用 numpy.max(highPrice)、numpy.min (lowPrice)或者 highPrice.max()、lowPrice.min()方法均可。

股价的最大值位于 Excel 中的第 2 列，最小值位于 Excel 中的第 3 列，所以 usecols=(2,3)。

```
In [3]: import numpy as np
   ...: params = dict(fname = "stock_data_bac.csv",
   ...:               delimiter = ',',
   ...:               usecols = (1,2),
   ...:               skiprows=1,
   ...:               unpack = True)
   ...: highPrice,lowPrice = np.loadtxt(**params)
   ...: print("highPrice _max=",highPrice.max())
   ...: print("lowPrice _min=",lowPrice.min())
highPrice _max= 32.5751
lowPrice _min= 21.2765
```

（3）计算极差。

计算股价的最大值与最小值的差值，即极差，使用 np.ptp(highPrice)、np.ptp(lowPrice)或 highPrice.ptp()、lowPrice.ptp()方法均可。

```
In [4]: import numpy as np
   ...: params = dict(
   ...:               fname = "stock_data_bac.csv",
   ...:               delimiter = ',',
   ...:               usecols = (1,2),
   ...:               skiprows=1,
   ...:               unpack = True)
   ...: highPrice,lowPrice = np.loadtxt(**params)
   ...: print("max - min of high price:", highPrice.ptp())
   ...: print("max - min of low price:", lowPrice.ptp())
max - min of high price: 10.7746
max - min of low price: 10.8945
```

（4）计算中位数。

计算收盘价的中位数可以使用 np.median(closePrice)方法，但不能使用 closePrice.median()方法。

```
In [5]: import numpy as np
   ...: params = dict(fname = "stock_data_bac.csv",
   ...:               delimiter = ',',
   ...:               usecols = 4,
   ...:               skiprows=1 )
   ...: closeprice = np.loadtxt(**params)
   ...: print("median =",np.median(closePrice))
median = 27.23925
```

中位数是指中间的那个数。当数据为奇数个时，则是取中间那个数；当数据为偶数个时，则是中间两数的均值。

（5）计算方差。

计算收盘价的方差可使用 closePrice.var()或者 np.var(closePrice)方法，效果相同。

```
In [5]: import numpy as np
   ...: params = dict(
   ...:               fname = "stock_data_bac.csv",
   ...:               delimiter = ',',
   ...:               usecols = 4,
   ...:               skiprows=1)
   ...: closePrice = np.loadtxt(**params)
   ...: print("variance =",np.var(closePrice))
```

```
    ...: print("variance =",closePrice.var())
variance = 10.2873645602
variance = 10.2873645602
```

（6）计算股票收益率、年波动率及月波动率。

波动率在投资学中是对价格变动的一种度量，历史波动率可以根据历史价格数据计算得出。在计算历史波动率时，需要先求出对数收益率。在下面的代码中将求得的对数收益率赋值给logReturns。

$$年波动率=\frac{对数收益率的标准差}{对数收益率的均值}\times\sqrt{年交易日}$$

$$月波动率=\frac{对数收益率的标准差}{对数收益率的均值}\times\sqrt{交易日}$$

通常年交易日取 252 天，交易月取 12 个月。

```
In [6]: import numpy as np
    ...: params = dict(fname = "stock_data_bac.csv",
    ...:                delimiter = ',',
    ...:                usecols = 4,
    ...:                skiprows=1)
    ...: closePrice = np.loadtxt(**params)
    ...:
    ...: logReturns = np.diff(np.log(closePrice))#对数收益率
    ...: annual_volatility = logReturns.std()/logReturns.mean()*np.sqrt(252)
    ...: monthly_volatility = logReturns.std()/logReturns.mean()*np.sqrt(12)
    ...: print("年波动率",annual_volatility)
    ...: print("月波动率",monthly_volatility)
年波动率 434.117002549
月波动率 94.7320964117
```

np.diff()函数实现每行的后一个值减去前一行的值。

（7）股票统计分析。

stock_data_bac.csv 文件中的数据为给定时间范围内某股票的数据，现计算如下数据。

① 获取该时间范围内交易日（星期一、星期二、星期三、星期四、星期五）分别对应的平均收盘价。

② 获取平均收盘价最低、最高的交易日。

```
In [7]: import numpy as np
    ...: import datetime
    ...:
    ...: def dateStr2num(s):
    ...:     s = s.decode("utf-8")
    ...:     return datetime.datetime.strptime(s, "%Y-%m-%d").weekday()
    ...:
    ...:
    ...: params = dict(fname = "stock_data_bac.csv",
    ...:                delimiter = ',',
    ...:                usecols = (0,4),
    ...:                skiprows=1,
    ...:                converters = {0:dateStr2num},
    ...:                unpack = True)
    ...:
    ...: date, closePrice = np.loadtxt(**params)
    ...: average = []
    ...: for i in range(5):
    ...:     average.append(closePrice[date==i].mean())
    ...:     print("星期%d 的平均收盘价为:" %(i+1), average[i])
```

```
   ...:
   ...: print("\n平均收盘价最低的交易日是星期%d" %(np.argmin(average)+1))
   ...: print("平均收盘价最高的交易日是星期%d" %(np.argmax(average)+1))
星期一的平均收盘价为：26.7351606061
星期二的平均收盘价为：26.8320703704
星期三的平均收盘价为：26.7969944954
星期四的平均收盘价为：26.7781018349
星期五的平均收盘价为：26.7860972477

平均收盘价最低的交易日是星期一
平均收盘价最高的交易日是星期二
```

说明：获取股票数据的模块较多，如 tushare 模块，为了避免部分用户低门槛、无限制地恶意调用数据，其 Tushare Pro 接口开始引入积分制度，只有具备一定积分级别的用户才能调取相应的 API。

获取 TOKEN 凭证码的操作步骤为：注册新用户，从头像上单击用户名，打开个人主页，再单击"接口 TOKEN"选项，最后单击复制图标即可，如图 6-5 所示。

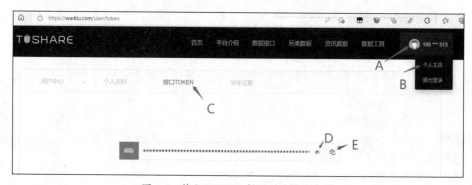

图 6-5　获取 TOKEN 凭证码的操作步骤

3. 数据存储

在前面将获取到的数据已经以 csv 格式存储在本地了。如果想存储变量值，可以使用 pickle 模块。如想保存股票统计分析中的 closePrice 变量，代码如下。

```
In [8]: import pickle
   ...: with open('d:\closePrice.pkl', 'wb') as f:
   ...:     pickle.dump(closePrice, f)
```

上面的代码将变量保存到本地 D 盘，文件名为 closePrice.pkl。当下次再开机时可以直接加载该变量直接使用，加载数据代码如下。

```
In [1]: with open(' d:\closePrice.pkl ', 'rb') as f:
   ...:     closePrice = pickle.load(f) #直接将读取到的数据赋值给变量 closePrice
```

第 3 部分

数据可视化

　　数据可视化是以图形或表格的形式展示数据，旨在借助图形化手段，清晰有效地传递信息。有研究表明，人类大脑接收或理解图片的速度要比文字快 6 万倍，所以通常再整齐的数据，再好的表格，也不抵一张图来得简单、快捷。

第7章 Matplotlib

Matplotlib 是一个用于创建高质量图表的桌面绘画包，是受 MATLAB 启发构建的库，其目的是为 Python 构建一个绘图接口，接口在 matplotlib.pyplot 模块中。Matplotlib 库是 Python 中常用的 2D 图形绘图库，可与 NumPy 库一起使用，也可以和图形工具包一起使用，如 PyQt 和 wxPython 等。

7.1 Matplotlib 的设置

我们先画一个图。

在 Jupyter Notebook 中运行下面的代码，结果如图 7-1 所示。

```
%matplotlib inline    #表示在 Jupyter Notebook 中嵌入显示
%config InlineBackend.figure_format = 'retina'#提高图片分辨率
import matplotlib
import matplotlib.pyplot as plt

myfont = matplotlib.font_manager.FontProperties(
                        fname=r'C:/Windows/Fonts/simfang.ttf')

plt.plot((1,2,3),(4,3,-1))
plt.xlabel(r'横坐标', fontproperties=myfont)
plt.ylabel(r'纵坐标', fontproperties=myfont)
```

在 Jupyter Notebook 中，为了方便图形的显示，需要加入设置图像显示方式的代码。

%matplotlib inline

%config InlineBackend.figure_format = 'retina'

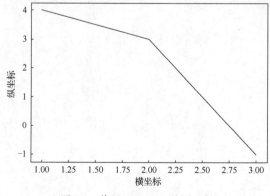

图 7-1　使用 Matplotlib 绘图示例

代码%matplotlib inline 表示图片在 Jupyter Notebook 中嵌入显示。这个命令在绘图完成后，将图片内嵌在交互窗口中，而不是弹出一个图片窗口，这样做有一个缺陷：除非将所有代码一次执行，否则无法叠加绘图。

在分辨率较高的屏幕（如 Retina 显示屏）上，Jupyter Notebook 中默认图像可能会显示模糊，可以在 %matplotlib inline 之后，使用 %config InlineBackend.figure_format = 'retina'来呈现分辨率较高的图像。

符号及中文标
注处理

7.2 符号及中文标注处理

在利用 Matplotlib 绘图时，有时需要在图中进行一些标注，可能会涉及一些符号，尤其是中文，如果不对这些标注进行设置，图可能会无法正常显示。这就需要对字体进行设置，首先导入 Matplotlib 库，再调用库中字体设置函数 font_manager.FontProperties()，代码如下。

import matplotlib
myfont = matplotlib.font_manager.FontProperties(fname=r'C:/Windows/Fonts/simfang.ttf')

设置好 myfont，后面的代码就可以直接调用了，如 plt.xlabel(r'横坐标', fontproperties = myfont)。为防止标注符号出现显示问题，也可以用如下两行代码进行设置。

from matplotlib.font_manager import FontProperties
font = FontProperties(fname = "C:/Windows/Fonts/simfang.ttf",size=14)

fname 参数用于指定使用的字体，simfang.ttf 表示使用仿宋常规简体字。字体可以到系统文件夹 Fonts 下查看。

Matplotlib 中显示中文的实现代码如下。

```
import matplotlib.pyplot as plt
import numpy as np

## 设置字体
from matplotlib.font_manager import FontProperties
font = FontProperties(fname = "C:/Windows/Fonts/simfang.ttf ",size=14)

## 在 Jupyter Notebook 中显示图像还需要添加以下代码
%matplotlib inline
%config InlineBackend.figure_format = "retina"    # 在屏幕上显示高清图片
```

为了方便展示，我们画一个圆展示图像的窗口大小、按坐标点画图、图例显示、图像保存等，可通过如下代码实现。

```
#绘制图形的示例
t = np.arange(0,10,0.05)
x = np.sin(t)
y = np.cos(t)

## 定义一个图像窗口大小
plt.figure(figsize=(8,5))

## 按x、y坐标绘制图形
plt.plot(t,x,"r-*",label='sin')  #绘制 sin 函数图像
plt.plot(t,y,"b-o",label='cos')  #绘制 cos 函数图像
plt.plot(x,y,"g-.",label='sin+cos')  #绘制 sin+cos 函数图像
#将x、y两条曲线之间的部分用green颜色填充
plt.fill_between(t, x, y, color='green', alpha=0.5)
```

```
plt.axis("equal") #保证饼图是正圆，否则会有一点角度偏斜，或者 x、y 轴长度不等
plt.xlabel("x-横坐标",fontproperties = font)
plt.ylabel("y-纵坐标",fontproperties = font)
plt.title("一个圆形",fontproperties = font)

##显示图例
label=["sin",'cos','sin+cos']
plt.legend(label, loc='upper right')

##保存图像
plt.savefig('./test2.jpg') #将图片保存在当前的目录下
```

结果如图 7-2 所示。

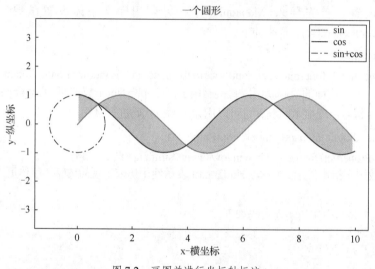

图 7-2   画图并进行坐标轴标注

说明：

plt.fill_between(x, y1, y2, facecolor='green', alpha=0.3)

x：表示覆盖的区域范围

y1：表示覆盖的下限

y2：表示覆盖的上限是 y 这个曲线

facecolor：覆盖区域的颜色

alpha：覆盖区域的透明度[0,1]，其值越大，表示越不透明

7.3 绘图种类

1. 线图和点图

线图和点图可以用来表示二维数据之间的关系，是查看两个变量之间关系的直观方法。可以通过 plot()函数来绘制。

使用 subplot()函数可以绘制多个子图图像，添加横、纵坐标轴的名称，并且添加标题。代码如下。

```
## 使用 subplot()绘制多个子图
import numpy as np
```

```
import matplotlib.pyplot as plt

## 生成 X 轴
x1 = np.linspace(0.0, 5.0)   #在起止点之间均匀取值，默认取 50 个点
x2 = np.linspace(0.0, 2.0)

## 生成 Y 轴
y1 = np.cos(2 * np.pi * x1) * np.exp(-x1)
y2 = np.cos(2 * np.pi * x2)

## 绘制第一个子图
plt.subplot(2, 1, 1)
plt.plot(x1, y1, 'yo-')
plt.title('2 个子图')
plt.ylabel('阻尼振荡')

## 绘制第二个子图
plt.subplot(2, 1, 2)
plt.plot(x2, y2, 'r.-')
plt.xlabel('time (s)')
plt.ylabel('无阻尼')
plt.show()
```

运行上面的程序后，得到的结果如图 7-3 所示。

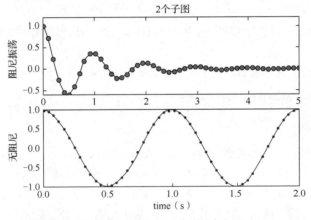

图 7-3　使用 subplot()函数绘制多个子图

可以调用 matplotlib.pyplot 库来绘图，plot()函数调用方式如下。

plt.plot(x,y,format_string,**kwargs)

x：*x* 轴数据，可为列表或数组，可选。

y：*y* 轴数据，可为列表或数组。

format_string：控制曲线的格式字符串，可选。

**kwargs：第二组绘图数据或更多，(x,y,format_string)。

▶注意：当绘制多条曲线时，各条曲线的 x 不能省略。

在 Matplotlib 中，一个 Figure 对象可以包含多个子图，可以使用 subplot()函数快速绘制，其格式如下。

subplot(numRows, numCols, plotNum)

整个绘图区域被分成 numRows 行和 numCols 列，然后按照从左到右、从上到下的顺序对每个子区域进行编号，左上角的子区域的编号为 1。plotNum 参数指定创建的子图（或轴对象）所在的区域。

如果 numRows=2、numCols=3，那么整个绘图平面会被划分成 2×3 个区域，用坐标表示为：(1, 1)、(1, 2)、(1, 3)(2, 1)、(2, 2)、(2, 3)

子图区域位置的图形表示如图 7-4 所示。

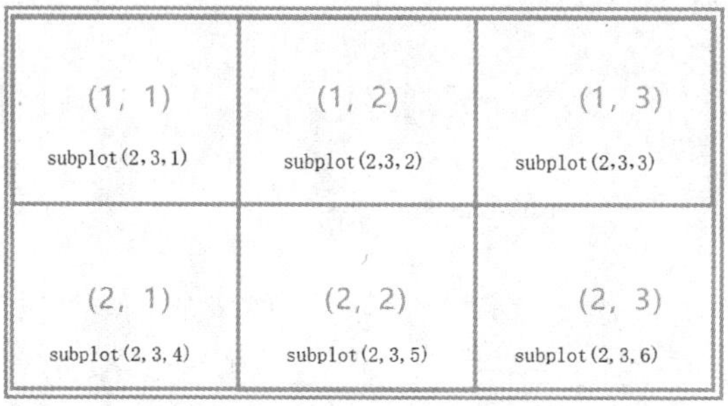

(1，1) subplot(2,3,1)	(1，2) subplot(2,3,2)	(1，3) subplot(2,3,3)
(2，1) subplot(2,3,4)	(2，2) subplot(2,3,5)	(2，3) subplot(2,3,6)

图 7-4　子图区域位置的图形表示

当 plotNum=3 时，表示子图的坐标为(1, 3)，即子图位于第一行第三列。如果 numRows、numCols 和 plotNum 这 3 个数都小于 10 的话，可以把它们缩写为一个整数。例如，subplot(323)和 subplot(3,2,3) 的含义是相同的。

Subplot()在 plotNum 指定的区域中创建一个轴对象。如果新创建的轴和之前创建的轴重叠，之前的轴将被删除。

以上绘制的是线图，再来看看绘制点图的 scatter()函数。

scatter(x,y,c='r',linewidths=lValue,marker='o')

x：数组。

y：数组。

c：点图中点的颜色。b 表示蓝色（blue），c 表示青色（cyan），g 表示绿色（green），k 表示黑色（black），r 表示红色（red），w 表示白色（white），y 表示黄色（yellow）。

linewidths：点图中点的大小。

marker：点图中点的形状。"."表示点，"o"表示圆圈，"D"表示钻石，"*"表示五角星。

```
#导入必要的模块
import numpy as np
import matplotlib.pyplot as plt

## 设置字体
from matplotlib.font_manager import FontProperties
font = FontProperties(fname = "C:/Windows/Fonts/simfang.ttf ",size=14)

#产生测试数据
x = np.arange(1,10)
y = x**2

#设置标题
plt.title('散点图',fontproperties = font)
#设置 X 轴标签
plt.xlabel('X')
```

```
#设置Y轴标签
plt.ylabel('Y')
#画散点图
plt.scatter(x,y,c = 'r',marker = 'D')
#设置示例图标
plt.legend('x1')
#显示所画的散点图
plt.show()
```

散点图如图 7-5 所示。

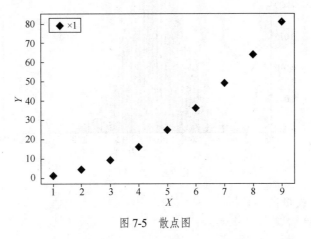

图 7-5　散点图

2. 直方图

在统计学中，直方图（Histogram）是一种表示数据分布情况的图形，是一种二维统计图，它的两个坐标分别表示统计样本和该样本对应的某个属性的度量。

我们使用 hist() 函数来绘制直方图，计算出直方图的概率密度，并且绘制出概率密度曲线。在标注中使用数学表达式，示例代码如下。

```
## 直方图
import numpy as np
from scipy.stats import norm
import matplotlib.pyplot as plt
# 样本数据
mu = 100 # 样本分布的均值
sigma = 15 # 样本分布的标准差
x = mu + sigma * np.random.randn(10000)
print("x:",x.shape)
## 直方图的条数
num_bins = 50
#绘制直方图
n, bins, patches = plt.hist(x, num_bins, normed=1, facecolor='green', alpha=0.5)
#绘制最佳拟合曲线
y =norm.pdf(bins, mu, sigma) ## 返回有关数据的 pdf 数值（概率密度函数）
plt.plot(bins, y, 'r--')
plt.xlabel('智力')
plt.ylabel('概率')
## 在图中添加数学表达式需要使用 LaTeX 的语法（$ $）
plt.title('IQ 的直方图：$\mu=100$, $\sigma=15$')
# 调整图像的间距，防止 y 轴数值与标签重合
```

```
plt.subplots_adjust(left=0.15)
plt.show()
print("bind:\n",bins)
```
运行程序得到的结果如图 7-6 所示。

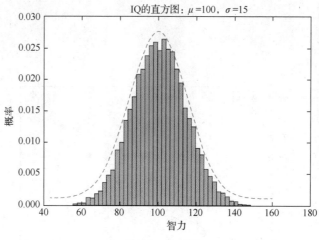

图 7-6　直方图

hist()函数调用方式如下。

```
n, bins, patches = plt.hist(arr,
                            bins=10,
                            density =0,
                            facecolor='black',
                            edgecolor='black',
                            alpha=1,
                            histtype='bar')
```

hist()的参数非常多，但常用的就这几个，只有第一个参数是必须的，后面几个参数均是可选的。

arr：直方图的一维数组 x。

bins：用于设置直方图的条数，可选项，默认为 10。

density：表示频率分布或概率密度分布，原来的 normed 参数已经不用了。density=True 表示频率分布，density=False 表示概率密度分布。

facecolor：用于设置直方图颜色。

edgecolor：用于设置直方图边框颜色。

alpha：用于设置透明度。

histtype：用于设置直方图类型，可选项为 bar、barstacked、step、stepfilled。

返回值如下。

n：直方图向量，是否归一化由参数 density 设定。

bins：返回各个 bin 的区间范围。

patches：返回每个 bin 里面包含的数据，是一个列表。

3．等值线图

等值线图又称等量线图，是以相等数值点的连线表示连续分布且逐渐变化的数量特征的一种图形，是用数值相等的点连成的曲线（等值线）在平面上的投影来表示被摄物体的外形和大小的图。

我们可以使用 contour()函数将 3D 图像在二维空间上表示，并使用 clabel()函数在每条等值线上显示数据值的大小。

```
## 使用Matplotlib 绘制 3D 图像
import numpy as np
from matplotlib import cm
import matplotlib.pyplot as plt
from mpl_toolkits.mplot3d import Axes3D
## 生成数据
delta = 0.2
x = np.arange(-3, 3, delta)
y = np.arange(-3, 3, delta)
X, Y = np.meshgrid(x, y)
Z = X**2 + Y**2
x = X.flatten()#返回一维的数组,但该函数只适用于 NumPy 对象(array 或者 mat)
y = Y.flatten()
z = Z.flatten()
fig = plt.figure(figsize=(12,6))
ax1 = fig.add_subplot(121, projection='3d')
ax1.plot_trisurf(x,y,z, cmap=cm.jet, linewidth=0.01) #cmap 指颜色, 默认绘制为 RGB(A)颜色空
间, jet 表示"蓝-青-黄-红"颜色.
plt.title("3D")
ax2 = fig.add_subplot(122)
cs = ax2.contour(X, Y, Z,15,cmap='jet', ) #注意这里是大写的 X、Y、Z。这里 15 代表的是等高线的密
集程度, 数值越大, 画的等高线就越多
ax2.clabel(cs, inline=True, fontsize=10, fmt='%1.1f')
plt.title("等高线")
plt.show()
```

运行上面的代码, 得到的图像如图 7-7 所示。

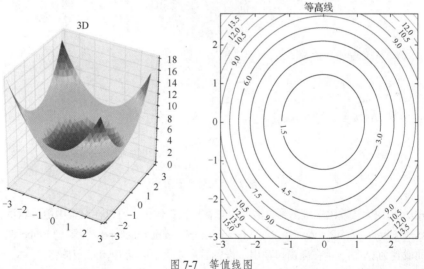

图 7-7　等值线图

4. 三维曲面图

三维曲面图通常用来描绘三维空间的数值分布和形状。我们可以通过 plot_surface()函数来得到想要的图像, 示例代码如下。

```
## 3D 图像+各个轴的投影等高线
from mpl_toolkits.mplot3d import axes3d
import matplotlib.pyplot as plt
from matplotlib import cm
```

```
fig = plt.figure(figsize=(8,6))
ax = fig.add_axex(Axes3D(fig))
## 生成三维测试数据
X, Y, Z = axes3d.get_test_data(0.05)
ax.plot_surface(X, Y, Z, rstride=8, cstride=8, alpha=0.3)
cset = ax.contour(X, Y, Z, zdir='z', offset=-100, cmap=cm.coolwarm)
cset = ax.contour(X, Y, Z, zdir='x', offset=-40, cmap=cm.coolwarm)
cset = ax.contour(X, Y, Z, zdir='y', offset=40, cmap=cm.coolwarm)
ax.set_xlabel('X')
ax.set_xlim(-40, 40)
ax.set_ylabel('Y')
ax.set_ylim(-40, 40)
ax.set_zlabel('Z')
ax.set_zlim(-100, 100)
plt.show()
```

通过运行上面的代码，得到图 7-8 所示的图形。

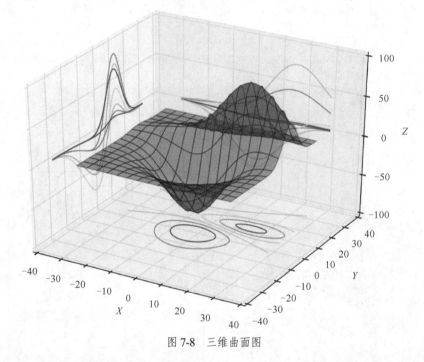

图 7-8　三维曲面图

在 Spyder 行内无法输出三维图形，需要设置在新窗口输出。可以在设置中更改默认选项，依次单击 Tools→Preferences→IPython Console→Graphics→Graphics backend，设置为 Inline 表示图形在行内输出，而设置为 Qt 则表示在新窗口输出。设置后需要重新启动 IPython 内核。

很多时候，我们并不知道某个函数的具体使用方法，若想了解该函数的具体使用方法，可用 help(function)查看，示例如下。

```
help(ax.plot_surface)
```
结果显示如下。

```
Help on method plot_surface in module mpl_toolkits.mplot3d.axes3d:

plot_surface(X, Y, Z, *args, **kwargs)
method of matplotlib.axes._subplots.Axes3DSubplot instance
    Create a surface plot.
    ......
```

```
Added in v2.0.0.

=====================================================
Argument        Description
=====================================================
*X*, *Y*, *Z*   Data values as 2D arrays
*rstride*       Array row stride (step size)
*cstride*       Array column stride (step size)
*rcount*        Use at most this many rows, defaults to 50
*ccount*        Use at most this many columns, defaults to 50
*color*         Color of the surface patches
*cmap*          A colormap for the surface patches.
*facecolors*    Face colors for the individual patches
*norm*          An instance of Normalize to map values to colors
*vmin*          Minimum value to map
*vmax*          Maximum value to map
*shade*         Whether to shade the facecolors
=====================================================

Other arguments are passed on to
:class:'~mpl_toolkits.mplot3d.art3d.Poly3DCollection'
```

5. 条形图

条形图（Bar Chart）也称条图、条状图、棒形图、柱状图，是一种以长方形的长度表示变量的统计图。条形图用于比较两个或两个以上的数值（不同时间或者不同条件），通常用于分析较小的数据集。条形图也可横向排列，或用多维方式表达。

```python
import numpy as np
import matplotlib.pyplot as plt

##生成数据
n_groups = 5 # 组数
#均值和标准差
means_men = (20, 35, 30, 35, 27)
std_men = (2, 3, 4, 1, 2)

means_women = (25, 32, 34, 20, 25)
std_women = (3, 5, 2, 3, 3)

##绘制条形图
fig, ax = plt.subplots()
#生成 0,1,2,3,…
index = np.arange(n_groups)
bar_width = 0.35 # 条的宽度

opacity = 0.4    #透明度参数
error_config = {'ecolor': '0.3'}
#条形图中的第一类条
rects1 = plt.bar(index, means_men, bar_width, #坐标、数据、条的宽度
                    alpha=opacity,       #透明度
                    color='b',
                    yerr=std_men,    # xerr、yerr 分别针对水平、垂直型误差
                    error_kw=error_config,  #设置误差记号的相关参数
                    label='男性')
#条形图中的第二类条
rects2 = plt.bar(index + bar_width, means_women, bar_width,
                    alpha=opacity,
```

```
                          color='r',
                          yerr=std_women,
                          error_kw=error_config,
                          label='女性')

plt.xlabel('群体')
plt.ylabel('得分')
plt.title('按群体和性别分组的得分')
plt.xticks(index + bar_width, ('A', 'B', 'C', 'D', 'E'))
plt.legend()  # 显示标注

#自动调整 subplots()的参数给指定的填充区
plt.tight_layout()
plt.show()
```

运行程序得到的结果如图 7-9 所示。

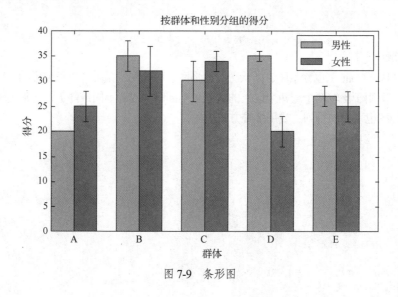

图 7-9　条形图

6. 饼图

饼图或称饼状图，是划分为几个扇形的圆形统计图，用于描述量、频率或百分比之间的相对关系。在饼图中，每个扇区的弧长（以及圆心角和面积）大小反映了其所表示的数量占总体的比例。这些扇区合在一起刚好是一个完整的圆形。顾名思义，这些扇区构成了一个切开的饼形图案。

饼图 pie()函数调用方式如下。

plt.pie(x, explode=None, labels=None, colors=None, autopct=None, pctdistance=0.6, shadow=False, labeldistance=1.1, startangle=None, radius=None, counterclock=True, wedgeprops=None, textprops=None, center=(0, 0),frame=Flase)

explode：与 x 长度一样的列表，元素取值在 0～1 之间,值越大脱离饼图的距离越大。

labels：每一块饼图的标签。

colors：每一块饼图的颜色。

pctdistance：为百分比标签离圆心的距离。

autopct：设置百分比标签 "%1.1f%%"。

startangle：设置旋转的角度。

shadow：为图形添加阴影效果。

labeldistance：饼图标签离圆心的距离。

startangle：饼图的初始摆放角度。

radius：饼图的半径长。

counterclock：是否让饼图按照逆时针呈现。

wedgeprops：设置饼图内外边界属性，例如线的粗细，颜色等。

textprops：设置饼图中的文本的属性，如大小，颜色等。

center：指定饼图中心点的位置，默认为原点。

frame：是否要显示饼图背后的图框，如果设置为 True 的话，需要同时控制图框 x 轴、y 轴的范围和饼图的中心位置。

我们可以使用 pie() 函数来绘制饼图，示例程序如下。

```
##饼图
import matplotlib.pyplot as plt

##扇区将按顺时针方向排列并绘制
labels = 'Frogs', 'Hogs', 'Dogs', 'Logs'## 标注
sizes = [15, 30, 45, 10] ## 大小
colors = ['yellowgreen', 'gold', 'lightskyblue', 'lightcoral'] ## 颜色
##0.1 代表第二个扇区将从饼图中分离出来
explode = (0, 0.1, 0, 0) # only "explode" the 2nd slice (i.e. 'Hogs')
##绘制饼图
plt.pie(sizes, explode=explode, labels=labels, colors=colors,
        autopct='%1.1f%%', shadow=True, startangle=90)

plt.axis('equal')
plt.show()
```

运行程序得到的结果如图 7-10 所示。

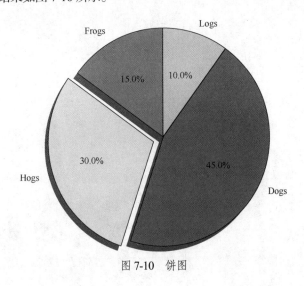

图 7-10　饼图

7. 气泡图

气泡图是散点图的一种变体，通过每个点的面积大小，反映第三维数据。气泡图可以表示多维数据，并且可以通过对气泡颜色和大小的编码来表示不同的维度数据。例如，使用气泡颜色对数据分组，使用气泡大小来映射相应值的大小。可以通过 scatter() 函数得到气泡图，示例程序如下。

```
##气泡图
# -*- coding: utf-8 -*-
"""
Created on Sat May 16 01:50:19 2020
@author: yubg
"""

import matplotlib.pyplot as plt
import pandas as pd

##导入数据
df_data = pd.read_excel(r'd:\yubg\i_nuc.xlsx',sheet_name='iris')
df_data.head()

##绘图
fig, ax = plt.subplots()
#设置气泡图中气泡的颜色
colors = ["#99CC01","#FFFF01","#0000FE","#FE0000","#A6A6A6",
          "#D9E021",'#FFF16E','#0D8ECF','#FA4D3D','#D2D2D2',
          '#FFDE45','#9b59b6','#D2D1D2','#FFDE15','#9b59b1']*10

#创建气泡图，花萼长度（SepalLength）为 x 轴标签，花萼宽度（SepalWidth）为 y 轴标签，同时设置花瓣长度
（PetalLength）为气泡大小，并设置颜色、透明度等
ax.scatter(df_data['SepalLength'],
           df_data['SepalWidth'],
           s=df_data['PetalLength']*100,
           color=colors,alpha=0.6)
#第三个变量表明根据[PetalLength]*100 数据显示气泡的大小，color 参数可省略

ax.set_xlabel('花萼长度(cm)')
ax.set_ylabel('花萼宽度(cm)')
ax.set_title('花瓣长度(cm)*100')

#显示网格
ax.grid(True)
fig.tight_layout()
plt.show()
```

运行程序，得到的结果如图 7-11 所示。

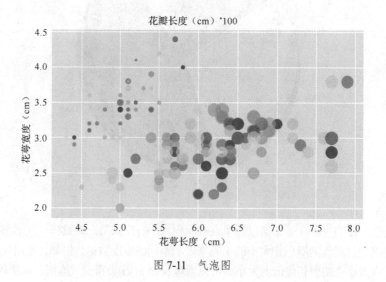

图 7-11　气泡图

7.4 实战体验: 南丁格尔玫瑰图

南丁格尔
玫瑰图

根据给定数据, 绘制南丁格尔玫瑰图, 也就是在极坐标系中绘制条形图。

```python
import numpy as np
import matplotlib.pyplot as plt

fig=plt.figure(figsize=(10, 6))
#极坐标系
ax=plt.subplot(111, projection='polar')
#顺时针
ax.set_theta_direction(-1)
#正上方为0度
ax.set_theta_zero_location('N')

#测试数据
r = np.arange(100, 800, 20)
theta = np.linspace(0, np.pi*2, len(r), endpoint=False)
#绘制条形图
ax.bar(theta, r,        #角度对应位置, 半径对应高度
        width=0.18,    #宽度
        color=np.random.random((len(r),3)),#颜色
        align='edge',#从指定角度的径向开始绘制
        bottom=100)#远离圆心, 设置偏离距离
#在圆心位置显示文本
ax.text(np.pi*3/2-0.2,90,'origin',fontsize=14)
#每个条的顶部显示文本表示大小
for angle,height in zip(theta,r):
    ax.text(angle+0.03,height+105,str(height),fontsize=height/80)
#不显示坐标轴和网格线
plt.axis('off')
#紧凑布局, 缩小外边距
plt.tight_layout()

plt.savefig('polarBar.png',dpi=480)  #保存
```

南丁格尔玫瑰图如图 7-12 所示。

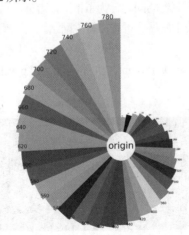

图 7-12 南丁格尔玫瑰图

第8章 pyecharts

ECharts 库（Enterprise Charts，商业级数据图表）是百度开源的一个 JavaScript 数据可视化库。

ECharts 库主要用于数据可视化，可以在计算机和移动设备上流畅的运行，可兼容当前绝大部分浏览器（IE6/7/8/9/10/11、Chrome、Firefox、Safari 等），提供直观、生动、可交互、可高度个性化定制的数据可视化图表。创新的拖曳重计算、数据视图、值域漫游等特性大大地提升了用户体验，提高了用户对数据进行挖掘、整合的能力。

ECharts 库支持的图表类型有柱状图（条状图）、散点图（气泡图）、饼图（环形图）、地图、折线图（区域图）、雷达图（填充雷达图）、K 线图、力导向布局图、仪表盘、漏斗图、主题河流图等图表，同时提供标题、图例、时间轴、工具栏等可交互组件，支持多图表、组件的联动和混搭。

8.1 安装及配置

在 Python 中使用 ECharts 库需要安装 pyecharts。pyecharts 是一个用于生成 Echarts 图表的类库，实际上就是 ECharts 与 Python 的对接接口。

在下载和安装之前，我们必须对 pyecharts 的版本进行了解。截至 2022 年 3 月，pyecharts 分为 v0.5.X 和 v1 两个大版本，相互不兼容，pyecharts v1 是一个全新的版本。pyecharts v0.5.X 支持 Python 2.7、Python 3.4+，经开发团队决定，pyecharts v0.5.X 将不再进行维护。pyecharts v1 仅支持 Python 3.6+，新版本从 pyecharts v1.0.0 开始。

学习 Python 最怕的就是版本不兼容的问题，为了帮助读者适应最新版，本章依据 Python 3.7 和 pyecharts v1 进行讲解。相关最近技术发展，可查阅官方网站。

1. 安装

打开 Anaconda3 目录下的 Anaconda Prompt，执行 pip install pyecharts 安装 pyecharts，安装完成界面如图 8-1 所示。

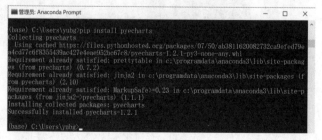

图 8-1　安装 pyecharts

安装完成界面的最后一句话表示了安装的 pyecharts 的版本为 1.2.1。

ECharts 库的图表绘制流程如下，包括一个函数体和一个保存函数。

```
#伪代码
charttype_name = (                              #链式调用
        ChartType () # 实例化一个对象，ChartType 指图像的类型，如 Pie、Bar 等
        .add()           # 若为 Bar 则使用 add_xaxis()和 add_yaxis()
        .set_global_opts(title_opts=opts.TitleOpts(title="主标题",
subtitle="副标题"))
        # 或者直接使用字典参数
        # .set_global_opts(title_opts={"text": "主标题", "subtext": "副标题"}))
charttype_name.render()         #保存图片
```

先看一个示例。

```
from pyecharts import options as opts
from pyecharts.charts import Page, Pie

name= ['草莓','芒果','葡萄','雪梨','西瓜','柠檬','车厘子']
value=[23,32,12,13,10,24,56]
data = [tuple(z) for z in zip(name, value)]
pie = (Pie()
    .add("",data)
    .set_global_opts(title_opts={"text":"饼图基本示例", "subtext":"（副标题无)"})
    )
pie.render('1.html')
#pie.render_notebook() #在 Jupyter Notebook 页面中显示图表
```

说明：（1）pyecharts 生成的图表默认在线时从官网挂载 JS 静态文件（echarts.min.js），当离线或者网速不佳时打开保存的图表网页可能无法正常显示数据图表，具体的处理方法详见附录部分。

（2）Pie()函数体内代码虽然进行了分行，但是每行末尾没有使用逗号，这样的调用方式称为链式调用。

上面代码也可以写成单独调用的方式，如下。

```
pie = Pie()
pie.add("",data)
pie.set_global_opts(title_opts={"text":"饼图基本示例", "subtext":"（副标题无)"})

pie.render('yubg1.html')
#pie.render_notebook()
```

输出如图 8-2 所示。

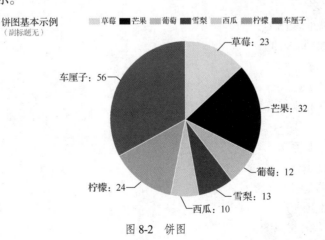

图 8-2　饼图

饼图以 HTML 格式保存在当前路径下（文件名为 yubg1.html），以网页形式打开。

在 Jupyter Notebook 中，pyecharts 具有和 Matplotlib 同样的功能。如果需要使用 Jupyter Notebook 展示图表，调用 render_notebook() 即可，所有图表均可正常显示（除了 3D 图）。

2．通用配置项

图 8-2 所示的饼图中缺少了一些可设置的项，如线条粗细等，这需要设置 options 配置项。设置配置项首先要导入 options 模块。

from pyecharts import options as opts
接下来可以在函数体中加入设置参数。
.set_global_opts(title_opts=opts.TitleOpts(title="主标题", subtitle="副标题"))
或者使用字典的方式来设置参数。
.set_global_opts(title_opts={"text": "主标题", "subtext": "副标题"})
pyecharts 还提供了十多种内置主题色调。在使用主题色调前，需要先导入模块 ThemeType。
from pyecharts.globals import ThemeType
接下来可以在函数体中加入 init_opts 参数项。
init_opts=opts.InitOpts(theme=ThemeType.LIGHT)
参数项中的 LIGHT 可以修改为其他的主题，如 WHITE、DARK、CHALK、ESSOS、INFOGRAPHIC、MACARONS、PURPLE_PASSION、ROMA、ROMANTIC、SHINE、VINTAGE、WALDEN、WESTEROS、WONDERLAND 等，在后续我们将会使用到。

3．pyecharts 可绘制的图表类型

pyecharts 可绘制如下类型的图表。

① Bar（柱状图/条形图）。

② Bar3D（3D 柱状图）。

③ Boxplot（箱形图）。

④ EffectScatter（涟漪散点图）。

⑤ Funnel（漏斗图）。

⑥ Gauge（仪表盘）。

⑦ Geo（地理坐标系）。

⑧ Graph（关系图）。

⑨ HeatMap（热力图）。

⑩ Kline（K 线图）。

⑪ Line（折线/面积图）。

⑫ Line3D（3D 折线图）。

⑬ Liquid（水球图）。

⑭ Map（地图）。

⑮ Parallel（平行坐标系）。

⑯ Pie（饼图）。

⑰ Polar（极坐标系）。

⑱ Radar（雷达图）。

⑲ Sankey（桑基图）。

⑳ Scatter（散点图）。

㉑ Scatter3D（3D 散点图）。

㉒ ThemeRiver（主题河流图）。

㉓ WordCloud（词云图）。

pyecharts 可自定义如下类用于图表显示。

Grid 类：并行显示多张图。

Overlap 类：将不同的类型图表叠加并显示在同一张图上。

Page 类：同一网页按顺序展示多张图。

Timeline 类：提供时间线轮播多张图。

8.2 基本图表

8.2.1 饼图

饼图中 add()的数据项 data 是一个二元的元组或列表，其数据格式可以是以下的一种：

[[1,2],[3,2],['a',5]]、[(1,2),(3,2),('a',5)]、（[1,2],[3,2],['a',5]）、（(1,2),(3,2),('a',5)）。

绘制饼图的代码如下。

```
from pyecharts import options as opts
from pyecharts.charts import Page, Pie

name=['草莓','芒果','葡萄','雪梨','西瓜','柠檬','车厘子']
value=[23,32,12,13,10,24,56]
data=[tuple(z) for z in zip(name, value)]
pie=(Pie()
    .add("",data) #其中 data 是二元的元组或列表[('草莓', 23), ('芒果', 32)]
    .set_global_opts(title_opts={"text":"Pie 基本示例", "subtext":"（副标题无）"})
    .set_series_opts(label_opts=opts.LabelOpts(formatter="{b}: {c}"))
#在图中显示数据格式为"草莓: 23"
    )
pie.render('2.html')
```

输出如图 8-3 所示。

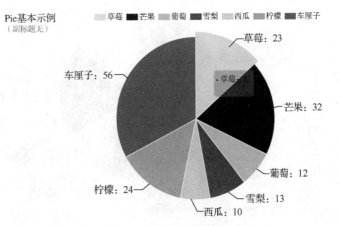

图 8-3　显示数据的饼图

图 8-3 中的颜色可以修改，在 add()行下添加 set_colors 项即可。

.set_colors(["blue", "green", "yellow", "red", "pink", "orange", "purple"])

还可以对饼图进行更多的设置，如在 add()中添加 label_opts 参数对标签进行设置。

```
from pyecharts import options as opts
from pyecharts.charts import Page, Pie

name= ['草莓','芒果','葡萄','雪梨','西瓜','柠檬','车厘子']
value=[23,32,12,13,10,24,56]
data = [tuple(z) for z in zip(name, value)]

c = (Pie()
    .add("yubg",data,
        label_opts=opts.LabelOpts(position="outside",
            formatter="{a|{a}}{abg|}\n{hr|}\n {b|{b}: }{c}  {per|{d}%}",
            background_color="#eee",
            border_color="#aaa",
            border_width=1,
            rich={"a": {"color": "#999",
                        "lineHeight": 22,
                        "align": "center"},
                "abg": {"backgroundColor": "#e3e3e3",
                        "width": "100%",
                        "align": "right",
                        "height": 22,
                        "borderRadius": [4, 4, 0, 0]},
                "hr": {"borderColor": "#aaa",
                        "width": "100%",
                        "borderWidth": 0.5,
                        "height": 0},
                "b": {"fontSize": 16, "lineHeight": 33},
                "per": {"color": "#eee",
                        "backgroundColor": "#334455",
                        "padding": [2, 4],
                        "borderRadius": 2}
                                }) )
    .set_global_opts(title_opts=opts.TitleOpts(title="Pie-水果饼图示例")))
c.render('P2.html')
```

输出如图 8-4 所示。

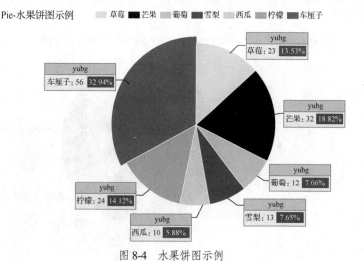

图 8-4　水果饼图示例

8.2.2　漏斗图

漏斗图中 add() 的数据项 data 是一个二元的元组或列表，其数据格式如饼图的数据格式。

```
from pyecharts import options as opts
from pyecharts.charts import Funnel, Page

name= ['草莓','芒果','葡萄','雪梨','西瓜','柠檬','车厘子']
value=[23,32,12,13,10,24,56]
data = [tuple(z) for z in zip(name, value)]
funnel= (Funnel()
        .add("商品", data)
        .set_global_opts(title_opts=opts.TitleOpts(title="Funnel-基本示例"))
        .set_series_opts(label_opts=opts.LabelOpts(formatter="{b}: {c}"))
        )
funnel.render('f1.html')
```

输出如图 8-5 所示。

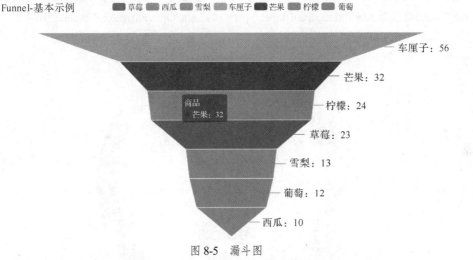

图 8-5　漏斗图

漏斗图中的数据标签也可以在图中居中显示，在 add()中添加参数 label_opts 即可。

.add("商品",data,label_opts=opts.LabelOpts(position="inside"),sort_ = "ascending")

其中的 sort_="ascending"让漏斗图倒立，但显示字典格式的数据项（set_series_opts）需去掉，输出如图 8-6 所示。

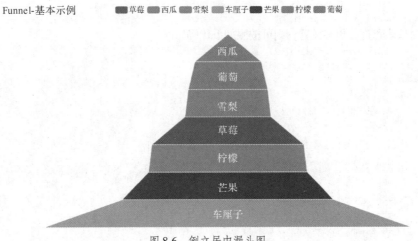

图 8-6　倒立居中漏斗图

8.2.3 仪表盘图

仪表盘图比较简单，输入数据是一个二元元组作为元素的列表。

```
from pyecharts import options as opts
from pyecharts.charts import Gauge, Page

data = [("完成率", 66.6)]
gauge = (Gauge()
        .add("",data)
        .set_global_opts(title_opts=opts.TitleOpts(title="仪表盘-基本示例"))
        )
gauge.render('g1.html')
```

输出如图 8-7 所示。若图 8-7 中的百分比数据 66.6%与仪表盘中的标题"完成率"重叠，则将.add("",data)修改为.add("",data,detail_label_opts=opts.LabelOpts(formatter="{value}"))即可。

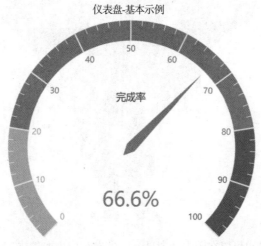

图 8-7　仪表盘

也可以一个仪表盘显示多个数据的指针，类似于钟表的分针、时针。

```
gauge = (Gauge()
        .add('多指针例子', [('Python 基础', 70.),('Python 正则', 90)]),
            detail_label_opts=opts.LabelOpts(formatter="{value}"))
gauge.render(path="G1.html")
```

若想对仪表盘进行更多设置，则可按照如下代码修改。

```
from pyecharts import options as opts
from pyecharts.charts import Gauge
c = (Gauge()
    .add("健康表",
        [('用户得分',0.89)],
        radius="75%",      #表盘的半径
        split_number=10,#刻度线数目，数字越大，分得越细
        min_ =0,          #刻度线的最小值
        max_ = 2,          #刻度线的最大值
        start_angle=225,#刻度线起始的位置
        end_angle = -45,#刻度线结束的位置
        axisline_opts=opts.AxisLineOpts(
            linestyle_opts=opts.LineStyleOpts(
                color=[(0.2, "#990000"),#设置仪表盘上的颜色
```

```
                    (0.4, "#FF3300"),
                    (0.6, "#FF6666"),
                    (0.9,'#FFCCCC'),
                    (1,'#99FFFF'),
                    (1.2,'#33CCCC'),
                    (1.4,'#00CC99'),
                    (2,'#009966')],
            width=20, ) ), #表盘的宽度
        title_label_opts=opts.LabelOpts(
            font_size=30,   #表盘内标题字体的大小
            color="green",  #表盘内标题字体的颜色
            font_family="Microsoft YaHei"),#表盘内标题字体的类型
        detail_label_opts=opts.LabelOpts(formatter="{value}"),)
    .set_global_opts(title_opts=opts.TitleOpts(title='标题: 健康表'),
            legend_opts=opts.LegendOpts(is_show=True),))
c.render("c1.html")    #保存文件
```

8.2.4 关系图

关系图

关系图的 add()中的数据有两项，即结点（nodes）和连接边（links），结点
和连接边都用字典表示。

结点格式如下。

nodes= [{"结点名": "结点 1", "结点大小": 10},{"结点名": "结点 2", "结点大小": 20]

连接边格式如下。

links=[{'起点': '结点 1', '止点': '结点 2'}, {'起点': '结点 2', '止点': '结点 1'}]

结点和连接边也可以使用图。

nodes = [opts.GraphNode(name="结点 1", symbol_size=10),
        opts.GraphNode(name="结点 2", symbol_size=20)]

links = [opts.GraphLink(source="结点 1", target="结点 2"),
        opts.GraphLink(source="结点 2", target="结点 3")]

```
import json
import os

from pyecharts import options as opts
from pyecharts.charts import Graph, Page

#结点列表，每个结点用字典表示，每个结点有结点名和结点大小
nodes= [{"name": "结点 1", "symbolSize": 10},
        {"name": "结点 2", "symbolSize": 20},
        {"name": "结点 3", "symbolSize": 30},
        {"name": "结点 4", "symbolSize": 40},
        {"name": "结点 5", "symbolSize": 50},
        {"name": "结点 6", "symbolSize": 40},
        {"name": "结点 7", "symbolSize": 30},
        {"name": "结点 8", "symbolSize": 20}]

#连接边列表，列表中每个结点也用字典表示，每个结点都有结点名
#如[{'source': '结点 1', 'target': '结点 1'}, {'source': '结点 1', 'target': '结点 2'}]。
links = []
for i in nodes:
    for j in nodes:
```

```
                links.append({"source": i.get("name"), "target": j.get("name")})

graph = (Graph()
        .add("", nodes, links, repulsion=8000)#图显示的大小（两结点间的距离）
        .set_global_opts(title_opts=opts.TitleOpts(title="Graph-基本示例")))
graph.render('graph1.html')
```
输出如图 8-8 所示。

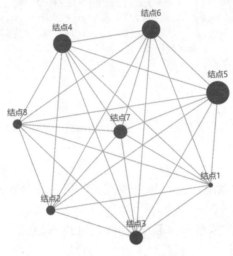

图 8-8　关系图

利用关系图可以绘制微博转发关系图。数据来自 Weibo.json（按本书指定的方式获取该数据），
运行代码如下。

```
import json
from pyecharts import options as opts
from pyecharts.charts import Graph, Page

with open(r"fixtures\weibo.json", "r", encoding="utf-8") as f:
        j = json.load(f)
        nodes, links, categories, cont, mid, userl = j

graph= (Graph()
        .add("", nodes, links, categories, repulsion=50,
            linestyle_opts=opts.LineStyleOpts(curve=0.2),
            label_opts=opts.LabelOpts(is_show=False) )
        .set_global_opts(legend_opts=opts.LegendOpts(is_show=False),
            title_opts=opts.TitleOpts(title="Graph-微博转发关系图")))
graph.render('graph2.html')
```

8.2.5　词云图

词云图的绘制，主要数据是词汇和词频。

```
from pyecharts import options as opts
from pyecharts.charts import Page, WordCloud
from pyecharts.globals import SymbolType

words = [
```

```
            ("海医", 9000),
            ("中北", 6181),
            ("Amy Schumer", 4386),
            ("Jurassic World", 4055),
            ("Charter Communications", 2467),
            ("Chick Fil A", 2244),
            ("Planet Fitness", 1868),
            ("Pitch Perfect", 1484),
            ("Express", 1112),
            ("yubg", 865),
            ("Johnny Depp", 847),
            ("Lena Dunham", 582),
            ("Lewis Hamilton", 555),
            ("余老师", 4500),
            ("Mary Ellen Mark", 462),
            ("Farrah Abraham", 366),
            ("Rita Ora", 360),
            ("Serena Williams", 282),
            ("NCAA baseball tournament", 273),
            ("Point Break", 265),
        ]

wordcloud = (WordCloud()
        .add("", words, word_size_range=[10, 50])# word_size_range 表示字体大小范围
        .set_global_opts(title_opts=opts.TitleOpts(title="WordCloud-基本示例")) )
wordcloud.render('wordcloud.html')
```

一般对于给出的文本绘制词云图，首先要对其进行词频统计，并对其中的停用词进行处理。如上面代码中的 words 是已经处理过的数据。

输出如图 8-9 所示。

Word Cloud-基本示例

图 8-9　词云图

8.3　坐标系图表

ECharts 的坐标系图表绘制的代码如下，包括一个函数体和一个保存函数。

```
#伪代码
charttype = (                        #链式调用
    ChartType ()
    .add_xaxis()
    .add_yaxis()
    .set_global_opts(title_opts=opts.TitleOpts(title="主标题", subtitle="副标题"))
    #或者直接使用字典类型参数，如下所示
```

```
#.set_global_opts(title_opts={"text": "主标题", "subtext": "副标题"}))
chart_name.render()          #保存图片
```

8.3.1 柱状图

柱形图用来比较两个或以上的值。Python 可使用 Bar 生成柱状图。

```
#柱状图
from pyecharts.charts import Bar
from pyecharts import options as opts

bar = (Bar()
    .add_xaxis(["衬衫", "羊毛衫", "雪纺衫", "裤子", "高跟鞋", "袜子"])
    .add_yaxis("商家A", [5, 20, 36, 10, 75, 90])
    .set_global_opts(title_opts=opts.TitleOpts(
                title="商铺存货情况",subtitle="A店纺织品存货情况"),
                toolbox_opts=opts.ToolboxOpts(),  #工具显示
                legend_opts=opts.LegendOpts(is_show=True)))
bar.render('yubg1.html')
```

输出如图 8-10 所示。

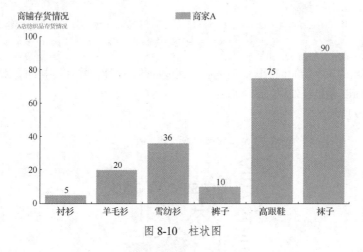

图 8-10　柱状图

8.3.2 折线图

折线图可以直观地表现出数据的变化趋势。Python 可使用 Line()函数生成数据折线图。

```
from pyecharts.charts import Line
from pyecharts import options as opts
line = (Line()
    .add_xaxis(["衬衫", "羊毛衫", "雪纺衫", "裤子", "高跟鞋", "袜子"])
    .add_yaxis("店铺A", [5, 20, 36, 10, 75, 90])
    .add_yaxis("店铺B", [15, 6, 45, 20, 35, 66])
    .set_global_opts(
        title_opts=opts.TitleOpts(
            title="商铺存货情况",
            subtitle="A/B店纺织品存货情况"),
        toolbox_opts=opts.ToolboxOpts(),  #工具显示
        legend_opts=opts.LegendOpts(is_show=True)))
line.render('line.html')
```

输出如图 8-11 所示。

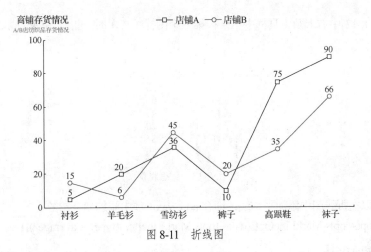

图 8-11　折线图

折线图使用主题色调配置，需要先导入模块 ThemeType。

from pyecharts.globals import ThemeType

接下来可以在函数体中加入 init_opts 参数项。

init_opts=opts.InitOpts(theme=ThemeType.LIGHT)

参数项中的 LIGHT 可以修改为其他的主题，如 WHITE、ROMANTIC、SHINE 等。在上面的代码中加入这两项，完整代码如下。

```
from pyecharts. charts import Line
from pyecharts import options as opts
from pyecharts.globals import ThemeType
line = (Line(init_opts=opts.InitOpts(theme=ThemeType. ROMANTIC))
        .add_xaxis(["衬衫", "羊毛衫", "雪纺衫", "裤子", "高跟鞋", "袜子"])
        .add_yaxis("店铺 A", [5, 20, 36, 10, 75, 90])
        .add_yaxis("店铺 B", [15, 6, 45, 20, 35, 66])
        .set_global_opts(title_opts=opts.TitleOpts(
                    title="商铺存货情况",subtitle="A/B 店纺织品存货情况"),
                    toolbox_opts=opts.ToolboxOpts(), #工具显示
                    legend_opts=opts.LegendOpts(is_show=True)))
line.render('line0.html')
#line.render_notebook( )#在 Jupyter Notebook 中显示
```

输出如图 8-12 所示。

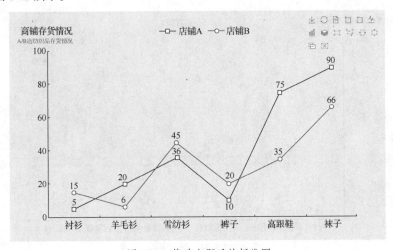

图 8-12　修改主题后的折线图

当单击图 8-12 中右上角工具框中第一行第三个图标（📄）时，折线图即变成如图 8-13 所示的数据视图。

	店铺A	店铺B
衬衫	5	15
羊毛衫	20	6
雪纺衫	36	45
裤子	10	20
高跟鞋	75	35
袜子	90	66

图 8-13　数据视图

我们还可以在折线图中添加平均线，即在 add_yaxis 项中添加如下参数。

markline_opts=opts.MarkLineOpts(data=[opts.MarkLineItem(type_="average")])

8.3.3　散点图

散点图，顾名思义就是由一些散乱的点组成的图表，这些点在哪个位置，是由其 x 值和 y 值确定的。

散点图可以显示若干数据系列中各数值之间的关系，类似 x 轴和 y 轴，判断两变量之间是否存在某种关联。散点图的优势就是处理值的分布和数据点的分簇。如果数据集中包含非常多的数据点，那么散点图便是最佳的图表类型。

```
from pyecharts import options as opts
from pyecharts.charts import Scatter

x=["衬衫", "羊毛衫", "雪纺衫", "裤子", "高跟鞋", "袜子"]
a=[5, 20, 36, 10, 75, 90]

scatter= (Scatter()
          .add_xaxis(x)
          .add_yaxis("商家A", a)
          .set_global_opts(title_opts=opts.TitleOpts(title="Scatter-基本示例"),
                      toolbox_opts=opts.ToolboxOpts(),
                      legend_opts=opts.LegendOpts(is_show=True)))
scatter.render("scatter.html")
```

输出如图 8-14 所示。

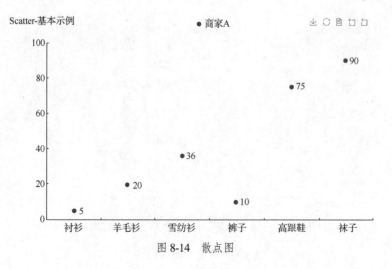

图 8-14　散点图

8.3.4　图表的叠加

有时候需要在一个图表中叠加另一个图表，这就需要用到overlap()函数。

```
from pyecharts. charts import Line
from pyecharts import options as opts
from pyecharts.globals import ThemeType
from pyecharts.charts import Bar

x=["衬衫", "羊毛衫", "雪纺衫", "裤子", "高跟鞋", "袜子"]
a=[5, 20, 36, 10, 75, 90]
b=[15, 6, 45, 20, 35, 66]
bar = (Bar()
        .add_xaxis(x)
        .add_yaxis("商家A", a))

line = (Line(init_opts=opts.InitOpts(theme=ThemeType.SHINE))
        .add_xaxis(x)
        .add_yaxis("店铺B", b, markline_opts=opts.MarkLineOpts(data=[opts. MarkLineItem
(type_="average")]]))
        .set_global_opts(title_opts=opts.TitleOpts(title="商铺存货情况",subtitle="B 店纺
织品存货情况")))

bar.overlap(line)
bar.render("bar.html")#显示图
```

输出如图 8-15 所示。

图 8-15 所示为柱状图和折线图的叠加，bar.overlap(line)表示折线图在柱状图上，即柱状图作为底层。在显示图表的时候，需要从底层开始显示，最后用 bar.render_notebook()函数来显示当前页面图表。

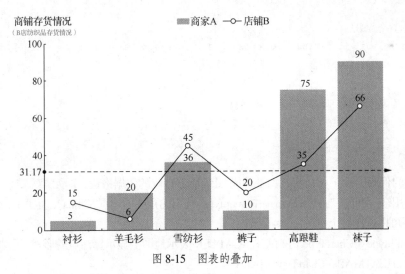

图 8-15　图表的叠加

8.4　地理坐标系与地图绘制

pyecharts 的地理坐标系与地图的绘制主要依靠 Geo 和 Map 两个类实现。其中 Geo 类可绘制地理坐标系，可以利用经纬度向地图中插入点，也可以获取地图上某一点的经纬度，地图上的标注功

能主要依靠 Geo 类来实现。Map 类的功能类似于 Geo 类，但只能绘制地图，不能绘制坐标系，即地图上的点无法与经纬度进行转换。

8.4.1 地理坐标系

Geo 类在使用时需要调用以下模块。

```
from pyecharts import options as opts
from pyecharts.charts import Geo
from pyecharts.globals import ChartType, SymbolType
```

ChartType 用于描述数据在地图上的标注形式，如 EFFECT_SCATTER、HEATMAP、LINES 等。地图上显示的数据格式是二元列表，如[['name1', value1], ['name2', value2],…]。

这里的 name 可以是省份、自治区、城市名称，在地图模型中已经加入了各省份、自治区及市的坐标点。具体代码示例如下。

```
#数据准备
provinces = ["广东", "北京", "上海", "新疆","安徽","山西", "湖南", "浙江", "江苏"]
pro_value = [54, 87, 56, 34,98,65,45, 56, 78, 50]
pr_data = [list(z) for z in zip(provinces,pro_value)]

#链式调用
geo = (Geo()
    # 加载图表模型中的中国地图
    .add_schema(maptype="China")

    # 在地图中加入坐标点的属性
    .add("geo", pr_data, type_=ChartType.EFFECT_SCATTER)

    # 设置坐标属性
    .set_series_opts(label_opts=opts.LabelOpts(is_show=False))

    # 设置全局属性
    .set_global_opts(visualmap_opts=opts.VisualMapOpts(is_piecewise=True),
                title_opts=opts.TitleOpts(title="Geo-基本示例"),
    ))

#在浏览器中渲染图表，即将其保存为 HTML 文件
geo.render("121.html")

#在 Jupyter Notebook 中渲染图表
#geo.render_notebook()
```

在上面的代码中，pr_data 将数据处理成 add()能够接收的数据格式，即元素为二元列表的列表。

代码使用链式调用，add_schema()中 maptype 选用的是中国地图"China"，也可以选择世界地图"world"，还可以选择某个省份，如"安徽"。

add()中的 type_=ChartType.EFFECT_SCATTER 表示地图上显示标注点的形式或形状，还可以选择 ChartType.HEATMAP、ChartType.LINES 等。

set_series_opts 项表示是否在地图上显示数据，参数可以是 True 或 False。

set_global_opts 项中的 visualmap_opts 参数默认是"色条"数据示例，也可以选用分段数据示例参数 is_piecewise=True。

需要注意的是，add_schema()中 maptype 参数选用省份、自治区、市时不能出现 pyecharts 中没有加入的坐标点。例如，填写"江南"，将会得到一个空地图。同样，选择"安徽"，在显示安徽

省各个城市的数据时，如果城市的名称不存在，如"潜山市"还没有在地图数据中升级为市，将会显示空图或提示错误。

为了解决前述这种没有加载中国地图模型中的各个省份、自治区及市的坐标点的问题，需要利用 Geo 类中的 add_coordinate()方法，在 Geo 图中加入自定义的点，需要添加坐标点名称（name: str）、经度（longitude: Numeric）、纬度（latitude: Numeric）3 个参数。

```python
from pyecharts import options as opts
from pyecharts.charts import Geo
from pyecharts.globals import ChartType, SymbolType
# 城市后数字可表示 GDP 等
ah_data=[['安庆市', 54], ['合肥市', 65], ['六安市', 76], ['马鞍山市', 64],
    ['芜湖市', 35], ['池州市', 35], ['蚌埠市', 54], ['淮北市', 34],
    ['淮南市', 56], ['黄山市', 87], ['阜阳市', 43], ['滁州市', 65],
    ['宣城市', 47], ['亳州市', 45], ['宿州市', 23],['铜陵市', 45],
    ["潜山市", 51]]    #假设 Geo 数据源中没有潜山市


#链式调用
anhui = (Geo()
        .add_schema(maptype="安徽")
        # 加入自定义的坐标点
        .add_coordinate("潜山市", 116.53, 30.62)
        #添加数据
        .add("geo", ah_data,type_=ChartType.EFFECT_SCATTER)
        .set_series_opts(label_opts=opts.LabelOpts(is_show=True))
        .set_global_opts(visualmap_opts=opts.VisualMapOpts(is_piecewise=True),
                    title_opts=opts.TitleOpts(title="加入潜山市")))
#在浏览器中渲染图表，即将其保存为 HTML 文件
anhui.render('anhui.html')

#在 Jupyter Notebook 中渲染图表
#anhui.render_notebook('anhui.html')
```

8.4.2 地图

通过前面的 Geo 类，我们大概了解了地图标注的操作。Map 类与 Geo 类差别不大，通过下面的代码，我们可以看出 Map 类的操作相对较简单。

```python
from pyecharts import options as opts
from pyecharts.charts import Map

#数据准备
provinces = ["广东", "北京", "上海", "新疆","安徽","山西", "湖南", "浙江", "江苏"]
pro_value = [54, 87, 56, 34,98,65,45, 56, 78, 50]
pr_data = [list(z) for z in zip(provinces,pro_value)]

map = (
        Map()
        .add("商家 A", pr_data, "China")
        .set_global_opts(title_opts=opts.TitleOpts(title="Map-基本示例"))
    )
map.render('map.html')
#map.render_notebook()
```

上面的代码基本与 Geo 类相同，仅将 add_schema()的地图显示范围参数移到了 add()中。参数可

选 world、China 及省份。

以上数据在地图显示中不明显，相关的省份没有颜色显示，可以增加省份颜色显示。

```
map_v = (
      Map()
      .add("商家A", pr_data, "China")
      .set_global_opts(
          title_opts=opts.TitleOpts(title="Map-VisualMap（分段型）"),
          visualmap_opts=opts.VisualMapOpts(max_=200, is_piecewise=True),
      )
   )
map_v.render('map1.html')
map_v.render_notebook()
```

上述代码中的 visualmap_opts 项默认是连续型，也可选择分段型 is_piecewise=True。

我们对数据进行改造，并按省份显示地图，代码如下。

```
ah_data=[['安庆市', 54], ['合肥市', 65], ['六安市', 76], ['马鞍山市', 64],
   ['芜湖市', 35], ['池州市', 35], ['蚌埠市', 54], ['淮北市', 34],
   ['淮南市', 56], ['黄山市', 87], ['阜阳市', 43], ['滁州市', 65],
   ['宣城市', 47], ['亳州市', 45], ['宿州市', 23], ['铜陵市', 45],
   ["潜山市", 51]]    #假设 Geo 数据源中没有潜山市
map_v = (Map()
      .add("商家A", ah_data, "安徽")
      .set_global_opts(
          title_opts=opts.TitleOpts(title="Map-VisualMap（省份）"),
          visualmap_opts=opts.VisualMapOpts(max_=200, is_piecewise=True),
      )
   )
map_v.render('map2.html')
#map_v.render_notebook()
```

目前地图显示范围参数最小可以设置到市一级，如设置为"安庆"。

.add("商家A", ah_data, "安庆")

8.5 3D 图形

3D 图形的输入数据是三维的列表，如[x, y, z]。

Axis3DOpts（坐标轴类型）有如下 4 种。

（1）value：数值轴，适用于连续数据。

（2）category：类目轴，适用于离散的类目数据，为该类型时必须通过 data 设置类目数据。

（3）time：时间轴，适用于连续的时序数据，与数值轴相比时间轴带有时间的格式化，在刻度计算上也有所不同。例如，会根据跨度的范围来决定使用月、星期、日，还是小时范围的刻度。

（4）log：对数轴，适用于对数数据。

Grid3DOpts（坐标系组件）在三维场景中的宽度、高度、深度分别用 width、height、depth 表示。

```
import math
from pyecharts import options as opts
from pyecharts.charts import Surface3D

def surface3d_data():
    '''
    生成数据
    '''
```

```
        for t0 in range(-60, 60, 1):
            y = t0 / 60
            for t1 in range(-60, 60, 1):
                x = t1 / 60
                if math.fabs(x) < 0.1 and math.fabs(y) < 0.1:
                    z = "-"
                else:
                    z = math.sin(x * math.pi) * math.sin(y * math.pi)
                yield [x, y, z]
surf3d = (Surface3D()
    .add("",
        list(surface3d_data()),
        xaxis3d_opts=opts.Axis3DOpts(type_="value"),
        yaxis3d_opts=opts.Axis3DOpts(type_="value"),
        grid3d_opts=opts.Grid3DOpts(width=100, height=100, depth=100))
    .set_global_opts(
        title_opts=opts.TitleOpts(title="Surface3D-基本示例"),
        visualmap_opts=opts.VisualMapOpts( max_=3, min_=-3)))

surf3d.render('test_yubg.html')
#surf3d.render_notebook()
```

输出如图 8-16 所示。

Surface3D-基本示例

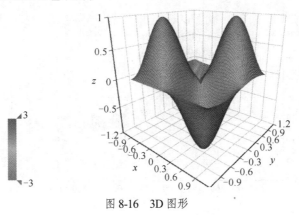

图 8-16　3D 图形

第9章 Altair 动态可视化

Altair 是一个专为 Python 编写的可视化软件包，由美国华盛顿大学的数据科学家 Jake Vanderplas（杰克·万托布拉斯）编写。只需要在图上用鼠标选择区域，图形下方的条状图就会发生变化，当鼠标指针拖动选择区域滑动时，图形下方会自动形成一个动态的柱状图用于显示数据，如图 9-1 所示。

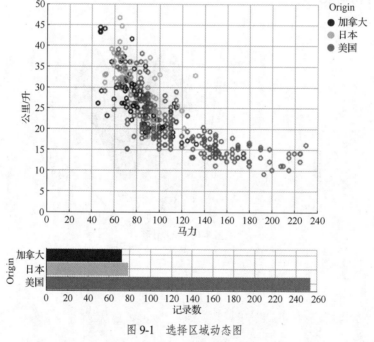

图 9-1　选择区域动态图

这幅动态图是用 Python 可视化库 Altair 绘制的，仅需 7 行代码即可。Altair 可以使用强大而简洁的可视化语法快速开发各种数据可视化图表。用户只需要提供数据列与编码通道之间的链接，例如 x 轴、y 轴、颜色等，其余的绘图细节它会自动处理。

9.1　安装与导入 Altair

制作动态可视化图表需要安装 Altair 库，在测试实例数据集时，还要安装测试集 vega_datasets。
安装 Altair 库：pip install altair。
安装测试集：pip install vega_datasets。

安装完毕之后，用 Jupyter Notebook 打开，运行下面的示例代码即可。若在 Spyder 上运行，需要先保存运行后产生的网页代码，再打开网页代码文件，即可实现图 9-1 所示的选择区域动态图。

```
#Altair 数据动态可视化
import altair as alt
from vega_datasets import data
source = data.cars()
brush = alt.selection(type='interval')
points = alt.Chart(source).mark_point().encode(
            x='Horsepower:Q',
            y='Miles_per_Gallon:Q',
            color=alt.condition(brush,'Origin:N',
                alt.value('lightgray'))).add_selection(brush)
bars = alt.Chart(source).mark_bar().encode(
            y='Origin:N',
            color='Origin:N',
            x='count(Origin):Q').transform_filter(brush)
points & bars   #Jupyter Notebook 下使用
(points & bars).save('plot.html')   #保存动态图为网页格式
```

9.2 Altair 图形语法

Chart 有 3 个基本方法——数据（data）、标记（mark）和编码（encode），它们的使用格式如下，具体可参阅官网。

alt.Chart(data).mark_point().encode(encoding_1='column_1',encoding_2='column_2',…)

其中的 data、mark 和 encode 说明如下。

Altair 动态图的
实现

1．data

Altair 内部使用的数据以 pandas 中的数据框格式存储，有以下 3 种方式传入：

- 以 pandas 的数据框格式传入；
- 以 Data 对象传入；
- 以指向 CSV 或 JSON 文本的 URL 传入。

2．mark

mark 表示选择显示的图表，如柱状图、折线图、面积图、散点图、直方图、地图等各种交互式图表。mark 的部分方法如表 9-1 所示。

表 9-1 mark 的部分方法

mark 名称	方法	描述说明
area	mark_area()	可填充面积图
bar	mark_bar()	条形图
circle	mark_circle()	圆形散点图
geoshape	mark_geoshape()	地形图
image	mark_image()	带有图像标记的散点图
line	mark_line()	折线图
point	mark_point()	具有可配置点形状的散点图
rect	mark_rect()	矩形热图
rule	mark_rule()	蜡烛图

mark 名称	方法	描述说明
square	mark_square()	填充正方形的散点图
text	mark_text()	由文本代替点而形成的教点图
tick	mark_tick()	水平或垂直的刻度线，简单的航线图

3. encode

encode 表示的是编码方式，它定义了图片显示的各种属性，如每张图片的位置、图片轴的属性等。这部分很重要，记住关键的几个属性就行。

（1）位置通道。定义位置相关属性。

- x：x 轴数值。
- y：y 轴数值。
- row：按行分列图片。
- column：按列分列图片。

（2）通道描述。

- color：标记点的颜色。
- opacity：标记点的透明度。
- shape：标记点的形状。
- size：标记点的大小。

（3）通道域信息。

- text：文本标记。
- label：标签。

（4）数据类型。

- quantitative：缩写 Q，表示连续型数据。
- ordinal：缩写 O，表示离散型数据。
- nominal：缩写 N，表示离散无序数据。
- temporal：缩写 T，表示时间序列。

x、y以及color的数据可以调用函数，如绘制图9-1中的代码行x的值就是对Origin的统计count()。表 9-2 中列举了部分可调用函数。

表 9-2　部分可调用函数

函数名	说明
argmin	最小值的下标（索引）
argmax	最大值的下标（索引）
average	平均值，同 mean
count	组中数据对象的总数
distinct	不同的值的数量
max	最大值
mean	平均值
median	中位数
min	最小值
missing	计数未定义和空值
q1	下四分位数边界
q3	上四分之一边界

函数名	说明
cio	均值 95% 置信区间的下限
ci1	均值 95% 置信区间的上限
stderr	标准误差
stdev	样本标准差
stdevp	总体标准差
sum	总和
valid	统计非空或未定义的值

让我们来看一个具体的例子，导入并显示数据。

```
import pandas as pd
import altair as alt

data = pd.read_csv(r"D:\yubg\location.csv")
print(data)
```

数据显示如下。

```
     地点    生产总值      人口
0    天津   1572247    14945
1    北京   2133083    21332
2    上海   2356094    24204
3    江苏   6508832    79498
4    浙江   4015350    55030
5    内蒙古  1776951    25012
6    辽宁   2862658    43907
7    福建   2405576    37900
8    广东   6779224   106840
9    山东   5942659    97614
10   吉林   1380381    27518
11   重庆   1426540    29807
12   湖北   2736704    58075
13   陕西   1768994    37696
14   宁夏    275210     6579
15   新疆    926410    22814
16   湖南   2704846    67139
17   河北   2942115    73582
18   青海    230112     5806
19   黑龙江  1503938    38446
20   海南    350072     8994
21   四川   2853666    81236
22   山西   1275944    36389
23   河南   3493938   100377
24   江西   1570859    45322
25   安徽   2084875    60564
26   广西   1567297    47365
27   西藏     92083     3148
28   云南   1281459    47003
29   甘肃    683527    25865
30   贵州    925101    35051
```

下面我们选择标记形式为 mark_circle，其大小为 size=200，x 轴数据人口（population）为离散无序型，地点数据的颜色（color）数据也设置为离散无序型。将生成的图形保存在 chart0.html 网页文件里，注意文件保存的位置，打开后如图 9-2 所示。

```
categorical_chart = alt.Chart(data).mark_circle(size=200).encode(
                    x='人口:N',
                    color='地点:N')
categorical_chart.save(r'c:\Users\yubg\chart0.html')
```

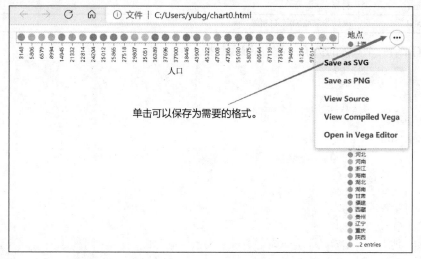

图 9-2　省份与人口数据

在图 9-2 中，如果我们想把生产总值数据也放上去，只需要增加参数 y 即可。

```
categorical_chart = alt.Chart(data).mark_circle(size=200).encode(
                    x='人口:N',
                    y='生产总值',
                    color='地点:N')
categorical_chart.save('chart0.html')
```

生成的图表如图 9-3 所示。

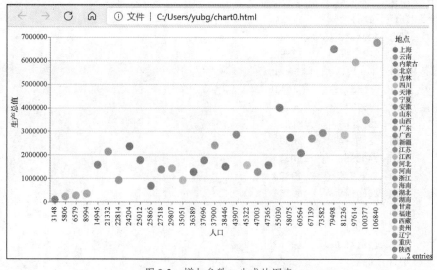

图 9-3　增加参数 y 生成的图表

还可通过 tooltip 增加数据提示的功能，只需要增加一行代码，即可实现当鼠标指针悬停在图中的点上时，显示该数据的详细信息，如图 9-4 所示。

```
categorical_chart = alt.Chart(data).mark_circle(size=200).encode(
                    x='人口:N',
                    y='生产总值',
                    color='地点:N',
                    tooltip=['地点', '人口', '生产总值'])
categorical_chart.save('chart0.html')
```

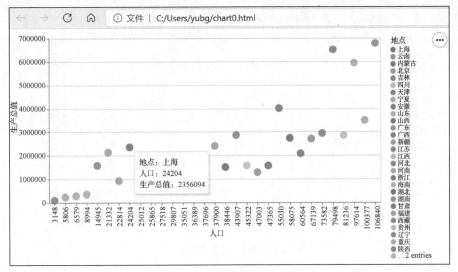

图 9-4　数据提示

9.3 交互效果的实现

除了绘制基本图像，Altair 的强大之处还在于用户可以与图像进行交互，实现平移、缩放、选中某一块数据等操作。在绘制图片的代码之后调用 interactive()，就能实现平移、缩放。

```
import pandas as pd
import altair as alt

data = pd.read_csv(r"D:\yubg\location.csv")
print(data)
categorical_chart = alt.Chart(data).mark_circle(size=200).encode(
                    x='人口:N',
                    y='生产总值',
                    color='地点:N',
tooltip=['地点','人口','生产总值']).interactive()
categorical_chart.save('chart0.html')
```

打开生成的网页，可以按住鼠标左键选中图形，上下拖曳鼠标观察数据。也可以滑动鼠标滚轮，放大或缩小数据标尺到合适的范围来查看图形，如图 9-5 所示。

以上都是 Altair 的基本绘图知识。Altair 还为创建交互式图像提供了一个 selection 的 API，在选择功能的基础上，我们能实现一些更酷炫的高级功能。

```
brush = alt.selection_interval()#创建一个区间选择工具brush
categorical_chart = alt.Chart(data).mark_circle(size=200).encode(
```

```
            x='地点:N',
            y='生产总值',
            color='人口:N',
            tooltip=['地点', '人口', '生产总值']
            ).add_selection(brush)#设置属性将该brush绑定到图表
categorical_chart.save('chart0.html')
```

上面的代码可实现按住鼠标左键并拖曳鼠标，形成一个选择区域，接着可以用鼠标移动选择区域，如果想关闭选择区域，用鼠标双击选择区域即可，如图9-6所示。

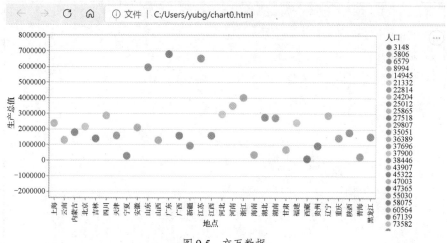

图 9-5　交互数据

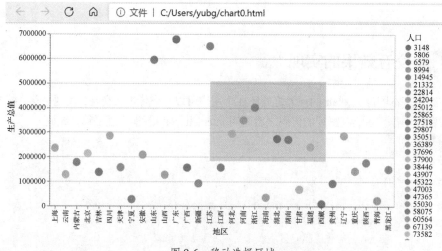

图 9-6　移动选择区域

还可以使用condition()来设置选择区域的颜色。我们若想要选择区域内的点都高亮显示，而被选择区域之外的点都变成灰色，可直接修改color的值即可，代码如下。

```
brush = alt.selection_interval()
categorical_chart = alt.Chart(data).mark_circle(size=200).encode(
            x='地区:N',
            y='生产总值',
            #color='人口:N',
            color=alt.condition(brush,
```

```
                              '人口:N',
                              alt.value('lightgray')),
                 tooltip=['地区', '人口', '生产总值']
                 ).add_selection(brush)
categorical_chart.save('chart0.html')
```

图表显示的结果如图 9-7 所示。

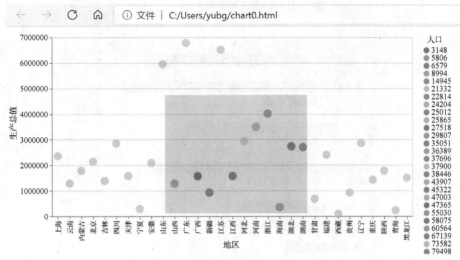

图 9-7　选择区域内的点高亮显示

　　为了达到本章开头展示的对选中的数据点进行统计并生成实时的动态图，接下来我们绘制一个柱状图，最后将前面绘制的散点图与该柱状图相关联。

```
alt.Chart(data).mark_bar().encode(
    y='地区:N',
    color='生产总值:N',
    x='人口:Q'
    ).save('chart2.html')
```

　　用 mark_bar() 绘制柱状图，y 轴表示地点数据，x 轴表示人口数据，不同颜色表示不同地点的 GDP，用二维的图形来表示三维的数据。生成图表如图 9-8 所示。

　　为了让柱状图与之前的散点图相关联，我们需要使用 transform_filter() 并传入 brush。最后我们使用 "&" 来关联散点图和柱状图。

```
brush = alt.selection_interval()
points = alt.Chart(data).mark_circle(size=200).encode(
                 x='地点:N',
                 y='生产总值',
                 color=alt.condition(brush,
                              '人口:N',
                              alt.value('lightgray')),
                 ).add_selection(brush)
bars = alt.Chart(data).mark_bar().encode(
    y='地点:N',
    color='生产总值:N',
    x='人口:Q').transform_filter(brush)
(points & bars).save('chart3.html')
```

　　我们将生成的动态图保存在当前路径下的 chart3.html 中。打开选择区域，在散点图的下方就会显示被选择的数据的柱状图，随着选择区域的移动，柱状图也会变化，如图 9-9 所示。

Altair 动态可视化 ╱ 第 9 章

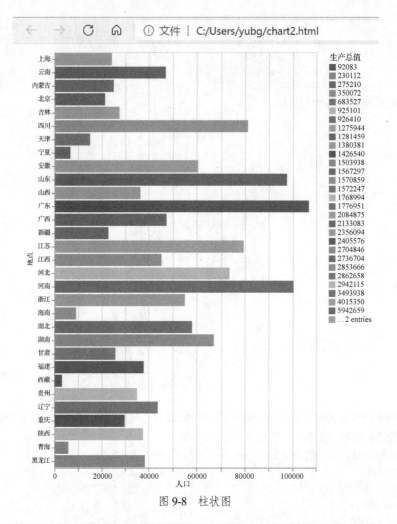

图 9-8　柱状图

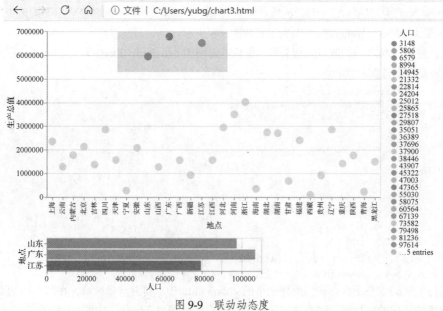

图 9-9　联动动态度

说明：如果仅仅是叠加两个图表（两个图表在一个画布上显示），将两个图表用加号"+"连接即可。

所以，实现本章图 9-1 所示的图表的代码就是如下 7 行。

```
import altair as alt
from vega_datasets import data
source = data.cars()
brush = alt.selection(type='interval')
points = alt.Chart(source).mark_point().encode( x='Horsepower:Q', y='Miles_per_Gallo
n:Q', color=alt.condition(brush, 'Origin:N', alt.value('lightgray')) ).add_selection( bru
sh )
bars = alt.Chart(source).mark_bar().encode( y='Origin:N', color='Origin:N', x='count
(Origin):Q' ).transform_filter( brush )
points & bars                          #Jupyter Notebook 下使用
#(points & bars).save('chart.html')#Spyder 下使用
```

9.4 实战体验：学生数据交互可视化

现有一份某高校学生数据表，数据格式如图 9-10 所示。

	A	B	C	D	E	F	G
1	学号	性别	民族	省、自治区、直辖市	语文	外语	数学
260	1181020200259	女	汉族	北京市	93	107	116
261	1181020200260	女	汉族	北京市	95	88	110
262	1181020200261	女	汉族	新疆维吾尔自治区	109	103	87
263	1181020200262	女	蒙古族	内蒙古自治区	115	97.5	113.5
264	1181020200263	男	汉族	内蒙古自治区	105	136.3	93
265	1181020200264	男	汉族	内蒙古自治区	107	110.6	102
266	1181020200265	男	蒙古族	内蒙古自治区	110.5	104.4	103

图 9-10　学生数据表

现在我们想知道全体学生中，各省自治区、直辖市的少数民族分布情况。选择地点即可动态显示相应的数据。

首先导入数据，数据为 CSV 格式。

```
In [1]: import pandas as pd
   ...: import altair as alt
   ...:
   ...: data = pd.read_csv(r"D:\2021\student.csv",encoding="gbk")
   ...: print(data)

学号 性别 民族 省、自治区、直辖市 语文 外语 数学
0 1181020200001 女 汉族 海南省 240.0 236.0 220.0
1 1181020200002 男 汉族 海南省 223.0 218.0 227.0
2 1181020200003 男 汉族 海南省 193.0 210.0 252.0
3 1181020200004 女 汉族 海南省 213.0 209.0 236.0
4 1181020200005 男 汉族 海南省 213.0 196.0 238.0
... ... .. .. ... ... ... ...
2492 1181020202493 女 汉族 新疆维吾尔自治区 99.0 96.0 72.0
2493 1181020202494 女 汉族 新疆维吾尔自治区 107.0 64.0 84.0
2494 1181020202495 女 汉族 新疆维吾尔自治区 118.0 86.0 59.0
2495 1181020202496 女 回族 新疆维吾尔自治区 106.0 106.0 64.0
2496 1181020202497 女 汉族 新疆维吾尔自治区 88.0 66.0 89.0
```

```
[2497 rows x 7 columns]

In [2]: len(data)
Out[2]: 2497
```

数据共有 2497 条。

下面要绘制交互数据图表。图表上半部分为省、自治区、直辖市和民族数据图，用不同的颜色区别各民族。因为需要交互，引入 alt.selection_interval()。

```
In [3]: brush = alt.selection_interval()
  ...: points = alt.Chart(data).mark_circle(size=200).encode(
  ...:                 y='民族:N',
  ...:                 x='省、自治区、直辖市:N',
  ...:                 color=alt.condition(brush,
  ...:                     '民族:N',
  ...:                     alt.value('lightgray')),
  ...:                 ).add_selection(brush)
  ...: points.save('chart0.html')
  ...: #points #在 Jupyter Notebook 下使用
```

输出图形如图 9-11 所示。

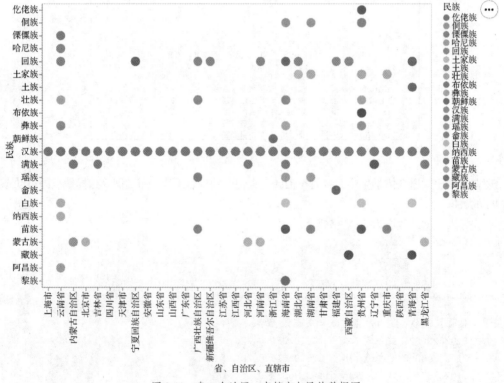

图 9-11　省、自治区、直辖市与民族数据图

图表的下半部分为省、自治区、直辖市与少数民族交互动态图。y 轴显示省、自治区、直辖市，x 轴显示各省、自治区、直辖市的少数民族数据，所以需要对各省份的少数民族数据进行统计，用函数 count()。使用不同的颜色区分不同的民族。

```
In [4]: bars = alt.Chart(data).mark_bar().encode(
  ...:                 y='省、自治区、直辖市:N',
  ...:                 color='民族:N',
```

```
...:                x='count(民族):Q').transform_filter(brush)
...: bars.save('chart2.html')
...: (points & bars).save('chart3.html')  #保存合并后的图表网页
```

输出图形如图9-12所示。

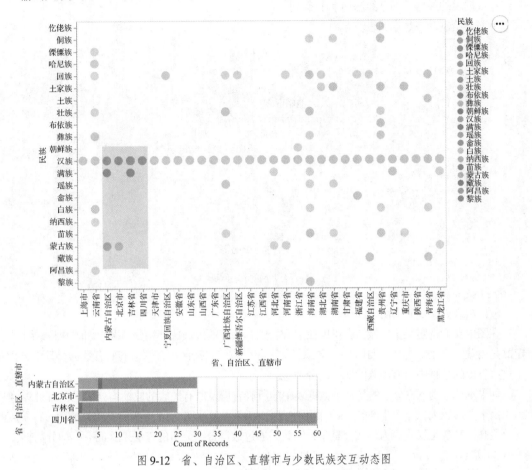

图9-12　省、自治区、直辖市与少数民族交互动态图

下面再来研究一下各省、自治区、直辖市各民族的成绩均分情况。

数据表中仅有语文、外语、数学三门课，那我们先将这三门课的成绩加起来，结果作为data的cj列的数据，并查看数据表。

```
In [5]: data['cj'] = data['数学']+ data['语文']+ data['外语']
   ...: print(data)

学号 性别 民族 省、自治区、直辖市 语文 外语 数学 cj
0    1181020200001 女 汉族 海南省 240.0 236.0 220.0 696.0
1    1181020200002 男 汉族 海南省 223.0 218.0 227.0 668.0
2    1181020200003 男 汉族 海南省 193.0 210.0 252.0 655.0
3    1181020200004 女 汉族 海南省 213.0 209.0 236.0 658.0
4    1181020200005 男 汉族 海南省 213.0 196.0 238.0 647.0
...  ... ... ... ... ... ... ...
2492 1181020202493 女 汉族 新疆维吾尔自治区 99.0 96.0 72.0 267.0
2493 1181020202494 女 汉族 新疆维吾尔自治区 107.0 64.0 84.0 255.0
2494 1181020202495 女 汉族 新疆维吾尔自治区 118.0 86.0 59.0 263.0
```

```
2495 1181020202496 女 回族 新疆维吾尔自治区 106.0 106.0 64.0 276.0
2496 1181020202497 女 汉族 新疆维吾尔自治区 88.0 66.0 89.0 243.0

[2497 rows x 8 columns]
```

在数据表的最后一列已经添加上了 cj 列。

下面再绘制动态数据图表。

```
In [6]:
brush = alt.selection_interval()
points = alt.Chart(data).mark_circle(size=200).encode(
                x='民族:N',
                y='省、自治区、直辖市:N',
                color=alt.condition(brush,
                            '民族:N',
                            alt.value('lightgray')),
                ).add_selection(brush)
points.save('t1.html')
bars = alt.Chart(data).mark_bar().encode(
        y='民族:N',
        color='民族:N',
        #x='mean(cj):Q').transform_filter(brush)
        x='mean(cj):Q').transform_filter(brush)
bars.save('t2.html')
(points & bars).save('t.html') #保存合并后的图表网页
#points & bars  #在 Jupyter Notebook 下使用
```

输出图表如图 9-13 所示。

在图中我们选定某个区域，就可以在下方看到其相应的民族成绩均分情况。如图 9-13 所示，选定的是内蒙、北京、吉林、四川、天津、宁夏等 6 个省、自治区、直辖市的所有数据，其下方列出了这些省市的数据中所有民族的成绩均分情况。

如果不选，则下方显示的是整个数据表中的所有省份及所有民族的成绩均分情况，如图 9-14 所示（由于图形较大，分上半部分（a）和下半部分（b））。从图 9-14 中我们发现，最后一行黎族的均分最高，其次是汉族。为什么会是黎族？我们通过数据分组分析的方法来验证一下均分数据。

```
In [7]:df_group = data.groupby('民族')['cj'].mean()
df_group.sort_values(ascending=True, inplace=False).tail(1)
```

上面的代码第一行是对数据民族列进行分组，并对其 cj 列进行汇总求出成绩均分，结果保存在 **df_group** 中。第二行对 **df_group** 进行升序排列，即最后一行显示的民族为成绩均分最高。同样得出黎族的成绩均分最高的结论。

输出结果如下：

```
Out[7]:
民族
黎族 857.686391
Name: cj, dtype: float64
```

注：如果我们不仅需要民族分组后的成绩均分，还需要 cj 的标准差、人数、最大值等，则可以使用下面的语句。

```
df_group = data.groupby('民族')['cj'].agg(['mean','std','count', 'max'])
df_group['max'].sort_values(ascending=True, inplace=False).tail(1)
```

我们再来查看原始数据，发现数据中有很多空值，另外海南黎族学生的分值有两种情况，一种跟汉族学生一样是原始分，而另外一种则是标准分，各单科分数都很高，几乎单科就是原始分的两倍。

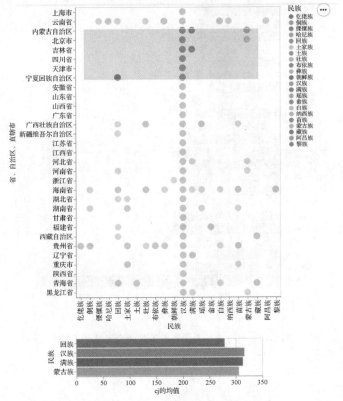

图 9-13　选定区域的所有民族的成绩均分

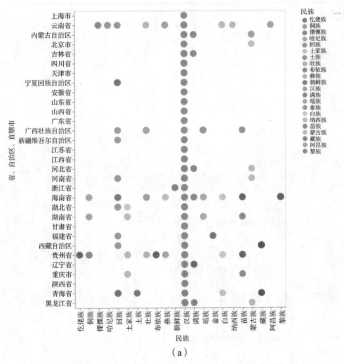

（a）

图 9-14　整个数据表的所有民族的成绩均分

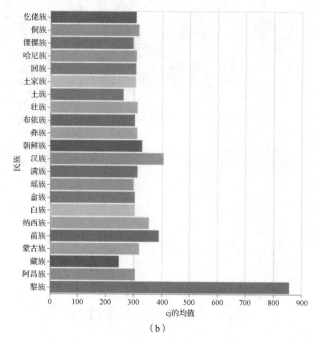

（b）

图 9-14　整个数据表的所有民族的成绩均分（续）

完整代码如下。

```python
# -*- coding: utf-8 -*-
"""
Created on Sat Feb 27 18:00:38 2021

@author: yubg
"""

import pandas as pd
import altair as alt

###【第一部分】
data = pd.read_csv(r"D:\2021\student.csv",encoding='gbk')
print(data)
len(data)

brush = alt.selection_interval()
points = alt.Chart(data).mark_circle(size=200).encode(
                y='民族:N',
                x='省份:N',
                color=alt.condition(brush,
                            '民族:N',
                            alt.value('lightgray')),
                ).add_selection(brush)
points.save('chart0.html')
#points  #在 Jupyter Notebook 下使用


bars = alt.Chart(data).mark_bar().encode(
        y='省份:N',
        color='民族:N',
        x='count(民族):Q').transform_filter(brush)
```

```
bars.save('chart2.html')
(points & bars).save('chart3.html')  #保存合并后的图表网页
#points & bars  #在Jupyter Notebook下使用


####【第二部分】: 各省份民族生的均分
data['cj'] = data['数学']+ data['语文']+ data['外语']
print(data)

brush = alt.selection_interval()
points = alt.Chart(data).mark_circle(size=200).encode(
                x='民族:N',
                y='省份:N',
                color=alt.condition(brush,
                                '民族:N',
                                alt.value('lightgray')),
                ).add_selection(brush)
points.save('t1.html')
bars = alt.Chart(data).mark_bar().encode(
        y='民族:N',
        color='民族:N',
        #x='mean(cj):Q').transform_filter(brush)
        x='mean(cj):Q').transform_filter(brush)
bars.save('t2.html')
(points & bars).save('t.html')  #保存合并后的图表网页
#points & bars  #在Jupyter Notebook下使用


df_group = data.groupby('民族')['cj'].mean()
df_group.sort_values(ascending=True, inplace=False).tail(1)

#df_group = data.groupby('民族')['cj'].agg(['mean','std','count','max'])
#df_group['max'].sort_values(ascending=True, inplace=False).tail(1)
```

第 10 章 NetworkX

NetworkX 是一款用 Python 语言开发的图论与复杂网络建模的工具，内置了常用的图与复杂网络分析算法，可以方便地进行复杂网络数据分析、仿真建模等工作。NetworkX 支持创建简单无向图（Undirected Graph）、有向图（Directed Graph）和多重图（Multigraph）；内置许多标准的图论算法，结点可为任意数据；支持任意边值维度，功能丰富，简单易用。

10.1 NetworkX 安装

打开 Anaconda 目录下的 Anaconda Prompt，安装 NetworkX，安装命令如下。

```
pip install networkx
```

本环境在 Python3.10.9 下安装，要求 Matplotlib 和 NetworkX 版本需要匹配，本书 Matplotlib 为 3.7.0 版本，NetworkX 为 2.8.8 版本。安装完毕后如图 10-1 所示。

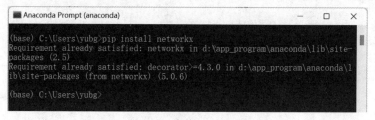

图 10-1　安装 NetworkX

10.2 无向图

无向图的操作比较简单，首先导入 NetworkX 库。

```
import networkx as nx
import matplotlib.pyplot as plt
```

无向图

进行无向图的绘制首先需要声明一个无向图，声明无向图的方法有以下 3 种。

① G = nx.Graph()：建立一个空的无向图 G。

② G1 = nx.Graph([(1,2),(2,3),(1,3)])：构建 G 时指定结点数组来构建 Graph 对象。

③ G2 = nx.path_graph(10)：生成一个拥有 10 个结点的路径无向图。

```
G = nx.Graph()
G1 = nx.Graph([(1,2),(2,3),(1,3)])
G2 = nx.path_graph(10)
```

在无向图中定义一条边，代码如下。

```
e=(2,4)            #定义一条边
G2.add_edge( *e)   #添加关系对象
```

在无向图中添加一个结点，代码如下。

```
G.add_node(1)        #添加一个结点1
G.add_edge(2,3)      #添加一条边2-3（隐含着添加了两个结点2、3）
G.add_edge(3,2)      #对于无向图，边3-2与边2-3被认为是一条边
G.add_nodes_from([3,4,5,6])       #加点集合
G.add_edges_from([(3,5),(3,6),(6,7)])   #加边集合
G.add_cycle([1,2,3,4]) #加环，NetworkX 2.1及以上版本删除了该方法，但新增了下面的方法
nx.add_cycle(G, [1, 2, 3, 4]) #加环
```

输出结点和边，代码如下。

```
print("nodes:", G.nodes())        #输出全部的结点：[1, 2, 3]
print("edges:", G.edges())        #输出全部的边：[(2, 3)]
print("number of edges:", G.number_of_edges())    #输出边的数量
```

运行代码输出结果如下。

```
nodes: [1, 2, 3, 4, 5, 6, 7]
edges: [(1, 2), (1, 4), (2, 3), (3, 5), (3, 6), (3, 4), (6, 7)]
number of edges: 7
```

绘制无向图，输出如图10-2所示。

```
nx.draw(G,
        with_labels = True,
        font_color='white',
        node_size=800,
        pos=nx.circular_layout(G),
        node_color='blue',
        edge_color='red',
        font_weight='bold') #绘制带有标签的图，标签粗体，让结点环形排列
plt.savefig("yxt_yubg.png") #保存无向图到本地
plt.show()
```

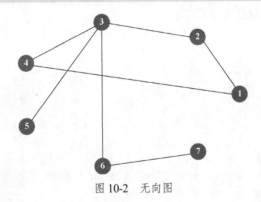

图 10-2　无向图

NetworkX绘图参数如下。

* node_size：指定结点的尺寸大小（默认为300）。

* node_color：指定结点的颜色（默认为红色），可以用字符串简单标识颜色。例如，r为红色、b为绿色等，具体可查看官方网站说明。用"数据字典"赋值的时候必须对字典取值（.values()）后再赋值。

* node_shape：结点的形状（默认是圆形，用字符串'o'标识，具体可查看手册）。

- alpha：透明度（默认是 1.0，表示不透明，0 表示完全透明）。
- width：边的宽度（默认为 1.0）。
- edge_color：边的颜色（默认为黑色）。
- style：边的样式（默认为实线，可选：solid、dashed、dotted、dashdot）。
- with_labels：结点是否带标签（默认为 True）。
- font_size：结点标签字体大小（默认为 12）。
- font_color：结点标签字体颜色（默认为黑色）。
- pos：布局，指定结点排列形式。

例如，绘制结点的尺寸为 30，不带标签的网络图，代码如下。

```
nx.draw(G, node_size = 30, with_labels = False)
```

建立布局，对图进行布局美化，指定结点排列形式的 pos 参数有如下 5 种形式。

- spring_layout：用 Fruchterman-Reingold 算法排列结点（排列形式类似多中心放射状）。
- circular_layout：结点在一个圆环上均匀分布。
- random_layout：结点随机分布。
- shell_layout：结点在同心圆上分布。
- spectral_layout：根据图的拉普拉斯特征向量排列结点。

例如，pos = nx.spring_layout(G)。

10.3 有向图

有向图和无向图在操作上相差并不大，同样需要先声明一个有向图。

有向图

```
import networkx as nx
import matplotlib.pyplot as plt

DG = nx.DiGraph()               #建立一个空的有向图 DG
DG = nx.path_graph(4, create_using=nx.DiGraph())
                        #默认生成结点 0、1、2、3，生成有向边 0->1、1->2、2->3
```

给有向图添加结点，也就添加了有向边。

```
nx.add_path(DG,[7, 8, 3]) #生成有向边 7->8->3，或使用 DG.add_edges_from([(7, 8), (8, 3)])
```

绘制有向图同无向图。

```
nx.draw(DG,
        with_labels = True,
        font_color='white',
        node_size=800,
        pos=nx.circular_layout(DG),
        node_color='blue',
        edge_color='red',
        font_weight='bold')   #绘制带有标签的有向图，标签粗体，让结点环形排列
plt.savefig("wxt_yubg.png")   #保存图片到本地
plt.show()
```

输出如图 10-3 所示。

▶注意：有向图和无向图可以互相转换。

```
DG.to_undirected()   #有向图转无向图
G.to_directed()      #无向图转有向图
```

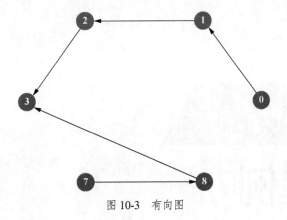

图 10-3　有向图

10.4 实战体验：绘制货物流向图

以下是某人从广州向北京、上海、重庆、杭州发货的数据情况，现要求在图上标注货物流向，代码如下。

```
from pyecharts import options as opts
from pyecharts.charts import Geo
from pyecharts.globals import ChartType, SymbolType

linegeo = (Geo()
        .add_schema(maptype="china")
        .add("yubg",
            [("广州", 55), ("北京", 66), ("杭州", 77), ("重庆", 88)],
            type_=ChartType.EFFECT_SCATTER,
            color="green" )
        .add("geo",
            [("广州", "上海"), ("广州", "北京"), ("广州", "杭州"), ("广州", "重庆")],
            type_=ChartType.LINES,
            effect_opts=opts.EffectOpts(
                symbol=SymbolType.ARROW, symbol_size=6, color="blue" ),
            linestyle_opts=opts.LineStyleOpts(curve=0.2) )
        .set_series_opts(label_opts=opts.LabelOpts(is_show=False))
        .set_global_opts(title_opts=opts.TitleOpts(title="GeoLines")))
linegeo.render('qx.html')
#linegeo.render_notebook()
```

当然，上述代码还有很大的完善空间，如将地点进行标注，将图按比例缩放显示，将数据在图上显示等，这些都交给读者自行完成。

第 4 部分

应用案例

为了帮助读者更好地理解和应用 Python 进行数据处理与分析，本部分选用 3 个应用案例进行详细讲解，并附相应的代码，期望读者能学以致用。

第 **11** 章　航班数据分析

本章我们利用 retworkx 库分析航班数据。在多个机场中寻找合适的机场作为货物的转运站。

11.1　需求介绍

现有一组源于网络的航班数据，包含航线上各个城市间的航班基本信息，如某段旅程的出发地和目的地，还有每段旅程的起飞和到达时间。现假设有以下几个问题需要处理。

（1）从 A 到 B 的最短路径是什么？分别从距离和时间角度考虑。

（2）有没有办法从 C 到 D？

（3）哪些机场最繁忙？

（4）哪个机场位于大多数航线"之间"？以便成为其他航线的中转站。

这里的 A、B、C、D 分别表示 4 个机场的名称。

11.2　预备知识

1．图论简介

图论主要用于研究和模拟社交网络、欺诈模式、社交媒体的病毒性和影响力，社交网络分析（Social Network Analysis，SNA）可能是图论在数据科学中著名的应用，它也可用于聚类算法，特别是 k-means（K 均值聚类），系统动力学也使用一些图论。

为了后续进一步研究的方便，我们需要熟悉以下术语。

顶点 u 和 v 称为边(u,v)的末端顶点。如果两条边具有相同的末端顶点，则它们是平行的。具有共同顶点的边是相邻的。结点 v 的度，写作 $d(v)$，是指以 v 作为末端顶点的边数。

平均路径长度是所有可能结点对应的最短路径长度的均值，给出了图的"紧密度"度量，可用于了解此网络中某些内容的流动速度。

广度优先搜索和深度优先搜索是用于在图中搜索结点的两种不同算法。它们通常用于确定我们是否可以从给定结点到达某个结点，也称为图遍历。

中心性旨在寻找网络中最重要的结点。由于对重要性的不同理解，对中心性的度量标准也不一样。常用的中心性有以下 3 个。

（1）度中心性（Degree Centrality）。

例如，我有 20 个好友，那么意味着有 20 个结点与我相连，如果你有 50 个好友，那么意味着你的点度中心度比我高，社交圈子比我广。这就是点度中心性的概念。

通过结点的度表示结点在图中的重要性，默认情况下会进行归一化，其值表达为结点度 $d(u)$ 除以 $n-1$（其中 $n-1$ 就是归一化使用的常量）。由于可能存在循环，因此该值可能大于 1。如果一个点与其他许多点直接相连，就意味着该点具有较高的中心度，居于中心地位。一个结点的度越大，就意味着这个结点的度中心性越高，该结点在网络中就越重要。

（2）紧密中心性（Closeness Centrality）。

例如，要建一个大型的娱乐商场（或者仓库的核心中转站），希望周围的顾客到达这个商场（中转站）的距离都尽可能短。这个就涉及紧密中心性或接近中心性的概念，接近中心性的值为路径长度的倒数。

接近中心性需要考量每个结点到其他结点的最短路径的平均长度。也就是说，对于一个结点而言，它距离其他结点越近，那么它的中心度越高。一般来说，那种需要让尽可能多的人使用的设施，它的接近中心度是比较高的。

紧密中心度也叫结点距离中心系数。通过距离来表示结点在图中的重要性，一般是指结点到其他结点的平均路径的倒数。该值越大表示结点到其他结点的距离越近，即中心性越高。如果一个点与网络中所有其他点的距离都很短，则称该点具有较高的整体中心度，又叫作接近中心度。对于一个结点，它距离其他结点越近，那么它的接近中心性越大。

（3）介数中心性（Betweenness Centrality）。

类似于我们身边的社交达人，我们认识的不少朋友可能都是通过他/她认识的，这个人起到了中介的作用。介数中心性是指所有最短路径中经过该结点的路径数目占最短路径总数的比率。例如，经过点 Y 并且连接两点的短程线占这两点之间的短程线总数之比。计算图中结点的介数中心性分为两种情况：有权图上的介数中心性和无权图上的介数中心性。两者的区别在于求最短路径时使用的方法不同，无权图采用 BFS（Breadth First Search，广度优先搜索）求最短路径，有权图采用 Dijkstra（迪杰斯特拉）算法求最短路径。在无向图中，该值为通过该结点的最短路径数除以 $(n-1)(n-2)/2$；在有向图中，该值为通过该结点的最短路径数除以 $(n-1)(n-2)$。介性中心度较高，说明其他点之间的最短路径很多，甚至全部都必须经过它中转。假如这个点消失了，那么其他点之间的交流会变得困难，甚至可能断开。

还有一个比较有用的概念，即图的密度（Density）。假设由 A、B、C 这 3 个用户组成的关注网络，其中唯一的边是 A->B，那么这个网络是否紧密？我们可以这样思考，3 个人之间最多可以有 6 条边，那么我们可以用 1 除以 6 来表示这个网络的紧密程度。如果 6 条边都存在，那么紧密程度是 1；若 6 条边都不存在，则为 0。这就是所谓图的密度。

2．NetworkX 库与图的基本操作

NetworkX 可创建简单无向图、有向图和多重图，功能丰富，简单易用。在第 10 章中已经对其用法进行了介绍。对于图有如下操作，先导入库。

```
import networkx as nx
import matplotlib.pyplot as plt
```

（1）图的基本操作。

```
G = nx.Graph()              #建立一个空的无向图 G
G.add_node(1)               #添加一个结点 1，只能增加一个结点。结点可以用数字或字符表示
G.add_nodes_from([3,4,5,6]) #增加多个结点
G.add_edge(2,3)             #添加一条边 2→3（隐含着添加了两个结点 2、3）
G.add_edge(3,2)            #对于无向图，边 3→2 与边 2→3 被认为是一条边

G.nodes()                  #输出全部的结点
G.edges()                  #输出全部的边
```

```
G.number_of_edges()              #输出边的数量
len(G)                  #返回G中结点的数目
nx.degree(G)            #计算图的各个结点的度

nx.draw_networkx(G, with_labels=True)  #画出刻度标尺及结点标签
nx.draw(G, with_labels=True)     #画出结点标签
pos=nx.spring_layout(G)    #生成结点位置
nx.draw_networkx_nodes(G,pos,node_color='g',node_size=500,alpha=0.8) #画出结点
nx.draw_networkx_edges(G,pos,width=1.0,alpha=0.5,edge_color='b')  #把边画出来

labels={5:'5',1:'1',2:'2',3:'3',4:'4',6:'6'}
nx.draw_networkx_labels(G,pos,labels,font_size=16)  #把结点的标签画出来

edge_labels = nx.get_edge_attributes(G,'weight')
nx.draw_networkx_edge_labels(G, pos, edge_labels)  #把边的权重画出来
plt.savefig("wuxiangtu.png")      #保存图
#有向图和无向图之间的转化
Graph.to_undirected()      #有向图转换为无向图
Graph.to_directed()        #无向图转换为有向图

G.add_weighted_edges_from([(3, 4, 3.5),(3, 5, 7.0)]) #加权图
G.get_edge_data(2, 3)          #获取边2→3的权重

sub_graph = G.subgraph([1, 3,4])  #子图
```

（2）加权图。

有向图和无向图都可以给边赋予权重，用到的方法是 add_weighted_edges_from()，它接收 1 个或多个三元组[*u*,*v*,*w*]作为参数，其中 *u* 表示起点，*v* 表示终点，*w* 表示权重，如下所示。

```
G.add_weighted_edges_from([(3, 4, 3.5),(3, 5, 7.0)]) #边3→4的权重为3.5，边3→7的权重为7.0
```

（3）图论经典算法。

计算 1：求无向图的任意两点间的最短路径。

```
import networkx as nx
import matplotlib.pyplot as plt

#求无向图的任意两点间的最短路径
G = nx.Graph()
G.add_edges_from([(1,2),(1,3),(1,4),(1,5),(4,5),(4,6),(5,6)])
path = nx.all_pairs_shortest_path(G)
for i in path:
    print(i)
nx.draw_networkx(G, with_labels=True)
```

计算 2：找图中两个点的最短路径。

```
import networkx as nx
G=nx.Graph()
G.add_nodes_from([1,2,3,4])
G.add_edge(1,2)
G.add_edge(3,4)

nx.draw_networkx(G, with_labels=True)
try:
    n=nx.shortest_path_length(G,1,4)
    print(n)
except nx.NetworkXNoPath:
    print('No path')
```

（4）求最短路径和最短距离的函数。

NetworkX 最短路径 dijkstra_path 和最短距离 dijkstra_path_length。

```
nx.dijkstra_path(G, source, target, weight='weight')          #求最短路径
nx.dijkstra_path_length(G, source, target, weight='weight')   #求最短距离
nx.degree_centrality(G)              #结点度中心性
nx.closeness_centrality(G)           #紧密中心性
nx.betweenness_centrality(G)         #介数中心性
nx.transitivity(G)
```
#图或网络的传递性，即图或网络中，认识同一个结点的两个结点也可能互相认识，计算公式为：3×三角形的个数/三元组个数（该三元组个数是有公共顶点的边对数）

```
nx.clustering(G)     #图或网络中结点的聚类系数。计算公式为((d(u)(d(u)-1)/2)
```

11.3 航班数据处理

我们先来对航班数据（文件名为 Airline.csv）进行了解。观察数据表前 4 行数据，如图 11-1 所示。

	A	B	C	D	E	F	G	H
1	year	month	day	dep_time	sched_dep_time	dep_delay	arr_time	sched_arr_time
2	2013	2	26	1807	1630	97	1956	1837
3	2013	8	17	1459	1445	14	1801	1747
4	2013	2	13	1812	1815	-3	2055	2125
5	2013	4	11	2122	2115	7	2339	2353

	I	J	K	L	M	N	O	P
1	arr_delay	carrier	flight	tailnum	origin	dest	air_time	distance
	79	EV	4411	N13566	EWR	MEM	144	946
	14	B6	1171	N661JB	LGA	FLL	147	1076
	-30	AS	7	N403AS	EWR	SEA	315	2402
	-14	B6	97	N656JB	JFK	DEN	221	1626

图 11-1 航班数据

从图 11-1 中可以看出，航班数据共有 16 列，为了方便对航班数据进行理解，我们将航班数据的列名称对应关系给出，如表 11-1 所示。

表 11-1 数据列名称对应关系

year	month	day	dep_time	sched_dep_time	dep_delay	arr_time	sched_arr_time
年	月	日	起飞时间	计划起飞时间	起飞延迟时间	到达时间	计划到达时间

arr_delay	carrier	flight	tailnum	origin	dest	air_time	distance
到达延迟时间	客机类型	航班号	编号	出发地	目的地	飞行时间	距离

1．导入数据

```
In [1]: import pandas as pd
   ...: import numpy as np
   ...:
   ...: data = pd.read_csv(r'c:\Users\lenovo\Airlines.csv',
   ...:             engine='python') #参数engine='python'是为了防止中文路径出错
   ...: data.shape
Out[1]: (100, 16)

In [2]: data.dtypes
Out[2]:
year int64
month int64
day int64
dep_time float64
sched_dep_time int64
dep_delay float64
arr_time float64
sched_arr_time int64
```

```
arr_delay float64
carrier object
flight int64
tailnum object
origin object
dest object
air_time float64
distance int64
dtype: object

In [3]: data.head()
Out[3]:
    year month day dep_time ... origin dest air_time distance
0   2013     2  26   1807.0 ...    EWR  MEM    144.0      946
1   2013     8  17   1459.0 ...    LGA  FLL    147.0     1076
2   2013     2  13   1812.0 ...    EWR  SEA    315.0     2402
3   2013     4  11   2122.0 ...    JFK  DEN    221.0     1626
4   2013     8   5   1832.0 ...    JFK  SEA    358.0     2422

[5 rows x 16 columns]
```

2. 处理时间数据格式

计划起飞时间格式不标准，将时间格式转化为标准格式 std。

```
In [4]: data['sched_dep_time'].head()
Out[4]:
0    1630
1    1445
2    1815
3    2115
4    1835
Name: sched_dep_time, dtype: int64

In [5]: data['std'] = data.sched_dep_time.astype(str).str.replace('(\d{2}$)', '') + ':'
+ data.sched_dep_time.astype(str).str.extract('(\d{2}$)', expand=False) + ':00'
   ...: data['std'].head()
Out[5]:
0    16:30:00
1    14:45:00
2    18:15:00
3    21:15:00
4    18:35:00
Name: std, dtype: object
```

replace()方法将 sched_dep_time 字段从末尾取两个数字用空去替代，也就是删除末尾的两个数字。

S.replace(old,new[,count=S.count(old)])

old：指定的旧子字符串。

new：指定的新子字符串。

count：可选参数，替换的次数，默认为指定的旧子字符串在字符串中出现的总次数。

该函数返回把字符串中指定的旧子字符串替换成指定的新子字符串后生成的新字符串。

\d{2}$：其中\d 表示匹配数字 0～9，{2}表示将前面的操作重复 2 次，$表示从末尾开始匹配。

Series.str.extract(pat, flags=0, expand=None)可用正则表达式从字符数据中抽取匹配的数据，只返回第一个匹配的数据。

pat：字符串或正则表达式。

flags：整型。

expand：布尔型，是否返回数据框。

该函数返回数据框/索引。

```
In [6]: #将计划到达时间转化为标准格式 sta
   ...: data['sta'] = data.sched_arr_time.astype(str).str.replace('(\d{2}$)', '') + ':'
+ data.sched_arr_time.astype(str).str.extract('(\d{2}$)', expand=False) + ':00'
   ...:
   ...: #将起飞时间转化为标准格式 atd
   ...: data['atd'] = data.dep_time.fillna(0).astype(np.int64).astype(str).str.replace
('(\d{2}$)', '') + ':' + data.dep_time.fillna(0).astype(np.int64).astype(str).str.extract
('(\d{2}$)', expand=False) + ':00'
   ...:
   ...: #将到达时间转化为标准格式 ata
   ...: data['ata'] = data.arr_time.fillna(0).astype(np.int64).astype(str).str.replace
('(\d{2}$)', '') + ':' + data.arr_time.fillna(0).astype(np.int64).astype(str).str.extract
('(\d{2}$)', expand=False) + ':00'
   ...:
   ...: #将年月日时间合并为一列 date
   ...: data['date'] = pd.to_datetime(data[['year', 'month', 'day']])
   ...:
   ...: # 删除不需要的 year、month、day
   ...: data = data.drop(['year', 'month', 'day'],axis = 1)
        #drop()函数默认删除行, 删除列需要加 axis = 1
   ...: data.head(15)
Out[6]:
  dep_time sched_dep_time dep_delay ... atd ata date
0 1807.0 1630 97.0 ... 18:07:00 19:56:00 2013-02-26
1 1459.0 1445 14.0 ... 14:59:00 18:01:00 2013-08-17
2 1812.0 1815 -3.0 ... 18:12:00 20:55:00 2013-02-13
3 2122.0 2115 7.0 ... 21:22:00 23:39:00 2013-04-11
4 1832.0 1835 -3.0 ... 18:32:00 21:45:00 2013-08-05
5 1500.0 1505 -5.0 ... 15:00:00 17:51:00 2013-06-30
6 1442.0 1445 -3.0 ... 14:42:00 18:33:00 2013-02-14
7 752.0 755 -3.0 ... 7:52:00 10:37:00 2013-07-25
8 557.0 600 -3.0 ... 5:57:00 7:25:00 2013-07-10
9 1907.0 1915 -8.0 ... 19:07:00 21:55:00 2013-12-13
10 1455.0 1500 -5.0 ... 14:55:00 16:47:00 2013-01-28
11 903.0 912 -9.0 ... 9:03:00 10:51:00 2013-09-06
12 NaN 620 NaN ... NaN NaN 2013-08-19
13 553.0 600 -7.0 ... 5:53:00 6:57:00 2013-04-08
14 625.0 630 -5.0 ... 6:25:00 8:24:00 2013-05-12

[15 rows x 18 columns]
```

3. 检查数据空缺值

检查数据有没有 0 或空值。

```
In [7]: np.where(data == 0)  #从得出的空行数据中查看第 29 行数据 data.iloc[29]
Out[7]:
(array([29, 43, 48, 59, 62, 87, 93, 96], dtype=int64),
array([5, 2, 2, 5, 2, 2, 2, 2], dtype=int64))

In [8]: np.where(pd.isnull(data))     #发现了空值
Out[8]:
(array([12, 12, 12, 12, 12, 12, 12, 90], dtype=int64),
array([ 0, 2, 3, 5, 11, 15, 16, 16], dtype=int64))
```

发现了 0 和空值, 该怎么处置? 一般选择删除或者填充。当数据够多时, 删除 0 和空值不影响整体或者影响很小时, 可以采用删除的方法; 当数据不够多时, 删除数据对计算、预测原数据集有明显影响时, 建议采用均值填充、0 值填充、按前值或后值填充等方法。

4. 构建图, 并载入数据

```
In [9]: import networkx as nx
   ...: FG = nx.from_pandas_edgelist(data, source='origin', target='dest', edge_attr=True,)
```

```
    ...: FG.nodes()
    ...: FG.edges()
Out[9]: EdgeView([('EWR', 'MEM'), ('EWR', 'SEA'), ('EWR', 'MIA'), ('EWR', 'ORD'), ('EWR',
'MSP'), ('EWR', 'TPA'), ('EWR', 'MSY'), ('EWR', 'DFW'), ('EWR', 'IAH'), ('EWR', 'SFO'), ('EWR',
'CVG'), ('EWR', 'IND'), ('EWR', 'RDU'), ('EWR', 'IAD'), ('EWR', 'RSW'), ('EWR', 'BOS'), ('EWR',
'PBI'), ('EWR', 'LAX'), ('EWR', 'MCO'), ('EWR', 'SJU'), ('LGA', 'FLL'), ('LGA', 'ORD'), ('LGA',
'PBI'), ('LGA', 'CMH'), ('LGA', 'IAD'), ('LGA', 'CLT'), ('LGA', 'MIA'), ('LGA', 'DCA'), ('LGA',
'BHM'), ('LGA', 'RDU'), ('LGA', 'ATL'), ('LGA', 'TPA'), ('LGA', 'MDW'), ('LGA', 'DEN'), ('LGA',
'MSP'), ('LGA', 'DTW'), ('LGA', 'STL'), ('LGA', 'MCO'), ('LGA', 'CVG'), ('LGA', 'IAH'), ('FLL',
'JFK'), ('SEA', 'JFK'), ('JFK', 'DEN'), ('JFK', 'MCO'), ('JFK', 'TPA'), ('JFK', 'SJU'), ('JFK',
'ATL'), ('JFK', 'SRQ'), ('JFK', 'DCA'), ('JFK', 'DTW'), ('JFK', 'LAX'), ('JFK', 'JAX'), ('JFK',
'CLT'), ('JFK', 'PBI'), ('JFK', 'CLE'), ('JFK', 'IAD'), ('JFK', 'BOS')])

In [10]: import networkx as nx
    ...: FG = nx.from_pandas_edgelist(data, source='origin', target='dest', edge_
attr=True,)
    ...: FG.nodes()
Out[10]: NodeView(('EWR', 'MEM', 'LGA', 'FLL', 'SEA', 'JFK', 'DEN', 'ORD', 'MIA', 'PBI',
'MCO', 'CMH', 'MSP', 'IAD', 'CLT', 'TPA', 'DCA', 'SJU', 'ATL', 'BHM', 'SRQ', 'MSY', 'DTW',
'LAX', 'JAX', 'RDU', 'MDW', 'DFW', 'IAH', 'SFO', 'STL', 'CVG', 'IND', 'RSW', 'BOS', 'CLE'))

In [11]: FG.edges()
Out[11]: EdgeView([('EWR', 'MEM'), ('EWR', 'SEA'), ('EWR', 'MIA'), ('EWR', 'ORD'), ('EWR',
'MSP'), ('EWR', 'TPA'), ('EWR', 'MSY'), ('EWR', 'DFW'), ('EWR', 'IAH'), ('EWR', 'SFO'), ('EWR',
'CVG'), ('EWR', 'IND'), ('EWR', 'RDU'), ('EWR', 'IAD'), ('EWR', 'RSW'), ('EWR', 'BOS'), ('EWR',
'PBI'), ('EWR', 'LAX'), ('EWR', 'MCO'), ('EWR', 'SJU'), ('LGA', 'FLL'), ('LGA', 'ORD'), ('LGA',
'PBI'), ('LGA', 'CMH'), ('LGA', 'IAD'), ('LGA', 'CLT'), ('LGA', 'MIA'), ('LGA', 'DCA'), ('LGA',
'BHM'), ('LGA', 'RDU'), ('LGA', 'ATL'), ('LGA', 'TPA'), ('LGA', 'MDW'), ('LGA', 'DEN'), ('LGA',
'MSP'), ('LGA', 'DTW'), ('LGA', 'STL'), ('LGA', 'MCO'), ('LGA', 'CVG'), ('LGA', 'IAH'), ('FLL',
'JFK'), ('SEA', 'JFK'), ('JFK', 'DEN'), ('JFK', 'MCO'), ('JFK', 'TPA'), ('JFK', 'SJU'), ('JFK',
'ATL'), ('JFK', 'SRQ'), ('JFK', 'DCA'), ('JFK', 'DTW'), ('JFK', 'LAX'), ('JFK', 'JAX'), ('JFK',
'CLT'), ('JFK', 'PBI'), ('JFK', 'CLE'), ('JFK', 'IAD'), ('JFK', 'BOS')])
```

5. 找出最繁忙的机场

```
In [12]: nx.draw_networkx(FG, with_labels=True) # 绘图，我们看到 3 个繁忙的机场
In [13]: dd = nx.algorithms.degree_centrality(FG) # 结点度中心性
    ...: max(dd, key=lambda x:dd[x]) #或者直接用字典方法 max(dd,key=dd.get)，但不能显示并列值
Out[13]: 'EWR'
```

▶注意：图 11-2 中，结点度中心性最大的并非只有 EWR 机场，LGA 机场与 EWR 机场有相
　　　等的结点度中心性，所以我们需要自定义一个函数来查看最大值，这里仅判断前 3
　　　项是否并列，并找出最大值。

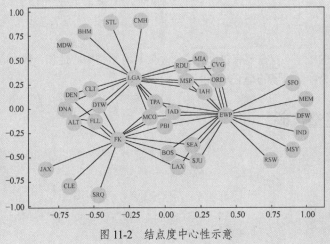

图 11-2　结点度中心性示意

```
In [14]: def top(dd):
   ...:     '''
   ...:     通过结点度中心性来求其最大值
   ...:     此处仅判断前 3 项是否并列
   ...:     '''
   ...:     dd_id = list(dd.items())
   ...:     dd_id_0=[]
   ...:     for i in dd_id:
   ...:         i= list(i)
   ...:         i[0],i[1]=i[1],i[0]
   ...:         dd_id_0.append([i[0],i[1]])
   ...:     sor_dd = sorted(dd_id_0,reverse=True)
   ...:     if sor_dd[0][0]== sor_dd[1][0]:
   ...:         if sor_dd[1][0]== sor_dd[2][0]:
   ...:             print(sor_dd[0:3])
   ...:         else:
   ...:             print(sor_dd[0:2])
   ...:     else:
   ...:         print(sor_dd[0])
   ...:
   ...: top(dd)
[[0.5714285714285714, 'LGA'], [0.5714285714285714, 'EWR']]
```

所以 EWR 机场和 LGA 机场是所有机场中最繁忙的两个机场。

6. 找出某两个机场间的最短路径和最省时的路径

找出 JAX 机场和 DFW 机场间的最短路径。

```
In [15]: all_path = nx.all_simple_paths(FG, source='JAX', target='DFW')
#从 JAX 机场到 DFW 机场的所有路径

In [16]: dijpath = nx.dijkstra_path(FG, source='JAX', target='DFW')  #求最短路径
   ...: dijpath
Out[110]: ['JAX', 'JFK', 'SEA', 'EWR', 'DFW']

In [17]: shortpath = nx.dijkstra_path(FG, source='JAX', target='DFW', weight='air_time')
   ...: shortpath
Out[17]: ['JAX', 'JFK', 'BOS', 'EWR', 'DFW']
```

7. 适合作为中转的机场

```
In [18]: cc = nx.closeness_centrality(FG)
   ...: top(cc)
[[0.5555555555555556, 'LGA'], [0.5555555555555556, 'EWR']]

In [19]: bc = nx.betweenness_centrality(FG)
   ...: top(bc)
[0.44733893557422966, 'EWR']
```

适合作为中转的机场不仅需要有较大的度，还要具有紧密中心性和介数中心性，通过这两项可以看出，最适合作为中转机场的是 EWR 机场。

11.4 完整代码

```
import pandas as pd
import numpy as np

#【导入数据】
data = pd.read_csv(r'c:\Users\yubg\Airlines.csv',engine='python')
#参数 engine='python' 是为了防止中文路径出错
data.shape
```

```
data.dtypes
data.head()

#【处理时间数据格式】
#将时间格式转化成标准格式
data['sched_dep_time'].head()
#计划起飞时间格式不标准, 将它转化为标准格式 std
#replace()将 sched_dep_time 字段从末尾取两个数字用空去替代, 也就是删除末尾的两个数字
#extract(pat,expand=False) 用正则表达式从字符中抽取匹配的数据, 只返回第一个匹配的数据
data['std'] = data.sched_dep_time.astype(str).str.replace('(\d{2}$)', '') + ':' +
data.sched_dep_time.astype(str).str.extract('(\d{2}$)', expand=False) + ':00'
data['std'].head()

#将计划到达时间转化为标准格式 sta
data['sta'] = data.sched_arr_time.astype(str).str.replace('(\d{2}$)', '') + ':' +
data.sched_arr_time.astype(str).str.extract('(\d{2}$)', expand=False) + ':00'

#将起飞时间转化为标准格式 atd
data['atd'] = data.dep_time.fillna(0).astype(np.int64).astype(str).str.replace
('(\d{2}$)', '') + ':' + data.dep_time.fillna(0).astype(np.int64).astype(str).str.extract
('(\d{2}$)', expand=False) + ':00'

#将到达时间转化为标准格式 ata
data['ata'] = data.arr_time.fillna(0).astype(np.int64).astype(str).str.replace
('(\d{2}$)', '') + ':' + data.arr_time.fillna(0).astype(np.int64).astype(str).str.extract
('(\d{2}$)', expand=False) + ':00'

#将年月日时间合并为一列 date
data['date'] = pd.to_datetime(data[['year', 'month', 'day']])

#删除不需要的 year、month、day
data = data.drop(['year', 'month', 'day'],axis = 1)#drop()函数默认删除行, 列需要加 axis = 1
data.head(15)

#【检查数据空缺值】
#检查数据有没有 0 或者空值
np.where(data == 0)  #从得出的空行数据中查看第 29 行数据 data.iloc[29]
#np.where(np.isnan(data))#有时会报错, 报错就用 pd.isnull(data)
np.where(pd.isnull(data))#发现了空值

#【构建图, 并载入数据】
#使用 Networkx 库导入数据集
import networkx as nx
FG = nx.from_pandas_edgelist(data, source='origin', target='dest', edge_attr=True,)
FG.nodes()
FG.edges()

#【找出最繁忙的机场】
nx.draw_networkx(FG, with_labels=True) # 绘图。正如预期的一样, 我们看到 3 个繁忙的机场
dd = nx.algorithms.degree_centrality(FG) # 结点度中心性。通过结点的度表示结点在图中的重要性
#dd = nx.degree_centrality(FG)
max(dd, key=lambda x:dd[x])#或者直接用字典方法 max(dd,key=dd.get), 但是不能显示并列值

#通过定义函数的方式输出最大值
def top(dd):
```

```
'''
通过结点度中心性来求其最大值
此处仅判断前 3 项是否并列
'''
dd_id = list(dd.items())
dd_id_0=[]
for i in dd_id:
    i= list(i)
    i[0],i[1]=i[1],i[0]
    dd_id_0.append([i[0],i[1]])
sor_dd = sorted(dd_id_0,reverse=True)
if sor_dd[0][0]== sor_dd[1][0]:
    if sor_dd[1][0]== sor_dd[2][0]:
        print(sor_dd[0:3])
    else:
        print(sor_dd[0:2])
else:
    print(sor_dd[0])

top(dd)

nx.density(FG)  #图的平均边密度

nx.average_shortest_path_length(FG)  #最短路径的平均长度

nx.average_degree_connectivity(FG)  #均值连接的度（平均连接度）

nx.degree(FG)#每个结点的度

#找出某两个机场之间的所有路径
all_path = nx.all_simple_paths(FG, source='JAX', target='DFW')
for path in all_path:
    print(path)

#找出最短路径（Dijkstra 最短路径算法）
dijpath = nx.dijkstra_path(FG, source='JAX', target='DFW')
dijpath

#找出最省时的路径
shortpath = nx.dijkstra_path(FG, source='JAX', target='DFW', weight='air_time')
shortpath

#找出适合作为中转的机场
cc = nx.closeness_centrality(FG)
top(cc)

bc = nx.betweenness_centrality(FG)
top(bc)
```

本案例将使用本书 2.4 节中获取的数据文件 db_data.txt。由于网站反爬虫限制和网页的更改，可能会导致数据存在差异，为了跟本章使用的数据一致，请到本书提供的数据资源里下载 db_data.txt。

12.1 数据处理

（1）重新将已经保存好的数据读取到内存里进行数据处理。

```
In [1]: f1 = open(r'c:\Users\yubg\db_data.txt','r',encoding='utf-8')
   ...: f2 = f1.read()
   ...: type(f2)
Out[1]: str


In [2]: f2[:159]    #读取其中的前 159 个字符查看数据情况
Out[2]: "[{'title': '解忧杂货店', 'price': ' 39.50 元', 'score': 8.5}, {'title': '活着',
'price': ' 20.00 元', 'score': 9.3}, {'title': '追风筝的人', 'price': ' 29.00 元', 'score': 8.9},
{'"
```

读取到的数据 f2 是字符型，需要对数据进行转换，将 f2 转化为列表 f3。

```
In [3]: f3 = eval(f2)    #还原到了 data_all 状态
   ...: type(f3)
   ...: f3[:5]
Out[3]:
[{'price': ' 39.50 元', 'score': 8.5, 'title': '解忧杂货店'},
 {'price': ' 20.00 元', 'score': 9.3, 'title': '活着'},
 {'price': ' 29.00 元', 'score': 8.9, 'title': '追风筝的人'},
 {'price': ' 23.00', 'score': 8.8, 'title': '三体'},
 {'price': ' 29.80 元', 'score': 9.1, 'title': '白夜行'}]
```

这里用到了 eval() 函数，将数据 f2 还原到了爬取数据时的 data_all 状态，即由字典组成的列表。
（2）将 f3 中的每一个元素（字典）中的值提取出来组成列表 k，列表 k 中的每一个元素都是一个由[小说名称,价格,评分]组成的列表。

```
In [4]: k=[]
   ...: for i in f3:
   ...: k.append(list(i.values()))
   ...:
   ...: k[:10]#查看前 10 个元素
Out[4]:
[['解忧杂货店', ' 39.50 元', 8.5],
 ['活着', ' 20.00 元', 9.3],
```

```
['追风筝的人', ' 29.00元', 8.9],
['三体', ' 23.00', 8.8],
['白夜行', ' 29.80元', 9.1],
['小王子', ' 22.00元', 9.0],
['房思琪的初恋乐园', ' 45.00元', 9.2],
['嫌疑人X的献身', ' 28.00', 8.9],
['失踪的孩子', ' 62.00元', 9.2],
['围城', ' 19.00', 8.9]]
```

我们已经将从网上获取的数据组成了列表，列表中的每个元素是由小说的名称、价格、星级 3 个数值组成的列表，即列表 k 中的每个元素还是列表。

（3）将列表 k 处理成数据框 df，便于后面的数据清洗。

```
In [5]: import pandas as pd
   ...: df = pd.DataFrame(columns = ["title", "price", "score"])
   ...: p=0
   ...: for j in k:
   ...:     df.loc[p]=j
   ...:     p+=1
   ...: df.tail() #查看后5行数据
Out[5]:
title price score
1479 大唐明月1·风起长安 27.00元 8.6
1480 伊斯坦布尔 36.00元 8.4
1481 如果蜗牛有爱情 45.00 7.0
1482 人性的因素 62.00元 8.7
1483 翅鬼 45 7.3

In [6]: df.to_excel(r'c:\Users\yubg\db_data.xlsx') #保存处理好的原数据
```

这里已经将数据处理成了数据框，并且查看了数据框的最后 5 行数据，数据按照第一列为 title、第二列为 price、第三列为 score 排列，共有 1484 条数据（包含了索引为 0 的数据）。

12.2 计算平均评分

我们已经将数据处理成了数据框，评分数据在 score 列，可以使用 df['score'].mean()计算 score 列的平均评分，但运行 df['score'].mean()时发现有错误提示。

```
In [7]: df['score'].mean()
Traceback (most recent call last):

File "<ipython-input-6-e967f6eeb502>", line 1, in <module>
df['score'].mean()

File "C:\Users\yubg\Anaconda3\lib\site-packages\pandas\core\generic.py", line 6342, in stat_func
numeric_only=numeric_only)
File "C:\Users\yubg\Anaconda3\lib\site-packages\pandas\core\series.py", line 2381, in _reduce
return op(delegate, skipna=skipna, **kwds)

File "C:\Users\yubg\Anaconda3\lib\site-packages\pandas\core\nanops.py", line 62, in _f
return f(*args, **kwargs)
```

```
    File "C:\Users\yubg\Anaconda3\lib\site-packages\pandas\core\nanops.py", line 122, in f
    result = alt(values, axis=axis, skipna=skipna, **kwds)

    File "C:\Users\yubg\Anaconda3\lib\site-packages\pandas\core\nanops.py", line 312, in
nanmean
    the_sum = _ensure_numeric(values.sum(axis, dtype=dtype_sum))

    File "C:\Users\yubg\Anaconda3\lib\site-packages\numpy\core\_methods.py", line 32, in
_sum
    return umr_sum(a, axis, dtype, out, keepdims)

    TypeError: unsupported operand type(s) for +: 'float' and 'str'
```

从错误类型来看，主要是因为 score 列中的数据不全是 float 型，也就是说 score 中含有 str 类型，即错误提示 float 型数据和 str 型数据不能相加。这就说明数据中有"异类"，要么是字符，要么是 NaN，或者是其他的，总之不全是数值。我们需要对数据中的"异类"进行排查。

```
In [8]: import pandas as pd
   ...: df['score'] = pd.to_numeric(df['score'],errors='coerce') #转成数值型，coerce 表示
将无效数据设置成 NaN
   ...: df['score'].astype(float).tail()
Out[8]:
1479  8.6
1480  8.4
1481  7.0
1482  8.7
1483  7.3
Name: star, dtype: float64

In [9]: df['score'].isnull().any() #对列判断，列有空或 NaN 元素返回值就为 True，否则返回值为 False
Out[9]: True

In [10]: df['score'][df['score'].isnull().values==True]
                                #可以只显示存在缺失值的行列，清楚地确定缺失值的位置
Out[10]:
970  NaN
1016 NaN
1388 NaN
1443 NaN
1447 NaN
1450 NaN
1457 NaN
Name: score, dtype: float64
```

发现有 7 个数据为缺失值 NaN，为了方便数据处理，我们以 0 填充。

```
In [11]: df['score'] = df['score'].fillna(0)  #用 0 填充空值，覆盖原 df

In [12]: df['score'][df['score'].isnull().values==True] #再次核查是否还有空缺值
Out[12]: Series([], Name: score, dtype: float64)

In [13]: df['score'].mean()  #在没有空缺值的情况下再次计算 score 列的均值
Out[13]: 8.327021563342328
```

故 2.4 节第一问中爬取的所有小说的平均评分为 8.327。

说明如下。

① 对于缺失数据，一般的处理方法为删除或者填充。

② 删除缺失数据：dropna()。

③ 填充缺失数据：fillna()。

④ 当行里的数据全部为空才丢弃时，可向 dropna()函数传入参数 how='all'，如果以同样的方式按列丢弃，可以传入 axis=1。

1．用固定值填充

如果不想丢弃缺失值，而用默认值填充这些缺失值，可以使用 fillna()函数，如 df.fillna(0)；如果不想仅以某个标量填充，可以传入一个字典，如 fillna({})，对不同的列填充不同的值。

```
df.fillna({3:-1,2:100}) #第 3 列填充-1，第 2 列填充 100
```

2．用均值填充

```
data_train.fillna(data_train.mean())  # 将所有行用各自的均值填充
data_train.fillna(data_train.mean())['browse_his', 'card_num']) # 也可以指定对某些行进行填充
```

3．用前后数据填充

```
data_train.fillna(method='pad')      #用前一个数据填充 NaN: method='pad'
data_train.fillna(method='bfill')    #与 pad 相反，bfill 表示用后一个数据填充
```

fillna()函数还有个参数 limit，默认值为 None。如果指定了该参数，则表示连续地前向、后向填充 NaN 值的最大次数。换句话说，如果连续 NaN 数量超过这个参数，则只有部分 NaN 会被填充。如果未指定该参数，则整个轴的 NaN 值会被填充。

```
df.fillna(value=0, limit=3) #以 0 填充空值，最多填充前 3 个
```

12.3 计算均价

再来看数据 df 的第二列 price 的数据情况。从数据的前 5 行来看，price 列数据不整齐，有的带有单位元，属于字符型，为了计算小说的均价，需要处理掉汉字"元"，仅保留数字。

首先，大概浏览下数据概况。

```
In [14]: df['price'].head()
Out[14]:
0  39.50元
1  20.00元
2  29.00元
3  23.00
4  29.80元
Name: price, dtype: object

In [15]: df['price'].tail(15)
Out[15]:
1469 18.00
1470 89.00
1471 46.00元
1472 68
1473 68.00元
1474 22.00元
1475 20.00元
1476 10.20元
1477 水如天儿
1478 32.00元
1479 27.00元
1480 36.00元
1481 45.00
1482 62.00元
```

```
1483 45
Name: price, dtype: object
```

从数据的前 5 行和最后 15 行可以看出，数据不是很整齐，如 29.00 元、23.00、68、水如天儿等。为了发现更多的情况，继续查看中间的数据。

```
In [16]: df['price'][500:].head(15) #查看 500～514 行数据
Out[16]:
500 39.80元
501 39.50元
502 38.00元
503 CNY 39.50
504 16.80元
505 18.80元
506 32.00
507 16.00元
508 28.00
509 9.20元
510 24.80
511 35.00元
512 12.00元
513 12.00
514 32.00元
Name: price, dtype: object
```

第 503 行数据为 CNY 39.50。

为了将 price 列的数据处理为数值型（这里为 float），需要将 price 列数据中前后非数字的字符删除。

```
In [17]: df_rstrip = df['price'].str.rstrip('元')

In [18]: df_rstrip.head()
Out[18]:
0 39.50
1 20.00
2 29.00
3 23.00
4 29.80
Name: price, dtype: object

In [19]: df_rstrip.tail(10)
Out[19]:
1474 22.00
1475 20.00
1476 10.20
1477 水如天儿
1478 32.00
1479 27.00
1480 36.00
1481 45.00
1482 62.00
1483 45
Name: price, dtype: object

In [20]: df_rstrip[503]
Out[20]: ' CNY 39.50'

In [21]: df['price']= df_rstrip
```

为了删除 price 列数据中左侧的非数字的字符，需要将空缺值找出来并赋值为 0。

```
In [22]: a = df[df['price'].isin([''])].index.tolist()
                            #从 price 列中定位给定值，即找出空缺值的位置，并给出这些值的索引列表
    ...: print(a)
[1160]
```

可以看出空缺值仅有索引为 1160 的行。将 1160 行的缺失值赋值为 0。

```
In [23]: df.loc[1160,'price']=0

In [24]: df.iloc[1160] #查看 1160 行的数据
Out[24]:
title 六爻
price 0
score 8.7
Name: 1160, dtype: object
```

我们先写一个函数，它的功能是对于给定的字符串，删除其左侧的非数字的字符。如果字符串全部为非数字的字符，则将此字符串赋值 0；如果字符串全部为数字，则字符串不变。

```
In [25]: def del_l_str(txt):
    ...:     '''
    ...:     delte arg's left_string
    ...:     删除数据左侧的非数字字符，当全部为非数字时，返回 0
    ...:     输入只能是字符型，若输入为空，则返回错误
    ...:     '''
    ...:     strings = str(txt)
    ...:     j = 0
    ...:     while not strings[j].isdigit():  #判断数据中的第 j 个字符是不是数字
    ...:         j += 1
    ...:         if j == len(strings):
    ...:             break
    ...:     #print(j)
    ...:     if 0 < j < len(strings):
    ...:         r = strings[j:]
    ...:     else:
    ...:         r = 0
    ...:     return r
```

使用 del_l_str()函数删除 price 列中每个数据左侧的非数字字符。

```
In [26]: len(df['price'])
    ...: n = 0 #标记索引
    ...: for k in df['price']:
    ...:     df['price'][n] = del_l_str(k)
    ...:     n += 1
In [27]: df['price'].tail(50)#查看最后 50 行数据
Out[27]:
1434 69.90
1435 34.8
1436 26.00
1437 23.00
1438 12.00
1439 42.00
1440 38.00
1441 49.50
1442 36.00
1443 36.80
1444 68
1445 48.00
1446 22.00
1447 36.8
```

```
1448 11.00
1449 25.00
1450 48.00
1451 39.90
1452 25.00
1453 18.00
1454 20.00
1455 38.00
1456 21.00
1457 32.8
1458 128.00
1459 9.80
1460 22.00
1461 65.00
1462 25.00
1463 29.80
1464 32.80
1465 18.00
1466 49.50
1467 36.00
1468 50.00
1469 18.00
1470 89.00
1471 46.00
1472 68
1473 68.00
1474 22.00
1475 20.00
1476 10.20
1477 0
1478 32.00
1479 27.00
1480 36.00
1481 45.00
1482 62.00
1483 45
Name: price, dtype: object
```

通过删除数据的左侧非数字字符，绝大部分数据已经被处理成了纯数值，但为了防止数据中还有其他的"杂质"，强制将其他非数字行转化为 NaN，再将 NaN 替换成数值 0。

```
In [28]: df['price'] = pd.to_numeric(df['price'],errors='coerce')

In [29]: c = df[df['price'].isin(['nan'])].index.tolist()  #找出 NaN 的位置并给出其索引列表
    ...: print(c)
[68, 166, 212, 290, 553, 651, 697, 775, 1127, 1221, 1331]
```

将这些强制转化为 NaN 的数据替换成 0。

```
In [32]: for i in c:
    ...:     df.loc[i,'price'] = 0
    ...:
    ...: df.iloc[697]  #查看索引为 697 的数据
Out[32]:
title 狼图腾
price 0
score 9
Name: 697, dtype: object
```

至此数据的处理已经完成。为了查验数据是否缺项，可以先用 count()函数进行统计，再求均价。

```
In [35]: df['price'].count()
Out[35]: 1484
```

```
In [36]: df['price'].mean()
Out[36]: 45.7841509433964
```

　　说明：数据已经处理完毕，均价已经计算出来，但是这样处理数据还不是很合理。例如，数据的单位不统一，有人民币，还有美元，应该先进行相应的单位换算，再计算均价，或者将不统一的行删除后，再进行均价计算。这些留给读者思考并自行完成。

第 13 章

《红楼梦》文本数据分析

本章将结合前面的知识进行文本数据分析，以中国古典四大名著之一的《红楼梦》为蓝本。《红楼梦》全书共 120 回，一直吸引着很多学者去研究。本章依照以下几个步骤进行文本分析和数据可视化。

（1）数据的准备、预处理、分词等；

（2）各回的字数、词数、段落等相关方面的关系；

（3）整体词频和词云的展示；

（4）各回的聚类分析并可视化，主要进行了根据 TF-IDF（Term Frequency-Inverse Document Frequency，词频逆文档频率）的系统聚类和根据词频的 LDA 主题模型聚类；

（5）人物关系网络的探索，主要绘制了各回的关系图和人物关系网络图。

13.1 准备工作

本次分析使用的 Python 版本为 3.8，pandas 版本为 1.1.3，NetworkX 版本为 2.5。所需要的文件资料如下。

（1）《红楼梦》的 TXT 版本，编码为 UTF-8 格式，如图 13-1 所示。

第1卷

第一回　甄士隐梦幻识通灵　贾雨村风尘怀闺秀

　　此开卷第一回也。作者自云：因曾历过一番梦幻之后，故将真事隐去，而借“通灵”之说，撰此<<石头记>>一书也。故曰“甄士隐”云云。但书中所记何事何人？自又云：“今风尘碌碌，一事无成，忽念及当日所有之女子，一一细考较去，觉其行止见识，皆出于我之上。何我堂堂须眉，诚不若彼裙钗哉？实愧则有余，悔又无益之大无可如何之日也！当此，则自欲将已往所赖天恩祖德，锦衣纨绔之时，饫甘餍肥之日，背父兄教育之恩，负师友规谈之德，以至今日一技无成，半生潦倒之罪，编述一集，以告天下人：我之罪固不免，然闺阁中本自历历有人，万不可因我之不肖，自护己短，一并使其泯灭也。虽今日之茅椽蓬牖，瓦灶绳床，其晨夕风露，阶柳庭花，亦未有妨我之襟怀笔墨者。虽我未学，下笔无文，又何妨用假语村言，敷演出一段故事来，亦可使闺阁昭传，复可悦世之目，破人愁闷，不亦宜乎？”故曰“贾雨村”云云。

　　此回中凡用“梦”用“幻”等字，是提醒阅者眼目，亦是此书立意本旨。

图 13-1 《红楼梦》TXT 版本

（2）《红楼梦》词典，用于辅助分词，如图 13-2 所示。

皑皑轻趁步
爱彼之貌容兮
爱才好客
艾官
暗度陈仓
安国公
暗洒闲抛却为谁
安身乐业

图 13-2 《红楼梦》词典

（3）《红楼梦》人物词典，内容为《红楼梦》中出现的人物名称，如图 13-3 所示。

（4）《红楼梦》人物关系权重文件，其中 chapweight 和 paraweight 分别表示各人物关系在各回和段落中的权重，用记事本打开 CSV 文件，如图 13-4 所示。

```
First,Second,chapweight,paraweight
宝玉,贾母,98.0,324.0
宝玉,凤姐,92.0,187.0
宝玉,袭人,88.0,336.0
宝玉,王夫人,103.0,296.0
宝玉,宝钗,96.0,295.0
```

图 13-3 《红楼梦》人物词典　　　　图 13-4 《红楼梦》人物关系权重

Python 的初始化设置代码如下：

```
## 设置字体
from matplotlib.font_manager import FontProperties
font=FontProperties(fname = "C:/Windows/Fonts/SimHei.TTF",size=14)
## 设置pandas显示方式
pd.set_option("display.max_rows",8)
pd.options.mode.chained_assignment = None  # default='warn'

## 在 Jupyter Notebook 中设置显示图像的方式
#%matplotlib inline
#%config InlineBackend.figure_format = "retina"
```

jieba 和 WordCloud 两个库请参照第 1 章用 pip 方法安装。其中%matplotlib inline 表示图像在 Jupyter Notebook 中嵌入显示。

13.2　分词

分词常用于文本挖掘中。因为中文不像英文词汇之间有空格，所以中文分词和英文分词有很大的不同，中文分词通常使用训练好的分词模型。如中文分词常用的分词包有 jieba，本文就使用 Python 中的 jieba 分词库来进行分词。

13.2.1　读取数据

读取《红楼梦》的文本数据、停用词数据和分词所需要的专有词汇词典。

《红楼梦》的文本数据：《红楼梦》的 TXT 版本。

停用词：需要剔除的没有意义的词语，如说、道、的、得等。

专有词汇词典：主要是自定义词典，如红楼梦中出现的人名、楼宇等专有词语。

在读取文本数据时，要注意编码的"坑"，可以使用 try…except 语句。

```
try:
    with open(r'C:\Users\我的红楼梦停用词.txt', 'r', encoding='utf8') as f:
        lines = f.readlines()
    for line in lines:
        print(line)
except UnicodeDecodeError as e:
    with open(r'C:\Users\我的红楼梦停用词.txt', 'r', encoding='gbk') as f:
        lines = f.readlines()
    for line in lines:
        print(line)
```

因为这些文件主要是 TXT 文件，所以我们在读取数据的时候，主要使用 pandas 库中的 read_csv() 函数读取。

```
## 读取停用词和需要的词典
stopword = read_csv(r"C:\Users\yubg\停用词.txt",header=None,names = ["Stopwords"])
mydict = read_csv(r"C:\Users\yubg\专有词汇词典.txt ",header=None, names=["Dictionary"])
print(stopword)
print("-----------------------------")
print(mydict)

RedDream = read_csv(r"C:\Users\yubg\红楼梦文本(UTF-8).txt",header=None, names=["Reddream"])
RedDream
```

输出的结果如图 13-5 和图 13-6 所示。

图 13-5 停用词和需要的词典

图 13-6 《红楼梦》全书文本

13.2.2 数据预处理

读取数据之后，我们要对数据进行预处理，首先需要分析的是读取的数据是否存在缺失值，可以使用 pandas 库中的 isnull()函数判断是否含有空数据。程序输出结果如下：

```
##查看数据是否有空白的行，如有则删除
np.sum(pd.isnull(RedDream))
```

输出结果为：

```
Reddream 0
dtype: int64
```

从输出结果可以看出，没有空行，说明读取的数据没有缺失值，继续分析。

使用正则表达式提取一些有用的信息。如提取出《红楼梦》每段的内容、字数、人物名字、每回的标题等信息。

对应的代码如下：

```
## 删除卷数据，使用正则表达式
## 包含相应关键字的索引
indexjuan = RedDream.Reddream.str.contains("^第+.+卷")
## 删除不需要的段，并重新设置索引
RedDream = RedDream[~indexjuan].reset_index(drop=True)
RedDream
```

上面的程序中，首先找到含有"^第+.+卷"格式的行索引，即以"第"开头、以"卷"结尾的行；然后将这些行删除，并重新整理行索引。

输出的结果如下：

```
                                                                        Reddream
    0                                            第一回 甄士隐梦幻识通灵 贾雨村风尘怀闺秀
    1    此开卷第一回也。作者自云：因曾历过一番梦幻之后，故将真事隐去，而借"通灵"之说，撰此<<...
    2             此回中凡用"梦"用"幻"等字，是提醒阅者眼目，亦是此书立意本旨。
    3 列位看官：你道此书从何而来？说起根由虽近荒唐，细按则深有趣味。待在下将此来历注明，方使阅...
    ...                                                              ...
 3042 那空空道人牢牢记着此言，又不知过了几世几劫，果然有个悼红轩，见那曹雪芹先生正在那里翻阅历
 3043   那空空道人听了，仰天大笑，掷下抄本，飘然而去。一面走着，口中说道："果然是敷衍荒唐！不但...
 3044                                                   说到辛酸处，荒唐愈可悲。
 3045                                                   由来同一梦，休笑世人痴！
 3046 rows×1 columns
```

删除不需要的内容后，我们将提取每一回的标题。代码如下：

```
## 找出每一回的头部索引和尾部索引
## 每一回的标题
indexhui = RedDream.Reddream.str.match("^第+.+回")
chapnames = RedDream.Reddream[indexhui].reset_index(drop=True)
print(chapnames)
print("--------------------------")
## 处理回标题，按照空格分割字符串
chapnamesplit = chapnames.str.split(" ").reset_index(drop=True)
chapnamesplit
```

上面的程序中，先找到含有"^第+.+回"内容的行，然后将这些行提取出来，再使用空格为分割符将这些内容分为 3 部分，组成数据表。输出的结果如下：

```
0          第一回    甄士隐梦幻识通灵 贾雨村风尘怀闺秀
1          第二回    贾夫人仙逝扬州城 冷子兴演说荣国府
2          第三回    贾雨村夤缘复旧职 林黛玉抛父进京都
3          第四回    薄命女偏逢薄命郎 葫芦僧乱判葫芦案
                            ...
116       第一一七回    阻超凡佳人双护玉 欣聚党恶子独承家
117       第一一八回    记微嫌舅兄欺弱女 惊谜语妻妾谏痴人
118       第一一九回    中乡魁宝玉却尘缘 沐皇恩贾家延世泽
119       第一二零回    甄士隐详说太虚情 贾雨村归结红楼梦
Name: Reddream,dtype: object
--------------------------
0        [第一回, 甄士隐梦幻识通灵,贾雨村风尘怀闺秀]
1        [第二回, 贾夫人仙逝扬州城,冷子兴演说荣国府]
2        [第三回, 贾雨村夤缘复旧职,林黛玉抛父进京都]
3        [第四回, 薄命女偏逢薄命郎,葫芦僧乱判葫芦案]
116     [第一一七回, 阻超凡佳人双护玉,欣聚党恶子独承家]
117     [第一一八回, 记微嫌舅兄欺弱女,惊谜语妻妾谏痴人]
118     [第一一九回, 中乡魁宝玉却尘缘,沐皇恩贾家延世泽]
119     [第一二零回, 甄士隐详说太虚情,贾雨村归结红楼梦]
Name: Reddream,dtype: object
```

在输出结果中，虚线上面的部分是提取出来的每一回的标题，下面部分是按照空格切分后的列表。接下来将切分后的内容处理为数据框。

```
## 建立保存数据的数据框
Red_df=pd.DataFrame(list(chapnamesplit),columns=["Chapter","Leftname","Rightname"])
Red_df
```

输出的结果如下：

```
    Chapter           Leftname              Rightname
  0      第一回      甄士隐梦幻识通灵      贾雨村风尘怀闺秀
  1      第二回      贾夫人仙逝扬州城      冷子兴演说荣国府
  2      第三回      贾雨村夤缘复旧职      林黛玉抛父进京都
  3      第四回      薄命女偏逢薄命郎      葫芦僧乱判葫芦案
 ...
116    第一一七回    阻超凡佳人双护玉      欣聚党恶子独承家
117    第一一八回    记微嫌舅兄欺弱女      惊谜语妻妾谏痴人
118    第一一九回    中乡魁宝玉却尘缘      沐皇恩贾家延世泽
119    第一二零回    甄士隐详说太虚情      贾雨村归结红楼梦
120 rows×3 columns
```

经过前面的工作我们已经提取了每一回的标题，下面我们继续计算每一回含有多少段、多少字。首先找到每一回的开始段索引和结束段索引。代码如下：

```
## 添加新的变量
Red_df["Chapter2"] = np.arange(1,121)
Red_df["ChapName"] = Red_df.Leftname+","+Red_df.Rightname
## 每一回的开始行（段）索引
Red_df["StartCid"] = indexhui[indexhui == True].index
## 每一回的结束行索引
Red_df["endCid"] = Red_df["StartCid"][1:len(Red_df["StartCid"])].reset_index(drop = True) - 1
Red_df["endCid"][[len(Red_df["endCid"])-1]] = RedDream.index[-1]
## 每一回的段落数
Red_df["Lengthchaps"] = Red_df.endCid - Red_df.StartCid
Red_df["Artical"] = "Artical"
Red_df
```

输出的结果如下：

	Chapter	Leftname	Rightname	Chapter2	ChapName	StartCid	endCid	Lengthchaps	Artical
0	第一回	甄士隐梦幻识通灵	贾雨村风尘怀闺秀	1	甄士隐梦幻识通灵，贾雨村风尘怀闺秀	0	49.0	49.0	Artical
1	第二回	贾夫人仙逝扬州城	冷子兴演说荣国府	2	贾夫人仙逝扬州城，冷子兴演说荣国府	50	79.0	29.0	Artical
2	第三回	贾雨村夤缘复旧职	林黛玉抛父进京都	3	贾雨村夤缘复旧职，林黛玉抛父进京都	80	118.0	38.0	Artical
3	第四回	薄命女偏逢薄命郎	葫芦僧乱判葫芦案	4	薄命女偏逢薄命郎，葫芦僧乱判葫芦案	119	148.0	29.0	Artical
...	...	...	...	...	...	...	...	...	...
116	第一一七回	阻超凡佳人双护玉	欣聚党恶子独承家	117	阻超凡佳人双护玉，欣聚党恶子独承家	2942	2962.0	20.0	Artical
117	第一一八回	记微嫌舅兄欺弱女	惊谜语妻妾谏痴人	118	记微嫌舅兄欺弱女，惊谜语妻妾谏痴人	2963	2987.0	24.0	Artical
118	第一一九回	中乡魁宝玉却尘缘	沐皇恩贾家延世泽	119	中乡魁宝玉却尘缘，沐皇恩贾家延世泽	2988	3017.0	29.0	Artical
119	第一二零回	甄士隐详说太虚情	贾雨村归结红楼梦	120	甄士隐详说太虚情，贾雨村归结红楼梦	3018	3050.0	32.0	Artical

```
120 rows×9 columns
```

新的数据框包括了每一回的开始行索列和结束行索列，以及每一回的段落数。

为了计算每一回的字数，应将所有的内容使用""连接起来，然后将空格字符"\u3000"替换为""，最后使用apply()方法计算每一回的字符长度，作为字数。

```
## 每一回的内容
for ii in Red_df.index:
    ## 将内容使用""连接
    chapid = np.arange(Red_df.StartCid[ii]+1,int(Red_df.endCid[ii]))
    ## 替换掉每一回内容中的空格字符
    Red_df["Artical"][ii]                                              =
"".join(list(RedDream.Reddream[chapid])).replace("\u3000","")
    ## 计算某一回有多少字
    Red_df["lenzi"] = Red_df.Artical.apply(len)
```

得到段落数、字数后，我们将分析两者之间的关系，使用散点图，代码如下：

```
from pylab import *
mpl.rcParams['font.sans-serif'] = ['SimHei'] #指定默认字体
mpl.rcParams['axes.unicode_minus'] = False #解决保存图像时负号 "-" 显示为方块的问题
## 字数和段落数的散点图一
plt.figure(figsize=(8,6))
plt.scatter(Red_df.Lengthchaps,Red_df.lenzi)
for ii in Red_df.index:
plt.text(Red_df.Lengthchaps[ii]+1,Red_df.lenzi[ii],Red_df.Chapter2[ii])
plt.xlabel("每回段落数")
plt.ylabel("每回字数")
plt.title("《红楼梦》120回")
plt.show()

## 字数和段落数的散点图二
plt.figure(figsize=(8,6))
plt.scatter(Red_df.Lengthchaps,Red_df.lenzi)
for ii in Red_df.index:
plt.text(Red_df.Lengthchaps[ii]-2,Red_df.lenzi[ii]+100,Red_df.Chapter[ii],size = 7)
plt.xlabel("每回段落数")
plt.ylabel("每回字数")
plt.title("《红楼梦》120回")
plt.show()
```

上面的程序生成两幅散点图的不同之处在于每个点标注所用的文本不同，得到的图像如图 13-7 所示。

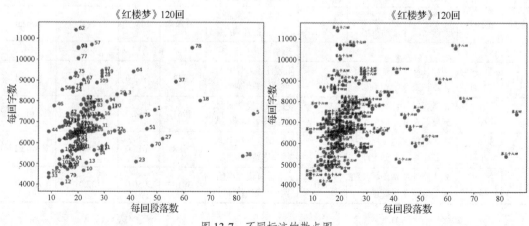

图 13-7　不同标注的散点图

图 13-7 中的图像为散点图，整体呈现的趋势为段落数越多字数越多。我们也可以使用另一种图像，分析《红楼梦》段落的变化情况，代码如下：

```
plt.figure(figsize=(12,10))
plt.subplot(2,1,1)
plt.plot(Red_df.Chapter2,Red_df.Lengthchaps,"ro-",label="段落")
plt.ylabel("每回段落数",fontproperties=font)
plt.title("《红楼梦》120回",fontproperties=font)
## 添加平均值线
plt.hlines(np.mean(Red_df.Lengthchaps),-5,125,"b")
plt.xlim((-5,125))
plt.subplot(2,1,2)
plt.plot(Red_df.Chapter2,Red_df.lenzi,"ro-",label = "段落")
plt.xlabel("回",fontproperties=font)
plt.ylabel("每回字数",fontproperties=font)
## 添加平均值线
plt.hlines(np.mean(Red_df.lenzi),-5,125,"b")
plt.xlim((-5,125))
plt.show()        #如图 13-8 所示
```

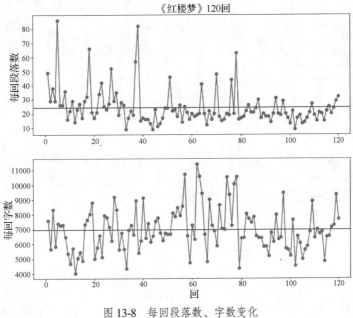

图 13-8　每回段落数、字数变化

注意图 13-8 中的中文显示。使用 Matplotlib 绘图时中文很容易显示为"□"符号。Matplotlib 中显示中文可以修改配置文件 matplotlibrc，不过较为麻烦，其实只要在代码中指定字体就可以了。

方法一：

```
# -*- coding: utf-8 -*-
from pylab import *
mpl.rcParams['font.sans-serif'] = ['SimHei'] #指定默认字体
mpl.rcParams['axes.unicode_minus'] = False #解决图像中负号"-"显示为方块的问题

t = arange(-5*pi, 5*pi, 0.01)
y = sin(t)/t
plt.plot(t, y)
plt.title(u'这里写的是中文')
```

```
plt.xlabel(u'X坐标')
plt.ylabel(u'Y坐标')
plt.show()    #如图13-9所示
```

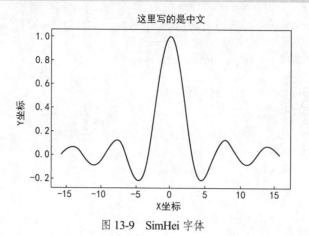

图 13-9　SimHei 字体

方法二:

```
from pylab import *
import matplotlib.pyplot as plt
from matplotlib.font_manager import FontProperties
myfont=FontProperties(
fname = "C:/Windows/Fonts/Hiragino Sans GB W3.otf",
size=14)

t = arange(-5*pi, 5*pi, 0.01)
y = sin(t)/t
plt.plot(t, y)
plt.title(u'这里写的是中文',fontproperties=myfont) #指定字体
plt.xlabel(u'X坐标',fontproperties=myfont)
plt.ylabel(u'Y坐标',fontproperties=myfont)
plt.show()    #如图13-10所示
```

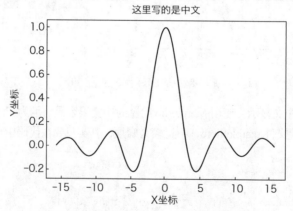

图 13-10　Hiragino Sans GB W3.otf 字体

13.2.3　对《红楼梦》进行分词

本小节我们继续使用 jieba 来分词。

```
## 加载包
import jieba
## 对《红楼梦》全文进行分词
## 数据表的行数
row,col = Red_df.shape
## 预定义列表
Red_df["cutword"] = "cutword"
for ii in np.arange(row):
    ## 分词
    cutwords = list(jieba.cut(Red_df.loc[ii,"Artica"], cut_all=True))
    ## 去除长度为1的词
    cutwords = pd.Series(cutwords)[pd.Series(cutwords).apply(len)>1]
    ## 去除停用词
    cutwords = cutwords[~cutwords.isin(stopword["Stopwords"])]
    Red_df.cutword[ii] = cutwords.values
## 查看最后一段的分词结果
print(cutwords)
print(cutwords.values)
```

输出结果如下：

```
10    不好
13    连忙
14    进去
19    巧姐儿
...
6803 竿头
6809 辛酸
6813 荒唐
6815 可悲
Length: 2207, dtype: object
['不好' '连忙' '进去' ...,'辛酸' '荒唐' '可悲']
```

查看全文的分词结果：

```
## 查看全文的分词结果
Red_df.cutword
0      [开卷,第一,第一回,一回,作者,一番,梦幻,之后,真事,隐去,之说,...
1      [诗云,一局,输赢,逡巡,欲知目下兴衰兆,目下,兴衰,须问旁观冷眼人,旁观,...
2      [却说,回头,不是,别人,乃是,当日,同僚,一案,张如圭,本系,此地,...
3      [却说,黛玉,姊妹,王夫人,夫人,王夫人,夫人,兄嫂,计议,家务,姨母,...

116    [王夫人,夫人,打发,发人,宝钗,过去,商量,宝玉,听见,和尚,在外,...
117    [说话,邢王二,王二夫人,夫人,尤氏,一段,一段话,明知,挽回,王夫人,...
118    [莺儿,宝玉,说话,摸不着,摸不着头脑,不着,头脑,听宝玉,宝玉,说道,...
119    [宝钗,秋纹,袭人,不好,连忙,进去,巧姐,巧姐儿,姐儿,平儿,随着,...
Name: cutword, dtype: object
```

在进行 jieba 分词时，有些是特殊的专有名词，按照普通的分词库是难以分割恰当的。例如对"葫芦僧判断葫芦案，是红楼梦的一个章回小节"进行分词，正常情况下分词的结果如下。

```
import jieba
s="葫芦僧判断葫芦案，是红楼梦的一个章回小节"
word_list = jieba.cut(s)
print("|".join(word_list))
```

分词结果输出如下：

```
葫芦|僧|判断|葫芦|案|，|是|红楼梦|的|一个|章回|（小节）|
```

如果我们自己定义一个字典，如我们无须将"葫芦僧"和"章回小节"再细分，则可以将这些词加入自己的专有词汇字典。专有词汇字典用记事本来创建，一个词占一行，并以 UTF-8 格式保存，如图 13-11 所示。

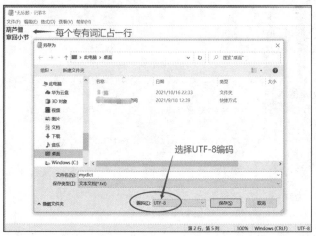

图 13-11　自定义字典

在使用的时候，用 jieba.load_userdict()加载。下面是加载自定义字典后的分词结果。

```
import jieba
jieba.load_userdict(r'c:\Users\yubg\mydict.txt')#加载自定义字典

s="葫芦僧判断葫芦案，是红楼梦的一个章回小节"
word_list = jieba.cut(s)
print("|".join(word_list))
```

分词结果输出如下：

```
葫芦僧|判断|葫芦|案|，|是|红楼梦|的|一个|章回小节|
```

通过以上可以明显看出，"葫芦僧"和"章回小节"没有再被分割。

再回看上面的程序，首先将每一回的分词结果作为一个列表，然后将其转化为 pandas 中的序列。分词后不仅需要去除长度为 1 的词，还要去除没有意义的停用词，然后将每一回的词组成列表，放入 pandas 的数据框中。

分词完成之后，就可以统计全文词频，为绘制词云图做准备。

```
## 连接列表
words = np.concatenate(Red_df.cutword)
## 统计全文词频
word_df = pd.DataFrame({"Word":words})
word_stat = word_df.groupby(by=["Word"])["Word"].agg({"number":np.size})
word_stat=word_stat.reset_index().sort_values(by="number",ascending=False)
word_stat["wordlen"] = word_stat.Word.apply(len)
word_stat
#去除长度大于 5 的词
print(np.where(word_stat.Word.apply(len)<5))
word_stat = word_stat.loc[word_stat.Word.apply(len)<5,:]
word_stat = word_stat.sort_values(by="number",ascending=False)
word_stat
```

上面的程序统计出了全文的词频，首先将每一回的分词列表 Red_df.cutword 使用 np.concatenate()连接起来，组成一个数组，再将其转化为数据框，通过 groupby()方法，计算每个词出现的频率并排序，最后再去除长度大于 5 的低频词。结果如下：

```
        Word    number    wordlen
9519    宝玉    3859      2
8510    太太    1862      2
2896    什么    1791      2
31      一个    1487      2
...     ...     ...       ...
6110    发花    1         2
6112    发见    1         2
6113    发言    1         2
25803   龙驹凤雏  1        4
25737 rows × 3 columns
```

13.2.4　绘制词云

分词和词频都准备好了，接下来绘制词云。

通过 Python 中的 WordCloud 库进行词云绘制有两种方式：一种是使用"/"将词分开；另一种是指定｛词语:频率｝字典形式的词频。生成词云的 3 个步骤如下：

（1）配置对象参数。

width：指定词云对象生成图片的宽度，默认为 400 像素。

height：指定词云对象生成图片的高度，默认为 200 像素。

min_font_size：指定词云中字体的最小字号，默认为 4 号。

max_font_size：指定词云中字体的最大字号，根据词云高度自动调节。

font_step：指定词云中字体字号的步进间隔，默认为 1。

font_path：指定字体文件的路径，默认为 None。

max_words：指定词云显示的最大单词数量，默认为 200。

stop_words：指定词云的排除词列表，即不显示的单词列表。

mask：指定词云形状，默认为长方形，需要引用 imread0 函数。

background_color ：指定词云的背景颜色，默认为黑色。

（2）加载词云文本/词频。

加载文本：.generate(cuttxt)，即加载分词文本。

加载词频：.generate_from_frequencies (word_dict)，即加载字典格式的词频。

（3）输出词云文件（默认的图片大小为 400 像素×200 像素）：

.to_file('wc.png')

例如：

```
import wordcloud
import jieba
txt="Python 是一种跨平台的计算机程序设计语言。"
c=wordcloud.WordCloud(width=1000, height=700, font_path="msyh.ttc")
c.generate(" ".join(jieba.lcut(txt)))    #对中文进行分词处理
c.to_file("1.png")
```

若想显示词云，可添加代码如下：

```
plt.figure(figsize=(10,10))
plt.imshow(c)
plt.axis("off")
plt.show()
```

下面绘制红楼梦词云。

```
### 词云
```

```
from wordcloud import WordCloud,ImageColorGenerator
## 连接所有回的分词结果
"/".join(np.concatenate(Red_df.cutword))
## width=1800, height=800, 设置图片的大小
wlred = WordCloud(font_path="C:/Windows/Fonts/SimHei.TTF",
        margin=5, width=1800, height=800
).generate("/".join(np.concatenate(Red_df.cutword)))#文本
plt.imshow(wlred)
plt.axis("off")
plt.show()    #显示如图 13-12 所示
```
#注：运行上面的代码，若出现"OSError: cannot open resource"，主要是因为计算机里没有与 SimHei.TTF 匹配的字体，把 SimHei.TTF 换成计算机里有的字体即可

图 13-12 《红楼梦》全文词云图

上面的程序是使用"/".join(np.concatenate(Red_df.cutword))先将所有回的分词结果连接起来，然后通过 WordCloud()和 generate()生成词云。font_path 参数用来指定词云中的字体。

下面使用｛词语:频率｝字典的形式通过 generate_from_frequencies()生成词云，该函数需要指定每个词语和它对应的频率组成的字典。绘制词云的代码如下：

```
## 数据准备
worddict = {}
## 构造{词语:频率}字典
for key,value in zip(word_stat.Word,word_stat.number):
    worddict[key] = value
## 生成词云
## 查看其中的 10 个元素
for ii,myword in zip(range(10),worddict.items()):
    print(ii)
    print(myword)

redcold = WordCloud(font_path=r"C:/Windows/Fonts/SimHei.TTF",
                margin=5,
                width=1800,
                height=1800)
worddict = worddict.items()
worddict =dict(worddict)
redcold.generate_from_frequencies(frequencies=worddict)#字典形式的词频

plt.figure(figsize=(10,10))
plt.imshow(redcold)
plt.axis("off")
plt.show()        #如图 13-13 所示
```
结果显示如下：
```
0
('宝玉', 3859)
1
```

```
('太太', 1862)
2
('什么', 1791)
3
('一个', 1487)
4
('夫人', 1411)
5
('我们', 1186)
6
('那里', 1143)
7
('姑娘', 1103)
8
('王夫人', 1039)
9
('起来', 1017)
```

图 13-13 使用字典形式生成《红楼梦》词云图

用字典形式生成词云时，首先通过 for 循环生成词云所需要的字典，然后生成词云并使用 plt.imshow()绘制出来。

接下来继续介绍利用图片生成有背景图片的词云，如图 13-14 所示。代码如下：

```
back_image = imread(r" d:\yubg\第13章\bg.jpg")
##生成词云可以用计算好的字典形式词频，再使用generate_from_frequencies()函数
red_wc = WordCloud(font_path="C:/Windows/Fonts/SimHei.TTF", #设置字体
            margin=5,                       # 设置词语之间的密集程度
width=1800,height=1800,                      # 设置图片的宽度、高度
            background_color="black",        # 设置背景颜色
            max_words=2000,                  # 设置词云显示的最大词数
            mask=back_image,                 # 设置背景图片
            # max_font_size=100,             # 设置字号的最大值
            random_state=42,
            ).generate("/".join(np.concatenate(Red_df.cutword)))
# 根据背景图片生成词云中词语的颜色
image_colors = ImageColorGenerator(back_image)
# 绘制词云
plt.figure(figsize=(12,8))
plt.imshow(red_wc.recolor(color_func=image_colors))
plt.axis("off")
plt.show()
```

图 13-14　带背景图片的词云

上面的程序首先读取了背景图片 back_image，然后指定 WordCloud()中 mask=back_image，通过 image_colors = ImageColorGenerator(back_image)语句，根据图片中的颜色生成词云中词语的颜色，最后通过 plt.imshow(red_wc.recolor(color_func=image_colors))绘制词云。

通过词云可以知晓词语的频数情况，我们还可以通过绘制词语频数的直方图查看全书中词语的出现情况。接下来我们绘制频数大于 500 的词语的直方图，如图 13-15 所示。代码如下：

```
## 筛选数据
newdata = word_stat.loc[word_stat.number > 500]
## 绘制直方图
newdata.plot(kind="bar",x="Word",y="number",figsize=(10,7))
plt.xticks(fontProperties = font,size = 10)        #设置 x 轴刻度上的文本
plt.xlabel("关键词",fontproperties=font)            #设置 x 轴上的标签
plt.ylabel("频数",fontproperties=font)
plt.title("《红楼梦》",fontproperties=font)
plt.show()
```

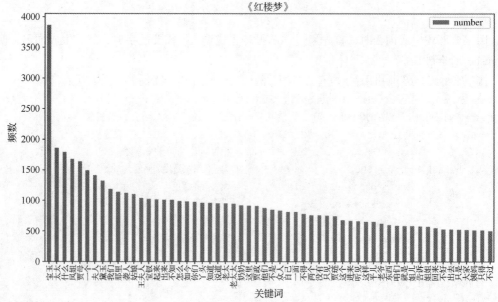

图 13-15　频数大于 500 的词语的直方图

同样，可以绘制频数大于 250 的词语的直方图，如图 13-16 所示。

```
## 筛选数据
newdata = word_stat.loc[word_stat.number > 250]
```

```
## 绘制直方图
newdata.plot(kind="bar",x="Word",y="number",figsize=(16,7))
plt.xticks(fontProperties = font, size = 8)
plt.xlabel("关键词",fontproperties=font)
plt.ylabel("频数",fontproperties=font)
plt.title("《红楼梦》",fontproperties=font)
plt.show()
```

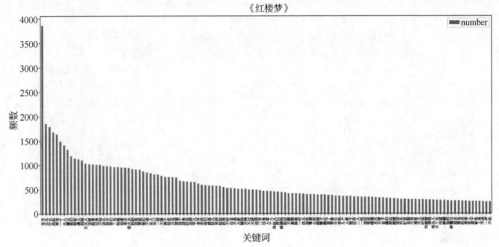

图 13-16　频数大于 250 的词语的直方图

从图 13-16 中我们发现宝玉确实是红楼梦的主角，其名字的频数最大。

至此，《红楼梦》的文本数据已经处理妥当，为了方便后续的使用，先将其保存起来。

```
## 保存数据
Red_df.to_json(r"c:\yubg\Red_dream_data.json")
```

这里我们把数据保存为 JSON 文件，当然也可以保存为 CSV 文件，但有时读取会出现错误，尤其 Excel 版本较低时。把数据保存为 JSON 文件读取时不容易出错。保存后在默认的路径下你会发现多了个 Red_dream_data.json 文件。

之前绘制的是整本书的词云，接下来我们绘制一回的词云，代码如下：

```
## 编写一个函数
def plotwordcloud(wordlist,title,figsize=(12,8)):
    """
    该函数用来绘制一回的词云
    wordlist：词组成的一个列表
    title ：图的名字
    """
    from collections import Counter
## 统计词频
    words = wordlist
    name = title
    wordcount = Counter()
    for word in words:
        if len(word) > 1 and word not in stopword:
            wordcount[word] += 1
    Word = []
    number = []
    wordlen =[]
    dd = wordcount.most_common()
    for i,j in dd:
```

```
        Word.append(i)
        number.append(int(j))
        wordlen.append(len(i))
word_stat = pd.DataFrame({'Word':Word,'number':number,"wordlen":wordlen})
## 将词语和词频组成字典数据
worddict = {}
for key,value in zip(word_stat.Word,word_stat.number):
    worddict[key] = value
# 生成词云，可以计算好词频再使用generate_from_frequencies()函数
red_wc = WordCloud(font_path="C:/Windows/Fonts/SimHei.TTF",# 设置字体
            margin=5, width=1800, height=1800,       # 设置字体疏密及图片大小
            background_color="black",                 # 设置背景颜色
            max_words=800,                            # 设置词云显示的最大词数
            max_font_size=400,                        # 设置字体的最大值
            random_state=42,                          # 设置随机状态种子数
            ).generate_from_frequencies(frequencies=worddict)
# 绘制词云
plt.figure(figsize=figsize)
plt.imshow(red_wc)
plt.axis("off")
plt.title(name,fontproperties=font,size = 12)
plt.show()
```

调用函数 plotwordcloud() 可生成词云。接下来我们可以通过 for 循环调用此函数，为我们绘制每一回的词云图。

```
## 调用函数
import time
print("plot all red deram wordcloud")
t0 = time.time()
for ii in np.arange(12):
    ii = ii * 10
    name = Red_df.Chapter[ii] +":"+ Red_df.Leftname[ii] +","+ Red_df.Rightname[ii]
    words = Red_df.cutword[ii]
    plotwordcloud(words,name,figsize=(6,6))
print("Plot all wordcloud use %.2fs"%(time.time()-t0))
```

针对每一回的内容，我们也可以分析出现次数较多的词都有哪些。

首先定义一个函数，然后使用每一回的分词后的结果调用函数，绘制直方图。代码如下：

```
def plotredmanfre(wordlist,title,figsize=(12,6)):
    """
    该函数用来统计一回的人物频数
    wordlist: 词组成的一个列表
    title : 图的名字
    """
    ## 统计词频
    words = wordlist
    name = title
    wordcount = Counter()
    for word in words:
        if len(word) > 1 and word not in stopword:
            wordcount[word] += 1
    Word = []
    number = []
    wordlen =[]
    dd = wordcount.most_common()
    for i,j in dd:
        Word.append(i)
        number.append(int(j))
```

```
        wordlen.append(len(i))
    word_stat = pd.DataFrame({'Word':Word,'number':number,"wordlen":wordlen})
    wordname = word_stat.loc[word_stat.Word.isin(word_stat.iloc[:,0].values)].reset_
index(drop = True)
    ## 直方图
    ## 绘制直方图
    size = np.min([np.max([6,np.ceil(300 / (wordname.shape[0]+1))]),12])
  wordname.plot(kind="bar",x="Word",y="number",figsize=(10,8))
    plt.xticks(Fontproperties = font,size = size)
    plt.xlabel("人名",fontproperties = font)
    plt.ylabel("频数",fontproperties = font)
    plt.title(name,fontproperties = font)
    plt.show()
```

调用函数为每一回的出现次数较多的人物绘制直方图。

```
import time
print("plot  所有回的人物词频")
t0 = time.time()
for ii in np.arange(120):
    name = Red_df.Chapter[ii] +":"+ Red_df.Leftname[ii] +","+ Red_df.Rightname[ii]
    words = Red_df.cutword[ii]
    plotredmanfre(words,name,figsize=(12,6))
print("Plot 所有回的人物词频 use %.2fs"%(time.time()-t0))
```

13.3 文本聚类分析

聚类分析（Cluster Analysis，亦称为群集分析）是对统计数据进行分析的一门技术，在许多领域得到广泛应用，包括机器学习、数据挖掘、模式识别、图像分析以及生物信息等。聚类是把相似的对象通过静态分类的方法分成不同的组别或者更多的子集（Subset），使在同一个子集中的成员对象都有一些相似的属性，常见的包括在坐标系中有更加短的空间距离等。一般把数据聚类归纳为一种无监督式学习方式。

文本聚类分析是聚类分析中的一个具体的应用，此处我们主要是用《红楼梦》每回的分词结果，对《红楼梦》各回进行聚类分析。聚类适用的数据为文本的 TF-IDF 矩阵。

读取 13.2.4 小节我们保存的数据文件 Red_dream_data.json。

```
## 读取数据
Red_df = pd.read_json("Red_dream_data.json")
```

13.3.1　构建分词 TF-IDF 矩阵

TF-IDF 是词频逆文档频率，指的是：如果某个词或短语在一篇文章中出现的频率高，并且在其他文章中很少出现，则认为此词或短语具有很好的类别区分能力，适合用来分类。简单地说，TF-IDF 可以反映出语料库中某篇文档中某个词的重要性。TF-IDF 算法是一种统计方法，用以评估字词对于一个文件集或一个语料库中的其中一份文件的重要性。字词的重要性随着它在文件中出现的次数成正比增加，但同时会随着它在语料库中出现的频率成反比下降。

TF-IDF 方法里面主要用到了两个函数：CountVectorizer() 和 TfidfTransformer()。CountVectorizer() 是通过 fit_transform() 函数将文本中的词语转换为词频矩阵，矩阵元素 weight[i][j] 表示词 j 在第 i 个文本下的词频，即各个词语出现的次数；通过 get_feature_names_out() 可看到所有文本的关键字，通过 toarray() 可看到词频矩阵的结果。TfidfTransformer() 也有一个 fit_transform() 函数，它的作用是计算 tf-idf 值。得到相应的词频矩阵后，可以对各回进行聚类分析。CountVectorizer() 可以将使用空格分开的词整理为语料库。

```
## 准备工作, 将分词后的结果整理成 CountVectorizer() 可应用的形式
## 将所有回分词后的结果使用空格连接为字符串, 并组成列表, 每一段为列表中的一个元素
articals = []
for cutword in Red_df.cutword:
    articals.append(" ".join(cutword))
## 构建语料库, 并计算文档中词语的 TF-IDF 矩阵
vectorizer = CountVectorizer()
transformer = TfidfVectorizer()
tfidf = transformer.fit_transform(articals)
## TF-IDF 矩阵以稀疏矩阵的形式存储
print(tfidf)
## 将 TF-IDF 矩阵转化为数组的形式, 文档-词矩阵
dtm = tfidf.toarray()
dtm
```

结果如下:

```
  (0,10818)       0.0230796765538
  (0,19293)       0.0202674120731
  (0,19297)       0.0230796765538
  (0,170)         0.00999097041249
  (0,3428)        0.0637371733415
  (0,374)         0.00880030341565
  (0,15325)       0.0212457244472
  (0,2089)        0.0192884941463
  (0,18381)       0.0189352180432
  (0,24748)       0.0212457244472
  (0,2108)        0.029226722028
  (0,18629)       0.0919901407046
  (0,18631)       0.059833544159
  (0,13583)       0.0424914488943
  (0,17568)       0.0543316878389
  (0,2524)        0.0461593531077
  (0,1886)        0.0262828973442
  (0,3295)        0.0120327395888
  (0,3296)        0.0128968981735
array([[ 0.00808934,  0.          ,  0.          , ..., 0.          ,
         0.          ,  0.          ],
       [ 0.01021357,  0.          ,  0.          , ..., 0.          ,
         0.          ,  0.          ],
       [ 0.00862524,  0.          ,  0.01638712 , ..., 0.          ,
         0.          ,  0.          ],
       ,
       [ 0.03164534,  0.          ,  0.          , ..., 0.          ,
         0.          ,  0.          ],
       [ 0.00946982,  0.          ,  0.          , ..., 0.          ,
         0.          ,  0.          ],
       [ 0        ,  0.          ,  0.          , ..., 0.          ,
         0.          ,  0.          ]])
```

13.3.2 使用 TF-IDF 矩阵对各回进行聚类

1. k 均值聚类

先来学习两个概念。

余弦相似: 是指通过测量两个向量的夹角的余弦值来度量它们之间的相似性。当两个文本向量夹角余弦值等于 1 时, 这两个文本完全重复; 当夹角的余弦值接近于 1 时, 两个文本相似; 夹角的余弦越小, 两个文本越不相关。

k 均值聚类: 对于给定的样本集 A, 按照样本之间的距离大小, 将样本集 A 划分为 K 个簇 $A_1, A_2, \cdots, A_K$。让这些簇内的点尽量紧密地连在一起, 而让簇间的距离尽量大。k 均值聚类算法是无监

督的聚类算法，目的是使得每个点都属于离它最近的均值（聚类中心）对应的簇 A_i 中。这里的聚类分析使用的是 NLTK 库。

下面的程序将使用 k 均值聚类算法对数据进行聚类分析，然后得到每一回所属的类别，并用直方图展示每一类有多少回。

```
## 使用夹角余弦距离进行 k 均值聚类
kmeans = KMeansClusterer(num_means=3,        #聚类数目
distance=nltk.cluster.util.cosine_distance,  #夹角余弦距离
)
kmeans.cluster(dtm)
## 聚类得到的类别
labpre = [kmeans.classify(i) for i in dtm]
kmeanlab = Red_df[["ChapName","Chapter"]]
kmeanlab["cosd_pre"] = labpre
kmeanlab
```

	ChapName	Chapter	Cosd_pre
0	甄士隐梦幻识通灵，贾雨村风尘怀闺秀	第一回	1
1	贾夫人仙逝扬州城，冷子兴演说荣国府	第二回	1
10	庆寿辰宁府排家宴，见熙凤贾瑞起淫心	第十一回	2
100	大观园月夜感幽魂，散花寺神签惊异兆	第一零一回	2
...	...	...	...
96	林黛玉焚稿断痴情，薛宝钗出闺成大礼	第九十七回	1
97	苦绛珠魂归离恨天，病神瑛泪洒相思地	第九十八回	1
98	守官箴恶奴同破例，阅邸报老舅自担惊	第九十九回	1
99	破好事香菱结深恨，悲远嫁宝玉感离情	第一零零回	1

120 rows×3 columns

```
## 查看每类有多少个分组
count = kmeanlab.groupby("cosd_pre").count()
## 将分类可视化
count.plot(kind="barh",figsize=(6,5))
for xx,yy,s in zip(count.index,count.ChapName,count.ChapName):
    plt.text(y =xx-0.1, x = yy+0.5,s=s)
plt.ylabel("聚类标签")
plt.xlabel("数量")
plt.show()    #显示如图 13-17 所示
```

2. MDS 降维

接下来我们使用降维技术将 TF-IDF 矩阵降维，并将聚类结果可视化查看。

多维标度（Multidimensional Scaling，MDS，又译"多维尺度"）也称作"相似度结构分析"（Similarity Structure Analysis，SSA），属于多重变量分析的方法之一，是社会学、数量心理学、市场营销等统计实证分析的常用方法。MDS 在降低数据维度的时候尽可能地保留样本之间的相对距离。

```
## 聚类结果可视化
## 使用 MDS 对数据进行降维
from sklearn.manifold import MDS
mds = MDS(n_components=2,random_state=123)
coord = mds.fit_transform(dtm)
print(coord.shape)
```

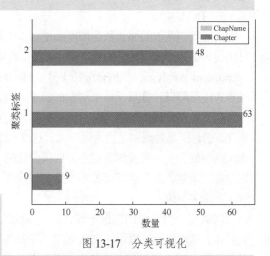

图 13-17 分类可视化

```
## 绘制降维后的结果
plt.figure(figsize=(8,8))
plt.scatter(coord[:,0],coord[:,1],c=kmeanlab.cosd_pre)
for ii in np.arange(120):
    plt.text(coord[ii,0]+0.02,coord[ii,1],s = Red_df.Chapter2[ii])
plt.xlabel("X")
plt.ylabel("Y")
plt.title("k-means MDS")
plt.show()    #显示如图 13-18 所示
```

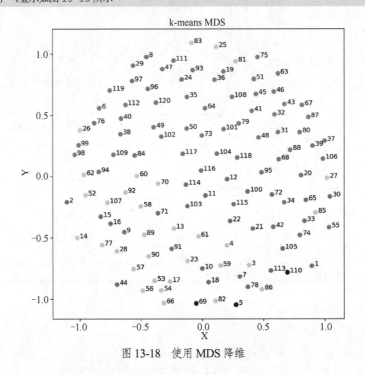

图 13-18　使用 MDS 降维

针对在 MDS 下每回的相对分布情况，每回之间没有很明显的分界线（因为这是一本书，讲的是一个故事），但并不是说我们根据回聚类分析是没有意义的，因为每回都是不一样的，而且相互之间的联系也是不同的。

3. PCA 降维

一般我们获取的原始数据维度都很高，比如 1000 维，即含有 1000 个特征，在这 1000 个特征中可能包含了很多无用的信息或者噪声，真正有用的特征才 100 个，那么我们可以运用 PCA（Principal Component Analysis，主成分分析）算法将 1000 个特征降到 100 个特征。这样不仅可以去除无用的噪声，还能降低计算量。举个简单的例子，现在我们要判断两张照片中的人是不是同一时期的同一个人，每张照片提供的描述信息有：编号、性别、年龄、体重、身高、脸型、发型。这组信息属于 7 维数据，但是要甄别是否为同一人，这 7 维数据完全可以转化为 5 维，因为编号这一维其实没有太大的用处，另外假设体重也不是两极分化的，看照片体重是分辨不出来的，所以体重这一维也可以忽略。当然，这个例子可能不太恰当，没有经过计算，直接去掉了两维，更多时候需要计算后才知道能降多少维。

PCA 是一种常见的数据降维方法，其目的是在“信息”损失较小的前提下，将高维的数据转换到低维，从而降低计算量。PCA 通常用于高维数据集的探索与可视化，还可以用于数据压缩、数据预处理等。PCA 可以把可能具有线性相关性的高维数据合成为线性无关的低维数据，这些数据称为主成分（Principal Components），新的低维数据集会尽可能地保留原始数据的变量，即可以在将高维数据集映射到低维空间的同时，尽可能地保留更多变量。

如果你的线性代数学得比较好，可以从"基"这个角度去理解。原始空间是三维的(x,y,z)，x、y、z分别是原始空间的 3 个基，我们可以通过某种方法，用新的坐标系(a,b,c)来表示原始的数据，那么a、b、c就是新的基，它们组成新的特征空间。在新的特征空间中，可能所有的数据在c上的投影都接近于 0，即可以忽略，那么我们就可以直接用(a,b)来表示数据，这样数据就从三维的(x,y,z)降到了二维的(a,b)。

PCA 降维过程其实就是一个实对称矩阵对角化的过程，其主要特征是：保留了最大的方差方向、从变换特征回到原始特征的误差最小。

```
## 聚类结果可视化
## 使用 PCA 对数据进行降维
from sklearn.decomposition import PCA
pca = PCA(n_components=2)
pca.fit(dtm)
print(pca.explained_variance_ratio_)
## 对数据进行降维
coord = pca.fit_transform(dtm)
print(coord.shape)
## 绘制降维后的结果
plt.figure(figsize=(8,8))
plt.scatter(coord[:,0],coord[:,1],c=kmeanlab.cosd_pre)
for ii in np.arange(120):
    plt.text(coord[ii,0]+0.02,coord[ii,1],s = Red_df.Chapter2[ii])
plt.xlabel("主成分1",fontproperties = font)
plt.ylabel("主成分2",fontproperties = font)
plt.title("k-means PCA")
plt.show()      #显示如图 13-19 所示
```

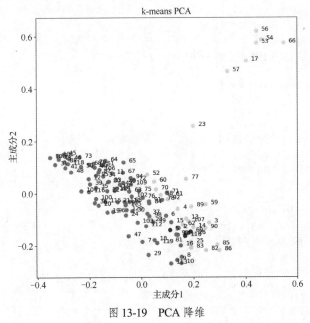

图 13-19　PCA 降维

从 PCA 降维的可视化结果可以看出，有些回的内容和大部分的内容是相差很大的。

4. HC

HC（Hierarchical Clustering，层次聚类）是聚类算法的一种，它可以通过计算不同类别数据点间的相似度来创建一棵有层次的嵌套聚类树。在聚类树中，不同类别的原始数据点是树的最底层，树的顶层是一个聚类的根结点。创建聚类树有自下而上合并和自上而下分裂两种方法。下面的代码实现了 HC 算法，并将聚类结果可视化，主要使用了 SciPy 库中的 cluster 模块。

```
## HC
from scipy.cluster.hierarchy import dendrogram,ward
from scipy.spatial.distance import pdist,squareform
## 标签，每一回的标题
labels = Red_df.Chapter.values
cosin_matrix = squareform(pdist(dtm,'cosine'))#计算每一回的距离矩阵
ling = ward(cosin_matrix)   ## 根据距离聚类
## 聚类结果可视化
fig, ax = plt.subplots(figsize=(10, 15)) # 设置大小
ax = dendrogram(ling,orientation='right', labels=labels);
plt.yticks(fontproperties = font,size = 8)
plt.title("《红楼梦》各回层次聚类",fontproperties = font)
plt.tight_layout() # 展示紧凑的绘图布局
plt.show()   #显示如图 13-20 所示
```

通过聚类树，我们可以更加灵活地确定聚类的数目——整体上可以分为两类或者三类。

5. t-SNE 高维数据可视化

t-SNE（t-distributed Stochastic Neighbor Embedding）是一种非线性降维算法，非常适用于将高维数据降维到二维或者三维实现可视化。t-SNE 主要包括两个步骤。

第一，t-SNE 构建一个高维对象之间的概率分布，使得相似的对象有更高的概率被选择，而不相似的对象有较低的概率被选择。

第二，t-SNE 在低维空间里构建数据点的概率分布，使得两个概率分布之间尽可能相似。这里使用 KL 散度（Kullback - Leibler Divergence）来度量两个分布之间的相似性。

```
from sklearn.feature_extraction.text import CountVectorizer, TfidfTransformer
from sklearn.manifold import TSNE
## 准备工作，将分词后的结果整理成 CountVectorizer() 可应用的形式
## 将所有分词后的结果使用空格连接为字符串并组成列表，每一段为其一个元素
articals = []
for cutword in Red_df.cutword:
    cutword = [s for s in cutword if len(s) < 5]
    cutword = " ".join(cutword)
    articals.append(cutword)
## max_features 参数根据词出现的频率排序，只取指定的数目
vectorizer = CountVectorizer(max_features=10000)
transformer = TfidfTransformer()
tfidf = transformer.fit_transform(vectorizer.fit_transform(articals))
## 降维为三维
X = tfidf.toarray()
tsne=TSNE(n_components=3,metric='cosine',init='random',random_state=1233)
X_tsne = tsne.fit_transform(X)
## 可视化
from mpl_toolkits.mplot3d import Axes3D
fig = plt.figure(figsize=(8,6))
ax = fig.add_subplot(1,1,1,projection = "3d")
ax.scatter(X_tsne[:,0],X_tsne[:,1],X_tsne[:,2],c = "red")
ax.view_init(30,45)
plt.xlabel("每回段落数",fontproperties = font)
plt.ylabel("每回字数",fontproperties = font)
plt.title("《红楼梦》——t-SNE",fontproperties = font)
plt.show()    #显示如图 13-21 所示
```

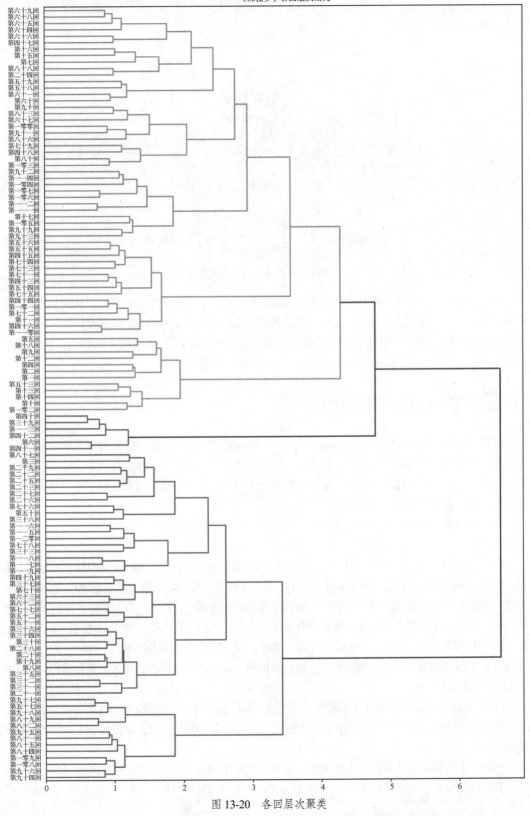

《红楼梦》各回层次聚类

图 13-20　各回层次聚类

253　　　《红楼梦》文本数据分析 / 第 13 章

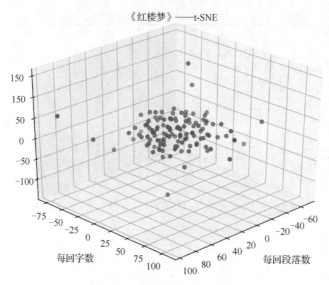

图 13-21　t-SNE 高维数据可视化

经过 t-SNE 算法降维可视化，可以发现大部分的回的位置是相近的，所以可以认为整本书讲的是同一个事情，每一回之间的相似性是很高的，但是否可以认为前 80 回和后 40 回是同一人写的呢？这可能是大多数红学研究者感兴趣的话题，如果要分析《红楼梦》前 80 回和后 40 回之间的差异性，那就应该从前 80 回和后 40 回的用词和句式上进行更细致的分析!

13.4　LDA 主题模型

LDA 主题模型是一种文档生成模型。它认为一篇文章是有多个主题的，而每个主题又对应着不同的词。一篇文章的构造过程如下。首先以一定的概率选择某个主题，然后在这个主题下以一定的概率选出某一个词，这样就生成了这篇文章的第一个词。不断重复这个过程，就生成了整篇文章。当然这里假定词与词之间是没顺序的。

LDA 主题模型的使用是上述文章生成的逆过程，它将根据一篇已有的文章，去找出这篇文章的主题，以及与这些主题对应的词。

LDA 主题模型在机器学习和自然语言处理等领域是用来在一系列文档中发现抽象主题的一种统计模型。直观来讲，如果一篇文章有一个中心思想，那么一些特定词语会更频繁地出现。比方说，如果一篇文章是讲狗的，那"狗""骨头"等词出现的频率会高些。如果一篇文章是讲猫的，那"猫"和"鱼"等词出现的频率会高些。而有些词例如"这个""和"在两篇文章中出现的频率会大致相等。但真实的情况是，一篇文章通常包含多种主题，而且每个主题所占比例各不相同。因此，如果一篇文章 10%和猫有关，90%和狗有关，那么和狗相关的关键字出现的次数大概是和猫相关的关键字出现次数的 9 倍。

LDA 主题模型试图用数学框架来体现文档的这种特点。LDA 主题模型会自动分析每个文档，统计文档内的词语，根据统计的词语信息来断定当前文档含有哪些主题，以及每个主题所占的比例各为多少。

Python 中实现主题模型的方法有很多。接下来使用 sklearn 包实现 LDA 主题模型。代码如下：

```
from sklearn.feature_extraction.text import CountVectorizer
from sklearn.decomposition import LatentDirichletAllocation
## 准备工作，将分词后的结果整理成CountVectorizer()可应用的形式
```

```
## 将所有回分词后的结果使用空格连接为字符串，并组成列表，每一段为列表中的一个元素
articals = []
for cutword in Red_df.cutword:
    cutword = [s for s in cutword if len(s) < 5]
    cutword = " ".join(cutword)
    articals.append(cutword)
## max_features 参数根据出现的频率排序，只取指定的数目
tf_vectorizer = CountVectorizer(max_features=10000)
tf = tf_vectorizer.fit_transform(articals)

##查看结果
print(tf_vectorizer.get_feature_names_out()[400:420])
tf.toarray()[20:50,200:800]
```

结果如下：

```
['上传', '上供', '上元', '上前', '上千', '上半', '上原', '上去', '上司', '上吊', '上夜', '上天
', '上头', '上好', '上学', '上家', '上将', '上屋', '上席', '上年']
array([[0, 0, 1, ..., 0, 0, 0],
       [0, 0, 0, ..., 0, 0, 0],
       [0, 0, 0, ..., 0, 0, 0],
       ...,
       [0, 0, 1, ..., 0, 0, 0],
       [1, 0, 0, ..., 0, 0, 0],
       [1, 0, 0, ..., 0, 0, 0]], dtype=int64)
```

上面的程序完成的是建立主题模型前的准备工作，主要是构建词频逆文档频率矩阵。

在下面的程序中，首先建立有 3 个主题的主题模型，然后将文本（每一回）进行归类。在结果元组中，第一个数组代表每一回的索引，第二个数组代表所归类别的索引。从所归类别可以看出，所有的回归类的最大可能性是相同的主题。

```
## 主题数目
n_topics = 3
lda = LatentDirichletAllocation(n_components=n_topics, max_iter=25,
                        learning_method='online',
                        learning_offset=50., random_state=0)
## 模型应用于数据
lda.fit(tf)
## 得到每一回属于某个主题的可能性
chapter_top = pd.DataFrame(lda.transform(tf),
index=Red_df.Chapter,
columns=np.arange(n_topics)+1)
chapter_top
## 每一行的和
chapter_top.apply(sum,axis=1).values
## 查看每一列的最大值
chapter_top.apply(max,axis=1).values
## 找到大于相应值的索引
np.where(chapter_top >= np.min(chapter_top.apply(max,axis=1).values))
##找到大于相应值的索引
np.where(chapter_top >= np.min(chapter_top.apply(max,axis=1).values))
```

结果显示如下：

```
(array([  0,   1,   2,   3,   4,   5,   6,   7,   8,   9,  10,  11,  12,
         13,  14,  15,  16,  17,  18,  19,  20,  21,  22,  23,  24,  25,
         26,  27,  28,  29,  30,  31,  32,  33,  34,  35,  36,  37,  38,
         39,  40,  41,  42,  43,  44,  45,  46,  47,  48,  49,  50,  51,
         52,  53,  54,  55,  56,  57,  58,  59,  60,  61,  62,  63,  64,
         65,  66,  67,  68,  69,  70,  71,  72,  73,  74,  75,  76,  77,
         78,  79,  80,  81,  82,  83,  84,  85,  86,  87,  88,  89,  90,
         91,  92,  93,  94,  95,  96,  97,  98,  99, 100, 101, 102, 103,
```

```
        104, 105, 106, 107, 108, 109, 110, 111, 112, 113, 114, 115, 116,
        117, 118, 119], dtype=int64),
array([0, 0, 1, 1, 2, 1, 1, 1, 1, 1, 1, 1, 1, 1, 1, 1, 0, 1, 1, 1, 1, 1, 1,
       1, 1, 1, 1, 1, 1, 1, 1, 1, 1, 1, 1, 1, 1, 1, 1, 1, 1, 1, 1, 1, 1, 1,
       1, 1, 1, 1, 1, 1, 1, 1, 1, 1, 1, 1, 1, 1, 1, 1, 1, 1, 1, 1, 1, 1, 1,
       1, 1, 1, 1, 1, 1, 1, 1, 1, 1, 1, 1, 1, 1, 1, 1, 1, 1, 1, 1, 1, 1, 1,
       1, 1, 1, 1, 1, 1, 1, 1, 1, 1, 1, 1, 1, 1, 1, 1, 1, 1, 1, 1, 1, 1, 1,
       1, 1, 1, 1, 1], dtype=int64))
```

下面我们将每个主题中最主要的关键词可视化。

首先提取每个主题中最主要的关键词，然后将这些关键词使用直方图绘制出来，如图 13-22 所示。图像的横坐标在一定程度上体现了 3 个主题的重要程度。具体代码如下：

```
## 可视化主题，可视化LDA
from pylab import *
mpl.rcParams['font.sans-serif'] = ['SimHei'] #指定默认字体
mpl.rcParams['axes.unicode_minus'] = False#解决保存图像时负号'-'显示为方块的问题

n_top_words = 40
tf_feature_names = tf_vectorizer.get_feature_names_out()
for topic_id,topic in enumerate(lda.components_):
    topword = pd.DataFrame(
        {"word":[tf_feature_names[i] for i in topic.argsort()[:-n_top_words - 1:-1]],
         "componets":topic[topic.argsort()[:-n_top_words - 1:-1]]})
    topword.sort_values(by = "componets").plot(kind = "barh",
                                        x = "word",
                                        y = "componets",
                                        figsize=(6,8),
                                        legend=False)
    plt.yticks(fontproperties = font,size = 10)
    plt.ylabel("词")
    plt.xlabel("频率")
    plt.legend("")
    plt.title("Topic %d" %(topic_id+1))
    plt.show()
```

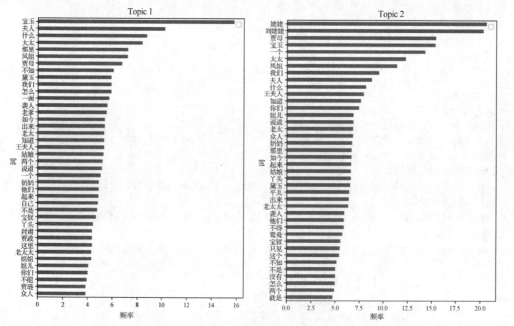

图 13-22　主题关键词直方图

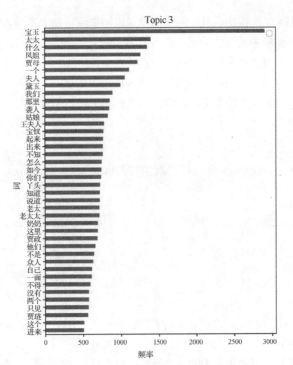

图 13-22　主题关键词直方图（续）

我们也可以定义一个函数，灵活地输出每个主题一定数量的关键词。

```
## 查看每个主题的关键词
def print_top_words(model, feature_names, n_top_words):
    for topic_id, topic in enumerate(model.components_):
        print('\nTopic Nr.%d:' % int(topic_id + 1))
        print(''.join([feature_names[i] + ' ' + str(round(topic[i], 2)
            +' | ' for i in topic.argsort()[:-n_top_words - 1:-1]]))
n_top_words = 10
tf_feature_names = tf_vectorizer.get_feature_names_out()
print_top_words(lda, tf_feature_names, n_top_words)
```

结果如下：

```
Topic Nr.1:
宝玉 22.5 | 众人 17.13 | 一个 14.21 | 道人 12.87 | 什么 12.5 | 不知 11.04 | 此处 10.54 | 如今
10.32 | 政道 9.29 | 贾政笑 9.06 |


Topic Nr.2:
宝玉 2880.11 | 太太 1396.57 | 什么 1341.17 | 一个 1110.38 | 夫人 1059.66 | 我们 890.62 | 那
里 855.07 | 姑娘 829.09 | 王夫人 780.97 | 起来 766.61 |


Topic Nr.3:
宝玉 33.4 | 太太 13.63 | 一个 10.63 | 仙姑 9.55 | 什么 9.45 | 那里 7.86 | 不知 7.85 | 我们 7.73
| 这里 7.64 | 怎么 7.29 |
```

13.5　人物社交网络分析

社交网络图用来查看结点、连接边之间的社交关系。结点表示社交网络里的每个参与者，连接边则表示参与者之间的关系。结点之间可以有很多种连接，简单来说，社交网络是一张关系图，可以标示出所有与结点相关的连接边。社交网络图也可以用来衡量每个参与者的"人脉"。

接下来我们分析红楼梦中的人物关系。在本书中，两个人物的关系可由两种方式得到：

第一，如果两人名同时出现在同一段落，则其关系 + 1；

第二，如果人名同时出现在同一回，则其关系 + 1。

首先，我们加载需要的包和读取需要的数据。代码如下：

```
## 加载绘制社交网络图的包
import networkx as nx
## 读取数据
Red_df = pd.read_csv(r" d:\yubg\第 13 章\红楼梦社交网络权重.csv")
Red_df.head()
```

结果如下：

	First	Second	chapweight	duanweight
0	宝玉	贾母	98.0	324.0
1	宝玉	凤姐	92.0	187.0
2	宝玉	袭人	88.0	336.0
3	宝玉	王夫人	103.0	296.0
4	宝玉	宝钗	96.0	295.0

上面的数据表中，chapweight 表示对应的人物出现在同一回的次数，duanweight 表示对应的人物出现在同一段落的次数。

读取数据之后，我们可以使用其中的一个权重（权重进行了归一化处理）得到社交网络图。

下面的程序首先定义一个图像窗口，然后使用 G=nx.Graph()语句生成一个空的社交网络图，使用 G.add_edge()方法添加社交网络图的连接边，然后按照结点之间连接权重的大小分成 3 种连接边，使用 3 种不同颜色的线表示。使用 pos=nx.spring_layout(G)语句来定义社交网络图的结点布局方式，然后使用 nx.draw_networkx_nodes、nx.draw_networkx_edges、nx.draw_networkx_labels 这 3 种方法画出社交网络图的结点、连接边和标签。

```
# 计算其中的一种权重
Red_df["weight"] = Red_df.chapweight / 120
Red_df2 = Red_df[Red_df.weight >0.025].reset_index(drop = True)
plt.figure(figsize=(12,12))
## 生成社交网络图
G=nx.Graph()
## 添加连接边
for ii in Red_df2.index:
    G.add_edge(Red_df2.First[ii],Red_df2.Second[ii],weight = Red_df2.weight[ii])
## 定义 3 种连接边
elarge=[(u,v) for (u,v,d) in G.edges(data=True) if d['weight'] >0.2]
emidle = [(u,v) for (u,v,d) in G.edges(data=True) if (d['weight'] >0.1) & (d['weight']
<= 0.2)]
esmall=[(u,v) for (u,v,d) in G.edges(data=True) if d['weight'] <=0.1]
## 社交网络图的布局
pos=nx.spring_layout(G) # positions for all nodes
# 结点(nodes)
nx.draw_networkx_nodes(G,pos,alpha=0.6,node_size=350)
# 边(edges)
nx.draw_networkx_edges(G,pos,edgelist=elarge,
                width=2,alpha=0.9,edge_color='g')
nx.draw_networkx_edges(G,pos,edgelist=emidle,
                width=1.5,alpha=0.6,edge_color='y')
nx.draw_networkx_edges(G,pos,edgelist=esmall,
                width=1,alpha=0.3,edge_color='b',style='dashed')
```

```
# 标签(labels)
nx.draw_networkx_labels(G,pos,font_size=10)
plt.axis('off')
plt.title("《红楼梦》社交网络图")
plt.show()
```

最后得到的社交网络图如图 13-23 所示。

《红楼梦》社交网络图

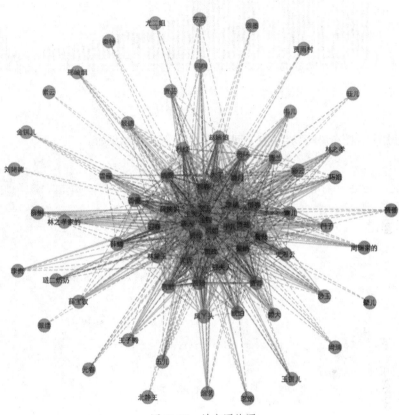

图 13-23　社交网络图

得到社交网络图后，可以计算出每个结点（人物）的度（入度和出度），它在一定程度上表示了该结点的重要程度，代码如下：

```
## 计算每个结点的度
plt.figure(figsize=(30,15))
Gdegree = nx.degree(G)
Gdegree = dict(Gdegree)
Gdegree = pd.DataFrame({"name":list(Gdegree.keys()),"degree":list(Gdegree.values())})
Gdegree.sort_values(by="degree",ascending=False).plot(
        x = "name",
        y = "degree",
        kind="bar",
        figsize=(12,6),
        legend=False)
plt.xticks(fontproperties = font,size = 12)
plt.ylabel("degree")
plt.savefig('gx.png')
plt.show()
```

如图 13-24 所示，可以看出社交网络图中重要程度最高的是宝玉、王夫人、贾母等人。

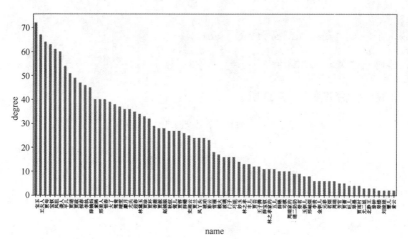

图 13-24　结点度直方图

接下来使用其他图布局模型生成社交网络图，代码及输出结果如下：

```
plt.figure(figsize=(12,12))
## 生成社交网络图
Red_df2 = Red_df[Red_df.weight >0.1].reset_index(drop = True)#为了控制图中圆圈上的点数（人）
将权重从 0.025 提高到 0.1
G=nx.Graph()

## 添加连接边
for ii in Red_df2.index:
    G.add_edge(Red_df2.First[ii],Red_df2.Second[ii],weight = Red_df2.weight[ii])
## 定义两种连接边
elarge=[(u,v) for (u,v,d) in G.edges(data=True) if d['weight'] >0.3]
emidle = [(u,v) for (u,v,d) in G.edges(data=True) if (d['weight'] >0.2) & (d['weight']
<= 0.3)]
esmall=[(u,v) for (u,v,d) in G.edges(data=True) if d['weight'] <=0.2]

## 社交网络图的布局
pos=nx.circular_layout(G) # positions for all nodes
#pos=nx.random_layout(G)

##计算结点的度
Gdegree = nx.degree(G)
Gdegree = dict(Gdegree)
Gdegree = pd.DataFrame({"name":list(Gdegree.keys()),"degree":list(Gdegree.values())})

# 节点，根据结点的入度和出度来设置结点的大小
nx.draw_networkx_nodes(G,pos,alpha=0.6,node_size=20 + Gdegree.degree * 20)
#nx.draw_networkx(G,pos,node_color='y',node_size=500,font_size=10,font_color='r')

# 连接边
nx.draw_networkx_edges(G,pos,edgelist=elarge,          width=2,alpha=0.9,edge_color='g')
#alpha 表示透明度，width 表示连接边的宽度
nx.draw_networkx_edges(G,pos,edgelist=emidle,width=1.5,alpha=0.6,edge_color='y')
nx.draw_networkx_edges(G,pos,edgelist=esmall,width=1,alpha=0.3,edge_color='b',style=
'dashdot')

# 标签
nx.draw_networkx_labels(G,pos,font_size=10,font_color='r')#font_size=10 表示图中字体的大小
plt.axis('off')
plt.title("《红楼梦》社交网络图")
```

```
plt.savefig(r'图13-34 circular_layout(G)结点图.png')#将图像保存
plt.show() # display
```

当布局模型为 pos=nx.circular_layout(G)，并且将结点的大小按照重要程度来设置时，得到的图像如图 13-25 所示。

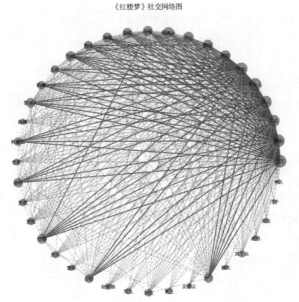

图 13-25　采用 circular_layout(G)时的社交网络图

还有很多其他的图模型可以使用，如使用 pos=nx.random_layout(G)可以得到如图 13-26 所示的社交网络图。

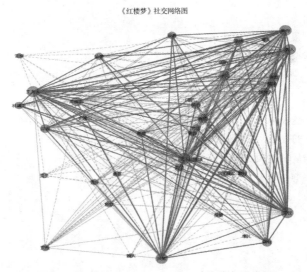

图 13-26　采用 random_layout(G)时的社交网络图

13.6　本章小结

本章通过对《红楼梦》文本数据的分析，向大家展示了文本数据的处理方法、文本聚类分析的方法，以及 LDA 主题模型和社交网络分析方法。

附录

附录 A NumPy 和 pandas 函数速查

1．NumPy

import numpy as np

lis = [1,2,3,4]

data = [[1,3,2,4],[4,6,0,9]]

a = np.array(lis)

b =np.array([4,6,2,8])

a.ndim #查看数据维度

np.zeros((2,5))#生成全 0 的 2x5 的数组

np.ones((2,5))#生成全 1 的 2x5 的数组

np.empty((2,5))#生成不一定全 0 的 2x5 的数组

np.arange(2,9,2)#start/stop/step

a.reshape(2,2) #将 a 的数据形状修改为 2 行 2 列

np.linspace(s1,s2,c)#从[s1,s2]中取 c 个值，含 s1\s2，默认 c=50

a.dtype#查看数据类型

a.astype('float32')#转换数据类型为 float32

a.round()#将 a 5 舍 6 入

a[::-1]#将 a 倒序

a<3　#布尔值索引

a[a<3]#取值

np.dot(A,B)#矩阵 AB 的乘法

a.flatten()#将数据展开成一维，生成一个副本

a.ravel()#将数据展开成一维，原数据被改动

np.concatenate([a,b])#合并 a、b,等同 axis=0，所有的行加在一起，即增加了一行"合计"

np.concatenate([a,b],axis=1)#合并 a、b,所有的列加在一起，即增加了一列"合计"

np.stack([a,b])#增加维度的叠加

np.unique()#类似于 set

np.sqrt(a)#np.cos(a);np.sin(a)

np.add(a,b)#等同于 a+b

np.subtract(b,a)#a 减 b

np.mod(b,a)#求商，同 b%a

a//b　#求余数

~(a)#求 a 的反

q = np.random.normal(size=(2,5))#产生 2x5 的正态随机分布

np.random.randn(2,5)#产生 2x5 的标准正态随机分布

np.random.randint(min,max,(shape))#在[min,max]上产生 shape 形状的随机自然数

np.random.choice(a)#从 a 中随机的选择一个数

np.random.permutation(a)#对 a 乱序

np.random.permutation(len(a))#产生乱序的索引

np.random.seed(n)#重复随机数的种子

q.mean()#同 np.mean(q)

a.sum()

a.sum(axis=1)

a.max()

a.max(axis=1)

a.min()

a.min(axis=1)

a.std()#标准差

a.std(axis=1)

np.median(a)#取中间值

a.cumsum()#累加值

a.cumsum(0)#累加值，即 axis=0

a.cumprod()#累乘

a.cumprod(1)#累乘，即 axis=1

sum(a>2) #即返回 axis=0 上>2 的个数

np.sum(a>2)#返回所有元素>2 的个数

np.any(a>0)#是否有 a>0,返回布尔值

np.all(a>0)#是否所有的值>0

a.sort()

a.sort(axis=0)

np.sort(a)

a.argsort() #返回排序的索引

a[a.argsort()]#返回排序后的值

a.argmax() #返回最大值的索引

a.argmin() #返回最小值的索引

np.where(np.random.randn(4)>0,a,b)#按照条件 c 来选择 a 或者 b,False 选择 a

```python
np.where(data['状态'] == 'Y', True, False)#当状态列中等于'Y'值时，返回 True，否则返回 False
np.save('name',a)#将 a 保存到 name
np.load('name.npy')#读取 name
```

2．pandas

```python
import numpy as np
import pandas as pd


s = pd.Series([1,2,3,4])#创建一个索引
s2 = pd.Series([6,3,5,1],index=list('abcd'))
s2.index #返回所有索引
s2.values#返回所有的数据值
s1.sort_index() #对 s1 按索引进行排序
s1.sort_values() #对 s1 按值进行排序
s2[s2.values == 1].index#通过值找出索引
s2[['a','d']]#通过索引找值
s>2
s[s>2]#布尔取值

s.mean()
s.sum()
np.mean(s)
'a' in s#判断'a'是否在 s 当中
s['b'] = np.nan#赋值为 NaN 的唯一方法
s+s2#索引相同进行相加，不同的补 NaN。要想保留所有的数据则需使用.add()函数


data = pd.DataFrame({'a':[1,2,3,4],'b':list('yubg'),'c':1},index=['first','second','third','fourth'])
data.index#取索引
data.columns#取所有的列名
data.values#取所有的值
data['a']#取列
data.a #取列
data[['a','b']] #取列
data[0:2]#取行
data.loc['first']#取行
data.loc[['first','second']]#按照索引取行
data.loc['first':'third']#按照索引取行,注意包含两端的值
data.loc['first':'third','b':'c']#取块，取'first'到'third'行的'b'到'c'列的数据
data.loc['first':'third','b']
data.iloc[1:3]#取行
data.iloc[1:3,1:]#取行和列
```

```
data['d']=[2,3,4,5]
data.last = [2,3,4,5] #这种点方式是不能增加列的
data.d = 1 #点方式可以修改值
del data['d'] #删除一列
data.drop('fourth')#删除一行，生成副本。dropna()删除空值，drop_ duplicates ()删除重复值
data.drop(['first','second'])#删除多行并返回一个副本
data.drop('first',inplace=True)#在源数据上删除
data.drop('a',axis=1)#删除列
data.loc['fivth']=pd.Series([1,2,3,4],index=list('abcd'))#data 增加一行数据，行索引为 fivth
data.sort_index(ascending=False)#在行的方向上排序，即 axis=0
data.sort_index(ascending=False,axis=1)#在列的方向上排序，即 axis=1
data.sort_values(by='a') #按照 a 列进行排序，series 排序一样
data.sort_values(by=['a','c']) #按照 a、c 列进行排序
#其实在 pandas 中只要涉及到多列多行，都是以列表的形式给出。
data.sort_values(by=['a','c'],inplace=True) #修改了原数据
data.rank() #排名，当有两个相同的值时，取其排名均值，可能会出现小数
data.rank(method='first')#排名，当出现重复值时先出现的靠前
data.reindex(columns=['b','a','c'])#对列按照指定的顺序排序
data.head()#默认查看数据的前 5 条。查看前 100 条数据：data.head(100)
data.tail()#默认查看数据的后 5 条
data.describe()#查看 data 的数据统计描述
data.sum()#求 data 各列的和
data.sum(1)#这里的 1 也可以写成 axis=1
data.mean()#求 data 各列的平均值
data.a.idxmax()#返回 a 列的最大值索引
data.a[data.a.idxmax()] #返回 a 列的最大值
data.a.unique()#返回唯一值，功能类似于 set()
data.a.value_counts() #统计 a 列的数值频率
pd.value_counts(data['a']) #统计 a 列的数值频率
data.pct_change()#上一行相当于下一行的百分比情况
data.cumsum()#累计求和
data.corr()#相关系数
data.corrwith(data.a)#与 a 列的相关系数
data = pd.read_csv('name.csv') #读取当前路径下的文件 name.csv
#pd.read_csv('name.csv',sep=',') #读取当前路径下的文件 name.csv 以逗号为分隔符
#pd.read_csv('name.csv',header=None)#没有头部
#pd.read_csv('name.csv',names=[...])#添加头部
#pd.read_csv('name.csv',index_col='a')#将 a 列作为索引
#pd.read_csv('name.csv',nrows=3)#读取三行
pd.read_table('name.csv',sep=',')#也可以用 read_table 读取 csv 文件
data.describe() #查看数据的统计描述
```

```
data.to_csv('name.csv') #保存为 csv
data.to_csv('name.csv',index=False) #保存为 csv 不保留 index 列
data = pd.read_excel('name.xlsx')
data = pd.read_excel('name.xlsx',sheetnames='sheet1')
data.to_excel('name.xlsx') #保存为 excel
data1 = pd.DataFrame({'a':[1,2,3],'b':[4,3,2]})
data2 = pd.DataFrame({'a':[1,4,3],'c':[6,5,1]})
pd.merge(data1,data2)
#默认合并的是两个数据框的交集,若没有相同的数据匹配则返回空,类似于 excel 的 vlookup
data2.rename(columns={'c':'b'}, inplace = True)
#修改列名,把列名 c 换成 b,inplace=True 表示在原数据上直接修改
data2.columns=['a','b'] #作用同上修改列名。
pd.merge(data1,data2,on='a') #如果 data1 和 data2 的列名都相同,则可以指定列名匹配,如 b 列
df = pd.merge(data1,data2,left_on="a",right_on="a")
#如果 data1 和 data2 列名都不相同,则可以指定列名匹配, left_on="a1",right_on="a2"


pd.merge(data1,data2, how='innter')
#innter 则显示 data1 和 data2 的交集,outer 则显示并集,对于没有的则显示 NaN
pd.merge(data1,data2, how='right') #显示以右边的为准,即右边全部显示


pd.merge(data1,data2,left_index=True,right_index=True,how='outer') #按照索引链接
data1.join(data2) #类似于 merge 的 how='right'
data1.assign(e=np.arange(4)) #直接增加列'e'。等同 data1['e']=np.arange(4)
pd.concat([data1,data2], ignore_index=True) #增加行,即叠加记录


df=pd.DataFrame({'a':[1,1,2,5,1,2],'b':list('yubg12')})
df.a.duplicated() #筛选出重复值为 True
df[df.a.duplicated()] #显示重复值
df[~df.a.duplicated()] #显示不重复值,即删除重复之后的数据
df.drop_duplicates() #删除重复值
df.drop_duplicates(['a','b']) #删除 a、b 列都相同的重复值


df = df.replace(1,np.nan) #将 df 中的 1 替换为 NaN
df.replace(['y','u'],0) #将 df 中的 y、u 替换为 0。也可以单个替换: [0,1]
df.b = df.b.replace('1','yubg') #将 df 中的'1'替换为 NaN


df.isnull() #检测是否含有空值
df.dropna() #删除所有空值行
df.dropna(how='all') #删除行中所有值为空值的行
df.dropna(how='all',axis=1) #删除所有值为空值的列
df.dropna(how='any',axis=0) #删除包含有空值的行,也可以 df.where(df!= np.nan).dropna()
```

```python
df.fillna(0)#将所有的 nan 用 0 填充
df.fillna({'a':0,'b':10})#按照填充要求进行填充
df.fillna({'a':0,'b':10},inplace=True)#在原数据上替换
df.a.fillna(df.a.mean())#用 a 列的均值填充 a 列的 nan
df.b.str.replace('y','Y') #替换元素中字符串
df.b.str.contains('u')#寻找包含 u 字符的行
df[df.b.str.contains('u')] #显示所有包含 u 字符的行


df.b.str.upper()#b 列所有字符大写
df.b.str.split('u')#把 b 列中的元素按照 u 字符切割


dic = {'yubg':66001,'jerry':66001,'cd':66003}
data = pd.Series(['yubg','jerry','cd'])
data.map(dic)#map 方法仅针对 series


df0 = pd.DataFrame(np.random.randn(5,4),columns=list('abcd'))
df0.apply(lambda x: x.max()-x.min())#apply 针对 dataframe，类似 map
df0.apply(lambda x: x.max()-x.min(),axis=1)


df0>0#筛选 df0 中大于 0 的数据，返回布尔值
df0[df0>0]#取筛选后的值
sum(df0.a>0)#统计 a 列大于 0 的值的个数
df0[df0>0].dropna(how='all') #将所有的 nan 行删除，也可以将所有的 nan 列删除：axis=1
df0[~(df0>0).a]#删除大于 0 的行的方法。先找出大于 0 的布尔值，再取反，再取值
data = pd.DataFrame(np.random.randint(1,50,(20,2)),columns=['a','b'])
bins = [0,10,20,30,40,50]#将数据分为 5 段
pd.cut(data.a,bins) #对 a 列数据按照 bins 进行归类，默认分段是左开右闭
pd.cut(data.a,bins).value_counts()#统计各个段内分布的数据个数
pd.cut(data.a,bins,right=False) #设置数据段为左闭右开


df2 = np.random.randn(100)
pd.cut(df2,5).value_counts()#这按照给定来分为 5 段，且是等距离分段，即每段的长度一样
pd.qcut(df2,5).value_counts()#按照给定来分为 5 段，每段分得相同的数据个数，每段的长度不一定等长
pd.get_dummies(data.louceng) #对数据进行独热编码
```

3．绘图与数据可视化

```python
import matplotlib.pyplot as plt
x = list(range(0,10))
y = np.arange(0,1,0.1)
y1 =np.random.randn(10)
```

```
plt.plot(x,y) #画折线图
plt.show()#显示图形。在 notbook 中，也可使用魔术函数%matplotlib inline


plt.bar(x,y)#画柱形图
plt.barh(x,y)#画横向柱形图
plt.scatter(x,y,marker='^')#画散点图


plt.bar(x,y)
plt.bar(x,y1,bottom=y)#叠加柱形图


plt.plot(y,linestyle='--',linewidth=2,color='r',marker='^')
#x 参数默认，也可简写成 plt.plot(x,y,st='--',lwh=2,c= 'r',marker='^')


plt.plot?#查看参数情况,线型等
plt.rcParams['font.sans-serif']='SimHei'
plt.plot(x,y,'-b',x,y1,'r--')
plt.title("this's a title")#可以再加 2 个参数，控制字体大小和距离的高度：fontsize=18,y=1.05
plt.title("this's a title",fontsize=18,y=1.05) #标题
plt.xlabel('X_data') #x 轴标注
plt.ylim(-3,2)    #显示 y 轴标尺范围
plt.axis([-2,8,-3.2,3])#设置 xy 轴显示的范围
plt.xticks([-1,0,8],['a','b','最大'])#在 x 轴指定的刻度处标注


x = np.linspace(-np.pi,np.pi,256,endpoint=True)
y1 = np.sin(x)
y2 = np.cos(x)
plt.plot(x,y1,label='sin')
plt.plot(x,y2,label='cos')
plt.legend(loc=2)#loc 表示示例的放置位置


plt.figure(figsize=(12,10))
plt.subplot(2,2,1)#在一行两列的（1，1）位置上画图
plt.plot(x,y1)
plt.subplot(2,2,2)#在一行两列的（1，2）位置上画图
plt.bar(x,y2)
plt.subplot(2,1,2)#第二行整行
plt.boxplot(x)#箱型图，体现最值、中值、四分位值


y=[1,2,3,5,4,2,6,7,8,3,1,5,3,1]
bins = 4
```

```
plt.hist(y,bins)#hist 可以画出数据分布情况直方图，但需要给出所需要分的段数，显示在每段上的分布情况
```

```
import matplotlib as mpl
mpl.rcParams['font.size'] = 24.0#设置整个图形中的标题等标签字体的大小

y=[1,2,3,5,4,2,6,7,8,3,1,5,3,1]
y0 = pd.value_counts(y) #统计 list 中元素出现的次数

plt.figure(figsize=(12,10))
plt.pie(y0,labels=y0.index,autopct='%3.1f%%',explode=[0,0,0,0,0,0,0,0.2])
#autopct 指定显示的百分数小数位数，explode 表示所有的数据块从整体中突出显示，数字越大，显示越明显
plt.grid(True)
plt.axis('equal')

#pandas 可视化数据
import numpy as np
from pandas import DataFrame
from pandas import Series
df = DataFrame({'age':Series([26,85,np.nan,65,85,35,65,34,30]),
'name':Series(['Yubg','John','Jerry','Cd','John','Jytreh','RDmuhanmod','THankesdrf','DC'])})

df.age.isnull()#找出空缺值的布尔值
df[df.age.isnull()]#显示空缺值
df[~df.age.isnull()]#删除空缺值

#pandas 绘图
df.plot(x='name',y='age',rot=40,color='r')
plt.axhline(40,color='g')#画水平线

df.age.plot.pie(figsize=(10,10),autopct='%.1f%%')#画饼图，百分比保留 1 位有效数字
df.age[-5:].plot.bar(rot=40,color='r')#画出 age 列的最后 5 个数据的柱形图

df.age.plot.hist(bins=3)#画出 age 分三个段的数据分布图

xx=np.round(np.random.randn(1000),2)
yy=np.random.randint(1,10000,1000)
df0 = pd.DataFrame({'x':xx,'y':yy})
df0.plot.scatter(x='x',y='y')#做 x 和 y 两列的散点图

df.groupby('name')['age'].mean()
df.groupby('name')['age'].sum()
df.stack()      #对表格进行重排的，stack()是 unstack()的逆操作
df.unstack() #unstack()针对索引进行操作，pivot()针对值进行操作。
```

附录 B 数据操作与分析函数速查

df：任意的 Pandas DataFrame 对象

s：任意的 Pandas Series 对象

同时我们需要做如下的引入。

import pandas as pd

import numpy as np

1．导入数据

- pd.read_csv(filename)：从 CSV 文件导入数据
- pd.read_table(filename)：从限定分隔符的文本文件导入数据
- pd.read_excel(filename)：从 Excel 文件导入数据
- pd.read_json(json_string)：从 JSON 格式的字符串导入数据
- pd.read_html(url)：解析 URL、字符串或者 HTML 文件，抽取其中的 tables 表格
- pd.read_clipboard()：从你的粘贴板获取内容，并传给 read_table()
- pd.DataFrame(dict)：从字典对象导入数据，Key 是列名，Value 是数据

2．导出数据

- df.to_csv(filename)：导出数据到 CSV 文件
- df.to_excel(filename)：导出数据到 Excel 文件
- df.to_json(filename)：以 Json 格式导出数据到文本文件

3．创建测试对象

- pd.DataFrame(np.random.rand(20,5))：创建 20 行 5 列的随机数组成的 DataFrame 对象
- pd.Series(my_list)：从可迭代对象 my_list 创建一个 Series 对象
- df.index = pd.date_range('1900/1/30', periods=df.shape[0])：增加一个日期索引

4．查看、检查数据

- df.head(n)：查看 DataFrame 对象的前 *n* 行
- df.tail(n)：查看 DataFrame 对象的最后 *n* 行
- df.shape()：查看行数和列数
- df.info()：查看索引、数据类型和内存信息
- df.describe()：查看数值型列的汇总统计
- s.value_counts(dropna=False)：查看 Series 对象的唯一值和计数
- df.apply(pd.Series.value_counts)：查看 DataFrame 对象中每一列的唯一值和计数

5．数据选取

- df[col]：根据列名，并以 Series 的形式返回列
- df[[col1, col2]]：以 DataFrame 形式返回多列
- s.iloc[0]：按位置选取数据
- s.loc['index_one']：按索引选取数据
- df.iloc[0,:]：返回第一行
- df.iloc[0,0]：返回第一列的第一个元素
- df.values[:,:-1]:返回除了最后一列的其他列的所以数据
- df.query('[1, 2] not in c'): 返回 c 列中不包含 1，2 的其他数据集

6．数据清理

- df.columns = ['a','b','c']：重命名列名
- pd.isnull()：检查 DataFrame 对象中的空值，并返回一个 Boolean 数组
- pd.notnull()：检查 DataFrame 对象中的非空值，并返回一个 Boolean 数组
- df.dropna()：删除所有包含空值的行
- df.dropna(axis=1)：删除所有包含空值的列
- df.dropna(axis=1,thresh=n)：删除所有小于 n 个非空值的行
- df.fillna(x)：用 x 替换 DataFrame 对象中所有的空值
- s.astype(float)：将 Series 中的数据类型更改为 float 类型
- s.replace(1,'one')：用'one'代替所有等于 1 的值
- s.replace([1,3],['one','three'])：用'one'代替 1，用'three'代替 3
- df.rename(columns=lambda x: x + 1)：批量更改列名
- df.rename(columns={'old_name': 'new_name'})：选择性更改列名
- df.set_index('column_one')：更改索引列
- df.rename(index=lambda x: x + 1)：批量重命名索引

7．数据处理：Filter、Sort 和 GroupBy

- df[df[col] > 0.5]：选择 col 列的值大于 0.5 的行
- df[(3 <= df['tim_int']) & (df['tim_int'] < 5)]#显示 tim_int 列在[3, 5)区间段内的数据
- df.sort_values(col1)：按照列 col1 排序数据，默认升序排列
- df.sort_values(col2, ascending=False)：按照列 col1 降序排列数据
- df.sort_values([col1,col2], ascending=[True,False])：先按列 col1 升序排列，后按 col2 降序排列数据
- df.groupby(col)：返回一个按列 col 进行分组的 Groupby 对象
- df.groupby([col1,col2])：返回一个按多列进行分组的 Groupby 对象
- df.groupby(col1)[col2]：返回按列 col1 进行分组后，列 col2 的均值
- df.pivot_table(index=col1, values=[col2,col3], aggfunc=max)：创建一个按列 col1 进行分组，并计算 col2 和 col3 的最大值的数据透视表
- df.groupby(col1).agg(np.mean)：返回按列 col1 分组的所有列的均值
- data.apply(np.mean)：对 DataFrame 中的每一列应用函数 np.mean
- data.apply(np.max,axis=1)：对 DataFrame 中的每一行应用函数 np.max
- s.unique()：取出 s 中的不同的值，类似于 set()
- filter(f, S) # 将条件函数 f 作用在序列 S 上，符合条件函数的则输出
- map(f, S) #将函数 f 作用在序列 S 上。对序列中每个元素进行同样的操作
- reduce(f(x,y), S)# 将序列 S 中的第 1、2 个数用二元函数 f(x,y)作用后的结果与第 3 个数继续用 f(x,y)作用直到最后

8．数据合并

- df1.append(df2)：将 df2 中的行添加到 df1 的尾部
- df.concat([df1, df2],axis=1)：将 df2 中的列添加到 df1 的尾部
- df1.join(df2,on=col1,how='inner')：对 df1 的列和 df2 的列执行 SQL 形式的 join

9．数据统计

- df.describe()：一次性输出多个描述性统计指标

- df.mean()：返回所有列的均值
- df.corr()：返回列与列之间的相关系数
- df.count()：返回每一列中的非空值的个数
- df.max()：返回每一列的最大值
- df.min()：返回每一列的最小值
- df.median()：返回每一列的中位数
- df.std()：返回每一列的标准差
- df.idxmin() #最小值的位置，类似于 R 中的 which.min 函数
- df.idxmax() #最大值的位置，类似于 R 中的 which.max 函数
- df.quantile(0.1) #10%分位数
- df.sum() #求和
- df.median() #中位数
- df.mode() #众数
- df.var() #方差
- df.std() #标准差
- df.mad() #平均绝对偏差
- df.skew() #偏度
- df.kurt() #峰度
- df.groupby('sex').sum() # 分组统计

附录 C 操作 MySQL 库

在 Python 中操作 MySQL 的模块是 pymysql。在操作 MySQL 库时，需要安装 pymysql 模块。目前 Python3.x 仅支持 pymysql，对 MySQLdb 模块不支持。安装 pymysql 如附图 1 所示，命令为：pip install pymysql。

在 Python 编辑器中输入 import pymysql ，如果编译未出错，即表示 pymysql 安装成功，如附图 1 所示。

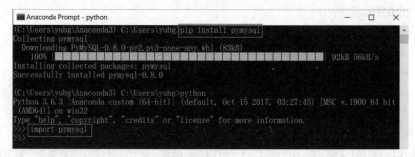

附图 1　安装 pymysql

1. 对 MySQL 的连接与访问

在新版的 pandas 中，主要是以 sqlalchemy 方式与数据库建立连接,支持 MySQL、PostgreSQL、Oracle、MS SQLServer、SQLite 等主流数据库。

```
import pymysql

#连接数据库
conn = pymysql.connect(host='192.168.1.152',  #访问地址
```

```
    port= 3306,            #访问端口
    user = 'root',         #登录名
    passwd='123123',       #访问密码
    db='test')             #库名

#创建游标
cur = conn.cursor()

#查询test库的lcj表中存在的数据
cur.execute("select * from lcj")

#fetchall:获取lcj表中所有的数据
ret1 = cur.fetchall()
print(ret1)

#获取lcj表中前三行数据
ret2 = cur.fetchmany(3)
print(ret2)

#获取lcj表中第一行数据
ret3= cur.fetchone()
print(ret3)

#关闭指针对象
cur.close()

#关闭连接的数据库
conn.close()
```

2. 对 MySQL 的增删改查

现有以下 MySQL 数据库 test，见附表 1，其数据表为 user1，现对数据表利用 Python 进行增、删、改、查的操作。

附表 1 test 数据库 user1 数据表

id	username	password
1	张三	333333
2	李四	444444
3	刘七	777777
5	赵八	888888

（1）查询操作。

Python 查询 MySQL 使用 fetchone() 方法获取单条数据, 使用 fetchall() 方法获取多条数据。

fetchone(): 该方法获取下一个查询结果集。结果集是一个对象

fetchall(): 接收全部的返回结果行.

rowcount: 这是一个只读属性，并返回执行 execute()方法后影响的行数。

```
import pymysql  #导入pymysql

#打开数据库连接
db= pymysql.connect(host="localhost",
          user="root",
              password="123456",
          db="test",
          port=3307)
```

```
# 使用cursor()方法获取操作游标
cur = db.cursor()

# 编写sql查询语句，user1为test库中的表名
sql = "select * from user1"
try:
    cur.execute(sql)                #执行sql语句

    results = cur.fetchall()           #获取查询的所有记录
    print("id","name","password")
    #遍历结果
    for row in results :
        id = row[0]
        name = row[1]
        password = row[2]
        print(id,name,password)
except Exception as e:
    raise e
finally:
    db.close()  #关闭连
```

（2）插入操作。

```
import pymysql
db= pymysql.connect(host="localhost",
            user="root",
                password="123456",
            db="test",
            port=3307)

# 使用cursor()方法获取操作游标
cur = db.cursor()

sql_insert ="insert into user1(id,username,password) values(4,'孙二','222222')"

try:
    cur.execute(sql_insert)
    db.commit()   #提交到数据库执行
except Exception as e:
    # 如果发生错误则回滚
    db.rollback()
finally:
    db.close()
```

向user1表中插入了一条记录：id=4,username='孙二',password='222222'。

上面代码中sql_insert语句也可写成如下形式：

```
# SQL 插入语句
sql_insert = "INSERT INTO user1(id, username, password) \
        VALUES ('%d', '%s', '%s' )" % (4, '孙二', '222222')
```

（3）更新操作。

```
import pymysql
db= pymysql.connect(host="localhost",
            user="root",
                password="123456",
            db="test",
            port=3307)

# 使用cursor()方法获取操作游标
cur = db.cursor()
```

```
sql_update ="update user1 set username = '%s' where id = %d"

try:
    cur.execute(sql_update % ("xiongda",3))    #向 sql 语句传递参数
    db.commit()    #提交
except Exception as e:
    #错误提示返回
    db.rollback()
finally:
    db.close()
```

更新了 user1 表中 id=3 的记录 username：xiongda。

（4）删除操作。

```
import pymysql
db= pymysql.connect(host="localhost",
            user="root",
                password="123456",
            db="test",
            port=3307)

# 使用 cursor()方法获取操作游标
cur = db.cursor()

sql_delete ="delete from user1 where id = %d"

try:
    cur.execute(sql_delete % (3))    #像 sql 语句传递参数
    db.commit()
except Exception as e:
    #错误提示返回
    db.rollback()
finally:
    db.close()
```

删除了表 user1 中 id=3 的记录。

3．创建数据库表

如果数据库连接存在，我们可以使用 execute()方法来为数据库创建表，如下所示创建表 YUBG。

```
import pymysql
db= pymysql.connect(host="localhost",
            user="root",
                password="123456",
            db="test",
            port=3307)

# 使用 cursor() 方法创建一个游标对象 cursor
cursor = db.cursor()

# 使用 execute() 方法执行 SQL，如果表存在则删除
cursor.execute("DROP TABLE IF EXISTS YUBG")

# 使用预处理语句创建表
sql = """CREATE TABLE YUBG (
        Name  CHAR(20) NOT NULL,
        Nickname  CHAR(20),
        Age INT,
        Sex CHAR(1),
        Income FLOAT )"""

cursor.execute(sql)
```

```
# 关闭数据库连接
db.close()
```

附录 D pyecharts 本地加载渲染 js 图

根据网站最新资源引用说明，pyecharts 使用的所有静态资源文件存放于 pyecharts-assets 项目中，默认挂载在 https://assets.pyecharts.org/assets/ 上，所以 pyecharts 生成的图表默认会从该网站挂载 js 静态文件（echarts.min.js），但有些项目可能为离线项目，或者网速不佳，这就造成打开生成的网页图表不能正常显示，所以我们希望将这些静态资源下载到本地，让生成数据图表网页从本地挂载 js 静态文件进行渲染显示。

pyecharts 从本地挂在 js 的方法如下，共分为两步。

第一步，下载 js 静态文件（echarts.min.js），并放置在合适的路径下。请根据文后提供的连接下载数据。

将下载好的 echarts.min.js 以及 echarts-wordcloud.min.js 和 map 文件夹（map 文件夹下有一个 china.js 文件）放到合适的目录下（其实没有什么特殊的要求）。如此处直接放在"c:/Users/XXX/"下（XXX 为计算机用户名称），如附图 2 所示。

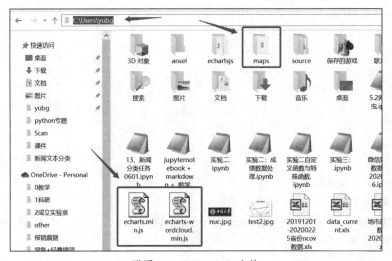

附图 2 echarts.min.js 文件

第二步，加载 CurrentConfig 模块并设置 echarts.min.js 路径。

加载配置模块并进行 echarts.min.js 路径设置，代码如下：

```
from pyecharts.globals import CurrentConfig
CurrentConfig.ONLINE_HOST = "c:/Users/yubg/"
```

注意，路径最后要带上"/"。

给出一个完整的饼图案例：

```
from pyecharts.charts import Page, Pie
from pyecharts.globals import ThemeType
from pyecharts import options as opts

from pyecharts.globals import CurrentConfig
CurrentConfig.ONLINE_HOST = "c:/Users/yubg/"

name = ['草莓','芒果','葡萄','雪梨','西瓜','柠檬','车厘子']
value = [23,32,12,13,10,24,56]
data = [tuple(z) for z in zip(name, value)]
```

```
pie = (Pie()
        .add("",data)
        .set_global_opts(title_opts={"text":"Pie 示例", "subtext":"（副标题）"})
)
pie.render('aaaa.html')
```
不过这种处理方式，有时候 pie.render_notebook()这句代码并不能让图直接在 ipynb 编辑页面直接显示。

这时候需要重启服务。以 JupyterNotebook 为例，在 JupyterNotebook 菜单栏 kernel 中重启 Restart，如附图 3 所示。

附图 3　重启服务

参考文献

[1] 余本国.Python 数据分析基础[M].北京:清华大学出版社,2017.

[2] 张良均,王路,谭立云,等.Python 数据分析与挖掘实战[M].北京:机械工业出版社,2015.

[3] 余本国.Python 编程与数据分析应用[M].北京:人民邮电出版社,2020.

[4] 余本国.基于 Python 的大数据分析基础及实战[M].北京:中国水利水电出版社,2018.